# VISITES ET ETUDES

DE S. A. I.

# LE PRINCE NAPOLÉON

AU PALAIS DE L'INDUSTRIE

PARIS. — IMP. SIMON RAÇON ET COMP., RUE D'ERFURTH, 1.

# VISITES ET ÉTUDES

DE S. A. I.

# LE PRINCE NAPOLÉON

AU PALAIS DE L'INDUSTRIE

OU

## GUIDE PRATIQUE ET COMPLET

A L'EXPOSITION UNIVERSELLE DE 1855

---

COMPRENANT LES VINGT-SEPT CLASSES DE L'INDUSTRIE

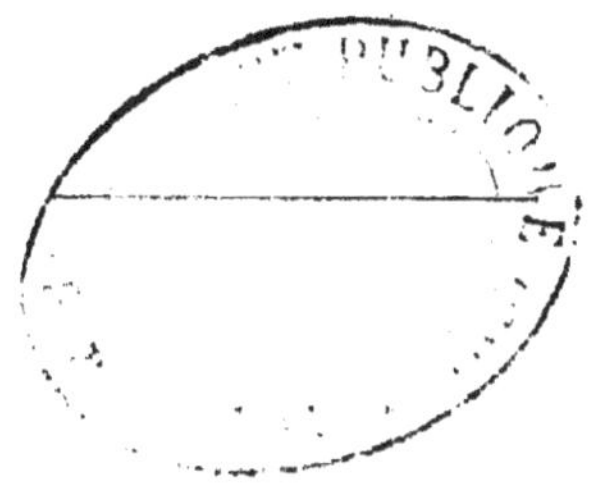

PARIS

PERROTIN, LIBRAIRE-ÉDITEUR

RUE FONTAINE-MOLIÈRE, 41



1855

# NOTE DE L'EDITEUR

---

L'immense et légitime intérêt qui s'attache de jour en jour à notre glorieuse Exposition universelle nous a paru justifier la publication d'un livre qui, par ses aperçus consciencieux, complets et indépendants, et sous une forme pratique et populaire, pût, grâce à la modicité de son prix, s'adresser à toutes les classes de lecteurs et être à la fois le *vade-mecum* du visiteur et le *memento* de l'industriel. Le public, qui n'a eu encore à sa disposition que le Catalogue officiel, ne pouvait trouver dans cette nomenclature rigoureuse et abstraite ni les renseignements ni la direction nécessaires à une connaissance, même superficielle, du vaste et multiple concours où la France a convoqué le monde civilisé. Nous croyons que, sous le rapport au moins de l'exactitude, de la compétence et de la variété, le livre que nous publions aura comblé cette lacune.

Les visites du Prince à l'Exposition universelle ont produit une grande sensation, non-seulement parmi les exposants, mais dans le public. Ceux qui ont eu l'honneur d'être convoqués à ces revues pacifiques, qui, elles aussi, ont leur solennité, ont apprécié toute l'importance de ces études accomplies au milieu d'une foule immense et recueillie, avec le concours assidu des savants, des commissaires, des chefs d'industrie de toutes les nations. On a su gré au Prince des témoignages multipliés de sa haute sollicitude, et chacun eût voulu s'associer de fait aux visites du Président de la Commission impériale, comme on se joignait de cœur à l'intention qui les avait inspirées ; on a compris partout l'importance de cette appréciation sérieuse, indépendante, des produits de l'Industrie par le Prince président de la Commission impériale, et les articles du *Moniteur*, écrits sous l'inspiration du moment, avec le concours des hommes savants et spéciaux de chaque classe, ont été lus et recherchés avec empressement.

« A mesure que ces visites d'étude avancent, dit l'auteur dans un de ces articles, l'intérêt grandit, et chaque exposant se fait un devoir et un honneur de se trouver à son poste.

« Il y a, en effet, dans ces visites incessantes et laborieuses de Son Altesse Impériale à toutes les industries, un enseignement et une animation qui ne sont pas l'aspect le moins curieux de l'Exposition universelle. Ce groupe, dont le premier membre de la famille de l'Empereur est la tête, composé des savants, des commissaires et des chefs d'industrie de toutes les nations, qui traverse, au milieu d'une foule immense, recueillie et sympathique, les moindres sections du Palais et des galeries, qui s'arrête devant chaque produit, l'examine et l'apprécie, interroge le maître moins souvent encore que l'ouvrier, voit tout, touche à tout, et constate ainsi de ses propres mains ce qu'est et ce que vaut l'industrie publique et privée ; c'est là la vie du grand concours dont le monde attend l'issue, c'est le gouvernement se personnifiant dans la grande armée industrielle et se mêlant, comme un spectateur intéressé et intelligent, aux milliers de visiteurs que l'Europe nous envoie. »

Ce livre est donc composé des extraits du *Moniteur universel*, mais revus avec soin et complétés par l'auteur[1] ou plutôt par les auteurs ; car chacun des savants spéciaux qui composent le jury y a apporté sa part de collaboration, pour leur donner ce qui leur manquait dans la publication quotidiennement disséminée du journal : un corps, un système régulier et méthodique, une plus saisissable et plus homogène unité. Nous y avons joint les quelques documents officiels, décrets, circulaires et listes nominales indispensables, ainsi que les indications topographiques, si nécessaires aux étrangers et aux amateurs, et les noms des industriels, toutes les fois que nous pouvions, dans l'intérêt exclusif de la gloire du pays

[1] M. Adrien Pascal, chef du service de la publicité près de la Commission impériale de l'Exposition.

auquel il appartient, indiquer l'auteur d'une découverte utile, d'une œuvre remarquable, d'une amélioration intelligente ou pratique, fidèle en cela au principe même qui a institué l'Exposition et au noble but qui a dirigé les travaux du Prince, de la Commission et du Jury.

En attendant qu'un monument scientifique et typographique vienne, dans un avenir éloigné, payer à l'Exposition le tribut d'appréciations et de glorifications qu'elle mérite, nous sommes heureux d'avoir fourni les premiers jalons qui doivent guider le visiteur dans cette exploration de l'Industrie du dix-neuvième siècle, au bout de laquelle apparaît la France, là, comme ailleurs, couronnée de victoires, et saluée reine par l'acclamation unanime du genre humain.

*N. B.* S. A. I. le Prince Napoléon est ordinairement accompagné, dans ces visites, de M. Le Play, commissaire général; de MM. les membres du Jury, de M. Tresca, sous-directeur du Conservatoire des arts et métiers, membre du Jury; de M. Blaise (des Vosges), et de MM. les Commissaires étrangers dont les produits sont représentés dans chaque classe. Pour suivre une marche méthodique et régulière, nous avons indiqué, pour n'avoir pas à les reproduire dans le récit de l'auteur, les noms des membres du Jury et des Commissaires étrangers qui ont assisté aux visites de Son Altesse Impériale. Nous avons indiqué, en outre, la nature des produits qui composent chaque classe et l'endroit où ils sont exposés, de manière à faciliter les recherches et à diriger à première vue le visiteur au milieu des richesses industrielles de l'Exposition.

# VISITES ET ÉTUDES

DE

# S. A. I. LE PRINCE NAPOLÉON

## AU PALAIS DE L'INDUSTRIE

---

## DÉCRETS ET DOCUMENTS OFFICIELS

### INSTITUTION DE L'EXPOSITION UNIVERSELLE DE L'INDUSTRIE ET DES BEAUX-ARTS.

Le décret impérial instituant l'Exposition universelle est du 8 mars 1853. Ce décret porte :

ARTICLE PREMIER. — Une Exposition universelle des produits agricoles et industriels s'ouvrira à Paris, dans le Palais de l'Industrie, au carré Marigny, le 1er mai 1855, et sera close le 15 septembre suivant [1].

ARTICLE DEUXIÈME. — L'Exposition quinquennale qui, aux termes de l'article 5 de l'ordonnance du 4 octobre 1833, devait s'ouvrir le 1er mai 1854, sera réunie à l'Exposition universelle.

[1] La clôture de l'Exposition a été prorogée au 31 octobre. (Voir l'article 1er, § 2 du Règlement général.)

Dès le 26 mars, le ministre des affaires étrangères l'avait notifié à tous les gouvernements, et, le 31 du même mois, les ministres de la guerre et de la marine le faisaient connaître à l'Afrique française et à nos colonies.

Le 8 avril, une circulaire du ministre de l'agriculture, du commerce et des travaux publics, invitait les préfets à provoquer le concours efficace des chambres de commerce ; et, dans les derniers jours de mai, le *Moniteur* publiait déjà les réponses et les adhésions des départements et des gouvernements étrangers.

Pour compléter la pensée de l'Empereur, un nouveau décret du 22 juin rattachait l'Exposition universelle des beaux-arts à celle des produits de l'agriculture et de l'industrie.

Enfin le décret du 24 décembre instituait une commission composée de notabilités de la science, de l'agriculture, du commerce, de l'industrie et des arts, et chargée, sous la présidence de S. A. I. le prince Napoléon, de régler et diriger l'ensemble et les détails de l'Exposition universelle. Le 29 décembre, le prince Napoléon réunissait pour la première fois les membres de la Commission, et leur exposait ainsi le programme de leurs travaux :

L'Empereur nous confie une noble et honorable mission en nous chargeant d'organiser ce grand concours, dans lequel la France se montrera digne d'elle-même par l'empressement que ses artistes et ses industriels mettront à répondre à l'appel qui leur est fait.

Notre devoir vis-à-vis des étrangers est de les recevoir avec une large et bienveillante hospitalité.

Toutes les opinions, en matière d'économie politique, sont représentées dans notre réunion, non pour se livrer à des discussions stériles en dehors de notre mission, mais pour concourir avec une égale ardeur, quel que soit leur point de vue, à la réussite de cette œuvre qui doit illustrer la France et l'Europe du dix-neuvième siècle.

Sur ce point, messieurs, nous devons être tous d'accord.

L'Empereur a témoigné sa haute impartialité en réunissant en un même faisceau les sommités de la politique, des sciences, des arts, de l'industrie et du commerce.

Pour la première fois, à une Exposition universelle de l'industrie se trouvera réunie une Exposition universelle des beaux-arts.

Il appartient à notre pays de donner l'exemple de cette alliance, qui va si bien à son génie initiateur.

J'espère, messieurs, que la confiance la plus entière présidera à nos rapports, et je vous demande pour votre président une indulgence dont il a besoin.

Sentant mon insuffisance pour la grande mission que la confiance de l'Empereur a bien voulu me donner, j'y apporterai au moins le zèle le plus ardent et la ferme volonté de bien faire, cette première condition du succès.

Les questions que nous aurons à résoudre sont nombreuses et compliquées; elles touchent à une multitude d'intérêts divers. Je me propose de les soumettre à votre décision, successivement et à mesure qu'elles se présenteront, pour ne pas nous surcharger inutilement dès le commencement de nos travaux.

Ils se divisent naturellement en deux grandes parties : les décrets que nous avons à provoquer de la part de Sa Majesté, les questions que nous avons à résoudre de notre propre autorité.

Le Prince Napoléon, en acceptant la mission qui lui était confiée, en avait compris toute l'importance, et, avec cette ardeur d'intelligence qui le caractérise, il s'était mis à l'œuvre résolûment. Il n'a cessé, depuis l'origine, de s'occuper avec la plus constante activité des travaux de la Commission. Le Prince a présidé lui-même toutes les réunions qui ont eu lieu, et a voulu préparer, dans le sens le plus large et le plus libéral, c'est-à-dire le plus conforme à l'esprit de la France, toutes les mesures nécessaires pour assurer le succès de cette grande entreprise.

Organisation de l'administration centrale, règlement intérieur, règlement général, constitution des comités nationaux et étrangers, instructions générales et spéciales pour la France, pour les colonies, pour les autres nations, appropriation des locaux qui doivent renfermer les divers produits de l'agriculture, de l'industrie et des arts ; le Prince a voulu que tous ces travaux préparatoires fussent terminés avant son départ pour l'Orient.

Le règlement général qui sert de base à tous ces travaux a été publié dans le *Moniteur* du 6 avril dernier. Ce règlement a été préparé par une sous-commission créée au sein de la Commission impériale, présidée par le prince Napoléon, et composée de MM. le duc de Mouchy, le comte de Lesseps, Le Play, Legentil, Schneider, Émile Pereire, le général Morin, Vaudoyer, Arlès-Dufour et Adolphe Thibaudeau. Les ministres d'État et de l'agriculture, du commerce et des travaux publics, le président du conseil d'État, ont également pris part à cette œuvre.

Le règlement général contient les dispositions les plus libérales pour les exposants français et étrangers. Tous leurs produits sont traités sur le pied de la plus complète égalité ; ils sont transportés gratuitement : les produits français, depuis le lieu de production ; les produits étrangers, depuis la frontière. Toutes facilités sont données à l'introduction des produits étrangers ; la protection la plus efficace est assurée aux dessins et aux inventions ; en un mot, rien n'a été négligé pour répondre à la grande pensée de l'Exposition universelle.

La sous-commission, émanation directe de la Commission, n'a cessé, depuis le départ du Prince, de fonctionner activement, sous la présidence de S. E. M. le ministre d'État ; elle a publié successivement des instructions, des circulaires, un système de classification pour servir de base à la composition des collections de produits à exposer, au classement de ces produits dans le palais de l'Exposition, et aux travaux du Jury international ; en un mot, elle a procédé à l'application de toutes les mesures prescrites par le règlement, et a préparé les éléments de succès de l'Exposition de 1855. Ces décrets, règlements, instructions, circulaires, traduits dans toutes les langues, se trouvent aujourd'hui répandus dans toutes les parties du monde.

L'inauguration de l'Exposition universelle a eu lieu le 15

mai, en présence de l'Empereur et de l'Impératrice, des membres de la famille impériale, des hauts dignitaires de la Couronne et des grands corps de l'État.

S. A. I. le Prince Napoléon a prononcé le discours suivant, qui restera comme la préface de l'histoire de notre Exposition universelle.

SIRE,

L'Exposition universelle de 1855 s'ouvre aujourd'hui, et la première partie de la tâche que vous nous avez donnée est remplie.

Une Exposition universelle qui, en tout temps, eût été un fait considérable, devient un fait unique dans l'histoire par les circonstances au milieu desquelles celle-ci se produit. La France, engagée depuis un an dans une guerre sérieuse, à huit cents lieues de ses frontières, lutte avec gloire contre ses ennemis. Il était réservé au règne de Votre Majesté de montrer la France digne de son passé dans la guerre, et plus grande qu'elle ne l'a jamais été dans les arts de la paix. Le peuple français fait voir au monde que, toutes les fois que l'on comprendra son génie et qu'il sera bien dirigé, il sera toujours la grande nation.

Permettez-moi, Sire, de vous exposer, au nom de la Commision impériale, le *but* que nous avons voulu atteindre, les *moyens* que nous avons employés, et les *résultats* que nous avons obtenus.

Nous avons voulu que l'Exposition universelle ne fût pas uniquement un concours de curiosité, mais un grand enseignement pour l'agriculture, l'industrie et le commerce, ainsi que pour les arts du monde entier. Ce doit être une vaste enquête pratique, un moyen de mettre les forces industrielles en contact, les matières premières à portée du producteur, les produits à côté du consommateur; c'est un nouveau pas vers le perfectionnement, cette loi qui vient du Créateur, ce premier besoin de l'humanité et cette indispensable condition de l'organisation sociale.

Quelques esprits ont pu s'effrayer d'un pareil concours, et ont naguère cherché à le retarder; mais vous avez voulu que les premières années de votre règne fussent illustrées par une Exposition du monde entier, suivant en cela les traditions du premier Empereur, car l'idée d'une *Exposition* est éminemment française; elle a progressé avec le temps, et, de nationale, elle est devenue universelle.

Nous avons suivi nos voisins et alliés, qui ont eu la gloire du premier essai; nous l'avons complété par l'appel aux beaux-arts.

Votre Majesté a constitué la Commission impériale le 24 décembre 1853. Notre premier travail a été le règlement général que vous avez approuvé par décret du 6 avril, qui est devenu la loi constitutive de l'Exposition, et qui comprend une nouvelle classification que nous croyons plus rationnelle.

L'accord le plus parfait a régné entre les membres de la Commission; et je suis d'autant plus heureux de le constater, que les tendances, les opinions et les points de départ de mes collègues étaient très-différents. La diversité d'opinions nous a éclairés sans nous entraver, l'importance de notre mission a écarté tout dissentiment.

Deux précédents nous ont naturellement guidés : les expositions françaises et l'Exposition universelle de 1851. Quelques modifications ont cependant été apportées; elles sont toutes dans un sens de liberté et de progrès.

Nous avons établi pour l'Exposition un tarif douanier exceptionnel d'où le mot de *prohibition* a été effacé. Tous les produits exposables sont entrés en France avec un droit *ad valorem* de 20 pour 100. Nous avons trouvé le plus bienveillant concours dans la direction des douanes, et j'espère que nos hôtes étrangers emporteront une bonne impression de leurs relations avec cette administration.

La même libéralité a été appliquée dans les transports, dont nous avons pris les frais à notre charge.

Enfin, par une innovation hardie, qui n'a pas été faite à Londres, les produits exposés peuvent porter l'indication de leur prix, qui devient ainsi un élément sérieux d'appréciation pour les récompenses. Tous ceux qui s'occupent des questions industrielles comprendront combien ce principe est important et quelles peuvent en être les conséquences, malgré certaines difficultés d'application.

Dans les beaux-arts, deux systèmes se présentaient : fallait-il faire une exposition pour les *œuvres,* sans se préoccuper de savoir si les artistes étaient morts ou vivants, ou pour les *artistes,* en n'admettant que les œuvres des vivants?

La première idée a été soutenue; elle répondait peut-être mieux au programme qui voulait un concours de l'art au dix-neuvième siècle; elle n'a cependant pas été adoptée, à cause des difficultés d'exécution qu'elle soulevait.

Nous avons accueilli sans révision toutes les œuvres des artistes étrangers admises par leurs comités; nous n'avons été sévères que pour nous-mêmes. La tâche d'un jury d'admission est difficile et ingrate, surtout dans une exposition universelle, où les principes des expositions ordinaires n'étaient plus applicables, et où le jury avait à choisir les armes de la France dans cette lutte qui s'agrandissait.

L'insuffisance du bâtiment nous a suscité des difficultés sérieuses. La construction d'un édifice spécial ayant été écartée, il a fallu nous installer dans le Palais de l'Industrie, dont les inconvénients viennent de ce qu'il n'a pas été établi en vue d'une exposition aussi vaste.

Nous tenons à le dire hautement à Votre Majesté et à l'Europe, le concours des exposants a été si grand, que *la place nous a manqué*, malgré les 117,480 mètres carrés de superficie, sur lesquels 53,900 mètres carrés de surface exposable.

Obligés de recommander aux comités d'admission une grande réserve, nous ne pouvions nous en départir qu'à mesure qu'il nous était permis de disposer d'un peu plus d'emplacement. Ce défaut d'ensemble dans le commencement des opérations a nui à la régularité et à la justice des admissions, et a rendu encore plus difficile la tâche des comités locaux, auxquels je me plais à rendre hommage pour le concours qu'ils nous ont prêté.

Des retards fâcheux ont eu lieu dans les travaux, malgré l'activité l'intelligence de leur direction; mais on avait vraiment trop présumé de ce qu'il était possible de faire. Ce vaste et splendide palais a été construit en moins de deux ans, et n'est pas encore complétement terminé. Nous avons pensé que le meilleur moyen d'en presser l'achèvement était d'y installer l'Exposition, dont l'ouverture ne pouvait plus être retardée.

La séparation du bâtiment affecté aux Beaux-Arts a tout d'abord été reconnue indispensable, et cette construction provisoire a été achevée à l'époque fixée. A mesure que l'Exposition prenait du développement, on décidait une construction nouvelle. Pendant que j'étais en Orient pour le service de la France et de Votre Majesté, une annexe de 1,200 mètres de long, sur le bord de la Seine, a été établie. Cette annexe, qui contient les machines en mouvement, sera terminée dans quinze jours.

Depuis quelques semaines seulement le Panorama a été reconnu indispensable; il doit être entouré d'une vaste galerie qui mettra en communication le bâtiment principal avec l'annexe, et qui sera prête avant un mois.

Alors l'Exposition sera complète.

Dans notre pays, c'est habituellement le gouvernement qui se charge de toutes les grandes entreprises; pour arrêter l'exagération de cette tendance, Votre Majesté a donné un grand essor à l'industrie privée. La compagnie à laquelle l'exploitation du Palais de l'Industrie a été concédée devait trouver dans le prix d'entrée la rémunération du capital employé à la construction; de là la nécessité d'un prix d'entrée. Nous avons cependant sauvegardé autant que possible les intérêts du peuple, en obtenant que, les dimanches, l'entrée fût réduite à 20 centimes.

Nous pouvons dès à présent, grâce au catalogue fait avec une grande activité, indiquer le nombre des exposants. Il ne s'élèvera pas à moins de 20,000, dont 9,500 de l'Empire français et 10,500 environ de l'étranger.

La puissance que nous combattons elle-même n'a pas été exclue. Si les industriels russes s'étaient présentés en se soumettant aux règles établies pour toutes les nations, nous les aurions admis, afin de bien fixer la démarcation à établir entre les peuples slaves, qui ne sont point nos ennemis, et ce gouvernement dont les nations civilisées doivent combattre la prépondérance.

A la fin de l'Exposition, quand nous proposerons à Votre Majesté les récompenses à décerner, nous pourrons juger les résultats de cette grande Exposition, que nous prions Votre Majesté de déclarer ouverte.

L'Empereur a répondu :

« MON CHER COUSIN,

« En vous plaçant à la tête d'une Commission appelée à surmonter tant de difficultés, j'ai voulu vous donner une preuve particulière de ma confiance. Je suis heureux de voir que vous l'avez si bien justifiée. Je vous prie de remercier en mon nom la Commission des soins éclairés et du zèle infatigable dont elle a fait preuve. J'ouvre avec bonheur ce temple de la paix, qui convie tous les peuples à la concorde. »

# COMMISSION IMPÉRIALE

S. A. I. le PRINCE NAPOLÉON, Président;

LL. EE. les Ministres d'État et des Finances, vice-Présidents;

MM. Baroche, président du Conseil d'État;
Élie de Beaumont, sénateur, membre de l'Institut;
Billault, président du Corps législatif;
Blanqui, membre de l'Institut, directeur de l'École supérieure du commerce[1];
Eugène Delacroix, peintre, membre de la Commission municipale et départementale de la Seine;
Jean Dolfus, manufacturier;
Arlès-Dufour, membre de la Chambre de commerce de Lyon;
Dumas, sénateur, membre de l'Institut;
Baron Charles Dupin, sénateur, membre de l'Institut;
Henriquel-Dupont, membre de l'Institut;
Comte de Gasparin, membre de l'Institut;
Gréterin, conseiller d'État, directeur général des douanes et des contributions indirectes;
Heurtier, conseiller d'État, directeur général de l'agriculture et du commerce;
Ingres, membre de l'Institut;
Legentil, président de la Chambre de commerce de Paris;
Le Play, ingénieur en chef des mines;
Comte de Lesseps, directeur des consulats et des affaires commerciales au ministère des affaires étrangères;
Mérimée, sénateur, membre de l'Institut;
Michel Chevalier, conseiller d'État, membre de l'Institut;
Mimerel, sénateur;
Général Morin, membre de l'Institut, directeur du Conservatoire impérial des Arts-et-Métiers;
Comte de Morny, député au Corps législatif, membre du Conseil supérieur du commerce, de l'agriculture et de l'industrie;
Prince de la Moskowa, sénateur;
Duc de Mouchy, sénateur, membre du Conseil supérieur du commerce, de l'agriculture et de l'industrie[2];

[1] M. Blanqui, décédé, n'a pas été remplacé.
[2] M. le duc de Mouchy, décédé, n'a pas été remplacé.

MM. MARQUIS DE PASTORET, sénateur, membre de l'Institut;
ÉMILE PÉREIRE, président du Conseil d'administration du chemin de fer du Midi;
GÉNÉRAL PONCELET, membre de l'Institut;
REGNAULT, membre de l'Institut, administrateur de la Manufacture impériale de Sèvres;
SALLANDROUZE, manufacturier, député au Corps législatif;
DE SAULCY, membre de l'Institut, conservateur du Musée d'artillerie;
SCHNEIDER, vice-président du Corps législatif, membre du Conseil supérieur du commerce, de l'agriculture et de l'industrie;
BARON SEILLIÈRE (ACHILLE);
SEYDOUX, député au Corps législatif;
SIMART, membre de l'Institut;
TROPLONG, président du Sénat, premier président de la Cour de cassation, membre de l'Institut;
MARÉCHAL COMTE VAILLANT, grand maréchal du palais, sénateur, membre de l'Institut;
VISCONTI, membre de l'Institut, architecte de l'Empereur [1];

## SOUS-COMMISSION.

La sous-commission, nommée dans la séance du 29 décembre 1854, et présidée par S. A. I. le prince Napoléon, se compose de :

MM. LES MINISTRES d'État, de la Guerre, de l'Intérieur, des Finances, de l'Agriculture, du Commerce et des Travaux publics;
LES PRÉSIDENTS du Sénat, du Corps législatif et du Conseil d'État;
DUC DE MOUCHY, sénateur [2];
LEGENTIL, président de la Chambre de commerce de Paris;
LE PLAY, ingénieur en chef des mines;
COMTE DE LESSEPS, directeur des consulats au ministère des affaires étrangères;
GÉNÉRAL MORIN, membre de l'Institut, commissaire général de l'Exposition universelle;
ÉMILE PÉREIRE, président du Conseil d'administration du chemin de fer du Midi;
SCHNEIDER, vice-président du Corps législatif;
LÉON VAUDOYER, architecte du conservatoire des Arts-et-Métiers;
ARLÈS-DUFOUR, secrétaire général;
ADOLPHE THIBAUDEAU, secrétaire général adjoint.

[1] Par décret en date du 2 janvier 1854, M. Léon Vaudoyer, architecte, a été nommé membre de la Commission impériale en remplacement de M. Visconti, décédé.

[2] Décédé.

# COMPOSITION DU JURY MIXTE INTERNATIONAL

Président : S. A. I. le Prince NAPOLÉON.
Vice-Président : S. E. M. MAGNE.

## CONSEIL DES PRÉSIDENTS ET VICE-PRÉSIDENTS.

| *Présidents :* MM. | | | *Vice-présidents :* MM. | | |
|---|---|---|---|---|---|
| Élie de Beaumont | 1re | classe. | Devaux | 1re | classe. |
| Sir W. Hooker | 2e | — | Milne-Edwards | 2e | — |
| Comte de Gasparin | 3e | — | Evelyn-Denison | 3e | — |
| Général Morin | 4e | — | N. | 4e | — |
| Hartwich | 5e | — | Schneider | 5e | — |
| W. Fairbairn | 6e | — | Général Piobert | 6e | — |
| Général Poncelet | 7e | — | R. Willis | 7e | — |
| Maréchal Vaillant | 8e | — | Sir David Brewster | 8e | — |
| C. Wheatstone | 9e | — | Babinet | 9e | — |
| Dumas | 10e | — | T. Graham | 10e | — |
| A. R. Owen | 11e | — | Payen | 11e | — |
| Docteur Royle | 12e | — | Rayer | 12e | — |
| Baron Ch. Dupin | 13e | — | J. Burgoyne | 13e | — |
| Mary | 14e | — | Ch. Manby | 14e | — |
| Von Dechen | 15e | — | Michel Chevalier | 15e | — |
| Docteur Steinbeis | 16e | — | Pelouze | 16e | — |
| N. | 17e | — | Comte de Laborde | 17e | — |
| Regnault | 18e | — | Ch. de Brouckère | 18e | — |
| Th. Bazley | 19e | — | Mimerel | 19e | — |
| Cunin-Gridaine | 20e | — | Laoureux | 20e | — |
| Arlès-Dufour | 21e | — | Diergardt | 21e | — |
| Legentil | 22e | — | Mevissen | 22e | — |
| Grenier-Lefebvre | 23e | — | Sallandrouze de Lamornaix | 23e | — |
| Hittorff | 24e | — | Duc Hamilton et Brandon | 24e | — |
| Lord Ashburton | 25e | — | N. Rondot | 25e | — |
| Louis Forster | 26e | — | A. Firmin Didot | 26e | — |
| J. Helmesperger | 27e | — | Halévy | 27e | — |

### SECRÉTAIRE DU CONSEIL.

Ad. Blaise (des Vosges), *secrétaire du Jury.*

## GROUPES

**PREMIER GROUPE. — Classes 1, 2 et 3.**

| | MM. |
|---|---|
| *Président* . . . . . . . . | Le comte de GASPARIN. |
| *Vice-président* . . . . . | DEVAUX. |
| *Secrétaires* . . . . . . . . | Comte de KERGORLAY.<br>Baron de RIESE-STALLBOURG. |

**DEUXIÈME GROUPE. — Classes 4, 5, 6 et 7.**

| | MM. |
|---|---|
| *Président* . . . . . . . . | SCHNEIDER. |
| *Vice-président* . . . . . | Le chevalier ADAM DE BURG. |
| *Secrétaires* . . . . . . . . | Le chevalier CORRIDI.<br>TRESCA. |

**TROISIÈME GROUPE. — Classes 8, 9, 10 et 11.**

| | MM. |
|---|---|
| *Président* . . . . . . . . | DUMAS. |
| *Vice-président* . . . . . | WHEATSTONE. |
| *Secrétaires* . . . . . . . . | WARTMANN.<br>BECQUEREL. |

**QUATRIÈME GROUPE. — Classes 12, 13 et 14.**

| | MM. |
|---|---|
| *Président* . . . . . . . . | Le baron CH. DUPIN. |
| *Vice-président* . . . . . | Le docteur ROYLE. |
| *Secrétaires* . . . . . . . . | De la GOURNERIE.<br>Sir JOSEPH OLIFFE. |

**CINQUIÈME GROUPE. — Classes 15, 16, 17 et 18.**

| | MM. |
|---|---|
| *Président* . . . . . . . . | Le marquis de HERTFORD. |
| *Vice-président* . . . . . | REGNAULT. |
| *Secrétaire* . . . . . . . . | PÉLIGOT. |

**SIXIÈME GROUPE. — Classes 19, 20, 21, 22 et 23.**

| | MM. |
|---|---|
| *Président* . . . . . . . . | LEGENTIL. |
| *Vice-président* . . . . . | GRENIER-LEFEBVRE. |
| *Secrétaires* . . . . . . . . | DUBOIS DE LUCHET.<br>T. CHENNEVIÈRES. |

**SEPTIÈME GROUPE. — Classes 24, 25, 26 et 27.**

| | MM. |
|---|---|
| *Président.* . . . . . . . . | Lord Ashburton. |
| *Vice-président.* . . . . . | Hittorff. |
| *Secrétaires.* . . . . . . . . | Dusommerard.<br>Digby-Wyatt. |

# NOMBRE TOTAL DES EXPOSANTS

| | |
|---|---|
| Empire français. . . . . . . . . . . . . . . . . . . . . . . | 9,790 |
| Algérie. . . . . . . . . . . . . . . . . . . . . . . . . . . | 724 |
| Colonies françaises. . . . . . . . . . . . . . . . . . . . . | 177 |

| | |
|---|---|
| Amérique (États-Unis d'). . . . . . . . . . . . . . . . . | 150 |
| Anhalt, Dessau et Coethen (Duché d'). . . . . . . . . . . | 15 |
| Argentine (Confédération). . . . . . . . . . . . . . . . . | 6 |
| Autriche (Empire d'). . . . . . . . . . . . . . . . . . . | 1,296 |
| Bade (Grand-duché de). . . . . . . . . . . . . . . . . . . | 88 |
| Bavière (Royaume de). . . . . . . . . . . . . . . . . . . | 172 |
| Belgique (Royaume de). . . . . . . . . . . . . . . . . . . | 686 |
| Brésil (Empire du). . . . . . . . . . . . . . . . . . . . | 4 |
| Brunswick (Duché de). . . . . . . . . . . . . . . . . . . | 16 |
| Costa-Rica (République de). . . . . . . . . . . . . . . . | 4 |
| Danoise (Monarchie). . . . . . . . . . . . . . . . . . . . | 90 |
| Dominicaine (République). . . . . . . . . . . . . . . . . | 1 |
| Égypte. . . . . . . . . . . . . . . . . . . . . . . . . . | 6 |
| Espagne (Royaume d') et ses colonies. . . . . . . . . . . | 568 |
| Francfort-sur-le-Mein (Ville libre de). . . . . . . . . . | 24 |
| Grande-Bretagne et Irlande (Royaume-Uni de)[1]. . . . . . . | 1,589 |
| Colonies anglaises. . . . . . . . . . . . . . . . . . . . | 985 |
| Grèce (Royaume de). . . . . . . . . . . . . . . . . . . . | 131 |
| Guatemala (République de). . . . . . . . . . . . . . . . . | 7 |
| Hanovre (Royaume de). . . . . . . . . . . . . . . . . . . | 18 |
| A reporter. . . . . . . . . . . | 16,527 |

[1] Il y a 1,460 exposants, en ne tenant compte que du nombre des numéros.

| | |
|---|---|
| Report. | 16,527 |
| Hanséatiques (Villes). | 89 |
| Hawaïen (Royaume). | 5 |
| Hesse (Grand-Duché de). | 74 |
| Hesse (Électorat de). | 14 |
| Lippe-Detmold (Principauté de). | 2 |
| Luxembourg (Grand-Duché de). | 25 |
| Mexicaine (République). | 107 |
| Nassau (Duché de). | 59 |
| Nouvelle-Grenade (République de la). | 15 |
| Oldenbourg (Grand-Duché d'). | 15 |
| Ottoman (Empire). | 2 |
| Pays-Bas (Royaume des). | 411 |
| Pontificaux (États). | 71 |
| Portugal (Royaume de) et ses colonies. | 445 |
| Prusse (Royaume de). | 1,515 |
| Reuss, branche aînée (Principauté de). | 1 |
| Reuss, branche cadette (Principauté de). | 1 |
| Sardes (États). | 198 |
| Saxe (Royaume de). | 96 |
| Saxe-Altenbourg (Duché de). | 2 |
| Saxe-Cobourg (Duché de). | 6 |
| Saxe-Cobourg-Gotha (Duché de). | 11 |
| Saxe-Meiningen (Duché de). | 5 |
| Saxe-Weimar (Grand-Duché de). | 1 |
| Schaumbourg-Lippe (Principauté de). | 2 |
| Schwarzbourg-Rudolstadt (Principauté de). | 1 |
| Suède (Royaume de). | 417 |
| Norwége (Royaume de). | 121 |
| Suisse (Confédération). | 408 |
| Toscane (Grand-Duché de). | 197 |
| Tunis. | 1 |
| Wurtemberg (Royaume de). | 207 |
| Total. | 20,859 |

# COMMISSAIRES ÉTRANGERS

---

| | MM |
|---|---|
| Angleterre. . . . . . . . . . . . | Henry Cole. |
| Anhalt-Cœthen.. . . . . . . . . . / Anhalt-Dessau.. . . . . . . . . . | De Viebahn. |
| Autriche. . . . . . . . . . . | Baron James de Rotschild. Chevalier de Burg. Docteur Guillaume Schwarz. |
| Bade (grand-duché de). . . . . . | Dietz. |
| Bavière.. . . . . . . . . . . . | Schubarth. |
| Belgique. . . . . . . . . . . . . | Rainbeaux. |
| Brunswick (duché de).. . . . . . | De Viebahn. |
| Confédération Argentine. . . . . | Le chevalier Bowens de Bawens. |
| Confédération Suisse. . . . . . . | Barman (colonel fédéral). |
| Costa-Rica. . . . . . . . . . . . | Lafond. |
| Danoise (Monarchie). . . . . . | Baron Delong. |
| Égypte. . . . . . . . . . . . . . | Khalil-Bey. |
| États pontificaux.. . . . . . . . . | Baron du Havelt. |
| États Sardes.. . . . . . . . . . | Comte de Pollone. Ferrero. |
| États-Unis. . . . . . . . . . . . | De Vattemare. |
| Espagne. . . . . . . . . . . . . | De Castellanos. |
| Francfort-sur-le-Mein. . . . . . | Charles Fay. |
| Grèce . . . . . . . . . . . . . | Spiliotakis. Ziznia (Georges). Jonidis (Alexandre). |
| Hanovre. . . . . . . . . . . . . | De Viebahn. |
| Hesses (Deux). . . . . . . . . . . | Bleymuller. |
| Iles Sandwich. . . . . . . . . . . | André (Frédéric). |
| Lippe-Detmold (Principauté de). . | De Viebahn. |
| Luxembourg (Grand-duché de).. . | Godchaux. |
| Mexicaine (République). . . . . | Pedro Escandon. Comte de Brignoles. Don Juan Agea. |
| Nassau (Duché de).. . . . . . . | Ladé. |
| Nouvelle-Grenade. . . . . . . . . | Juan de Francisco Martin. |
| Oldenbourg (Grand-duché d'). . . | Alfred Fich. |
| Ottoman (Empire). . . . . . . . . | Kiamil-Bey, commissaire spécial. |

| | MM. |
|---|---|
| Paraguay (République). . . . . . | Laplace (Alexandre) (col. général). |
| Pays-Bas. . . . . . . . . . . . . | Pescatore. |
| Pérou et Guatemala. . . . . . . | Émile Fournier. |
| Portugal. . . . . . . . . . . . . | D'Avila. |
| Prusse. . . . . . . . . . . . . | De Viebahn. |
| Reuss (branche aînée). . . . . . | |
| Reuss (branche cadette). . . . . | Richter (Charles). |
| Saxe (Royaume de) . . . . . . . . | Docteur Woldemar Seyffarth. |
| Saxe-Cobourg (Duché de). . . . . | De Viebahn. |
| Saxe-Cobourg-Gotha (Duché de). . | |
| Saxe-Meiningen. . . . . . . . . | |
| Saxe-Weimar (Duché de). . . . | |
| Schaumbourg-Lippe (Princ. de). | |
| Schwarzbourg-Rudolstadt (Princ.) . | |
| Suède. . . . . . . . . . . . . | Brandstrom. |
| Norwége. . . . . . . . . . . . . | E. Tidemand. |
| Saint-Marin (République de). . . | Paltrineri. |
| Toscane (Grand duché de). . . . | Chevalier Corridi. |
| Tunis . . . . . . . . . . . . . . | Le chevalier Élias Mussali. |
| Villes hanséatiques. . . . . . . . | Geffcken. |
| Wurtemberg. . . . . . . . . . . | Steinbeis (Docteur de). |

# PREMIÈRE VISITE

## CLASSE I

### ART DES MINES ET MÉTALLURGIE

ANNEXE PARTIE EST — TRANSSEPT — VITRINE DE L'IMPRIMERIE IMPÉRIALE,
ESCALIER DU PAVILLON SUD-EST

Statistique et documents généraux. — Procédés généraux d'exploitation. — Procédés généraux de métallurgie. — Extraction et préparation des combustibles minéraux. — Fontes et fers. — Métaux communs (le fer excepté). — Métaux précieux. — Monnaies et Médailles. — Produits minéraux non métalliques.

**MEMBRES DU JURY :**

MM.

**ÉLIE DE BEAUMONT**, *président*, membre de la Commission impériale, sénateur, secrétaire perpétuel de l'Académie des Sciences, inspecteur général des Mines, professeur de géologie au Collége impérial de France et à l'École impériale des Mines, président de la Société géologique et de la Société météorologique de France. FRANCE.

**DEVAUX**, *vice-président*, membre de la classe des sciences de l'Académie royale de Belgique, inspecteur général des Mines. BELGIQUE.

**DUFRÉNOY**, membre du jury de l'Exposition de Londres (1851), membre de l'Académie des Sciences, inspecteur général des Mines, directeur de l'École impériale des Mines, professeur de minéralogie au Muséum d'histoire naturelle. FRANCE.

**LE PLAY**, membre de la Commission impériale, des jurys de l'Exposition de Paris (1849) et de Londres (1851), commissaire général de l'Exposition, ingénieur en chef des Mines, professeur de métallurgie à l'École impériale des Mines. FRANCE.

**CALLON**, ingénieur des Mines, professeur adjoint d'exploitation des Mines, et de mécanique appliquée à l'École impériale des Mines, membre du conseil de la Société d'encouragement. FRANCE.

**DE CHANCOURTOIS**, ingénieur des Mines, professeur de géométrie souterraine à l'École impériale des Mines. FRANCE.

**W.-J. HAMILTON**, président de la Société géologique de Londres. ANGLETERRE.

**WARINGTON W. SMYTH,** inspecteur des Mines du duché de Cornouailles et professeur de minéralogie et d'exploitation minière à l'École des Mines du gouvernement. ANGLETERRE.

**CH. OVERWEG,** conseiller de justice à Letmathe (Westphalie). PRUSSE.

**TUNNER** (Pierre), directeur de l'École des mines I. R. à Léoben (Styrie), membre du jury de l'Exposition de Londres (1851) et de Munich (1854). AUTRICHE.

**RITTINGER** (Pierre), conseiller au ministère I. R. des finances, inspecteur général des Mines. AUTRICHE.

**RAINBEAUX** (Emile), administrateur des Mines du Grand-Hornu. BELGIQUE.

**STERRY HUNT,** délégué du Canada. ANGLETERRE.

---

S. A. I. le Prince Napoléon a commencé ses visites d'études à l'Exposition universelle par l'examen des produits de la première classe.

Le Prince, dans cette visite, était accompagné de MM. Le Play, commissaire général ; Tresca, sous-directeur du Conservatoire des Arts-et-Métiers ; Blaise (des Vosges) ; Trélat, ingénieur, chargé de la mise en mouvement des machines, des membres du jury indiqués ci-dessus et des commissaires étrangers dont les produits sont représentés dans la première classe.

Il en a été de même dans toutes les visites du Prince. MM. les membres du jury international et MM. les commissaires étrangers se sont toujours rendus avec empressement à ces convocations faites, en dehors de l'examen du jury, dans un but sérieux d'études et d'indépendante appréciation des produits de toutes les nations.

Dans cette suite de visites, Son Altesse Impériale s'est constamment montrée à la hauteur de toutes les idées de progrès et de développement industriel, et a fait preuve de connaissances qui témoignent d'études approfondies et d'idées arrêtées et fécondes sur les grandes questions de la science et de l'industrie.

La première classe de l'Exposition universelle est en quelque sorte à l'ensemble de cette Exposition ce que la nature est à la science, le germe à l'arbre, la matière première à l'industrie. Non pourtant que le travail humain manque à cet ensemble de produits inertes encore, et que l'activité de l'intelligence n'ait une large part créatrice dans ce monceau de merveilles un peu brutes qui personnifient si éloquemment le génie de cette seconde moitié du dix-neuvième siècle. Mais le travail n'y a été que préliminaire, quoique gigantesque; que préparatoire, quoique déjà admirable; c'est l'extraction, c'est le forgeage, c'est le laminage, c'est le coulage, c'est le haut fourneau, la sonde ou le laminoir, dont nous voyons ici les œuvres et l'action, véritable préface de cette histoire vivante de l'industrie, dont chaque classe doit dérouler successivement une page.

On comprend quels nombreux spécimens destinés à représenter l'art des mines et la métallurgie, quelles collections utiles, savantes et curieuses de minéraux et de minerais, d'échantillons géologiques, de pierres, de marbres, d'ardoises, de métaux, de substances à l'état primitif ou dans l'état de transformation que leur a donné le travail qui les a fait passer de la couche terrestre aux mains du fabricant, doivent figurer dans cette catégorie. Jamais Exposition ne fut plus riche en ce genre; la facilité de réduire les échantillons à un volume aussi minime que possible a permis de réunir des collections fort intéressantes sous un poids peu considérable.

C'est aux collections de cette nature, réunies et étudiées avec soin, que la science moderne est redevable de ces notions précises que la géologie peut donner sur l'âge et la constitution de chaque sol, éléments précieux à l'aide desquels on sait déjà qu'il est inutile de chercher la houille dans telle localité, tandis que sa découverte est, sinon assurée, du moins probable dans telle autre.

Les belles cartes géologiques de MM. Élie de Beaumont et

Dufresnoy, en France; de M. Dumont, en Belgique; celles exposées par les Provinces Rhénanes, l'Autriche, etc., etc., en nous faisant connaître l'ordre de superposition des différentes couches et les bouleversements successifs dont notre globe a été l'objet, nous permettent ainsi de lire dans un passé lointain qui remonte bien au delà de la création de l'homme et de la plupart des espèces animales et végétales. L'ossature du globe que nous fouillons chaque jour pour en extraire des richesses minérales que leur abondance peut faire croire inépuisables représente donc la plus ancienne existence sur la terre; après les solidifications des granits et des autres roches ignées, les dépôts sédimentaires, au nombre desquels il faut compter les houilles, la plupart des marbres, etc., etc., sont venus successivement se recouvrir à la manière de nos dépôts d'alluvion qui constituent avec les tourbes les exemples les plus frappants des formations contemporaines.

La carte géologique de la France n'est pas seulement remarquable par son importance scientifique; elle est aussi d'une admirable exécution et elle forme, parmi les produits de l'imprimerie impériale, un des chefs-d'œuvre les plus admirés.

La géologie de la France, tracée d'une main sûre par les illustres auteurs de ce travail, se termine maintenant dans chacun des départements par les soins des ingénieurs des mines; déjà un grand nombre de cartes départementales sont publiées, présentant jusqu'aux plus minimes détails d'exploitation de tous les établissements minéralogiques de quelque importance et venant successivement confirmer les appréciations générales de la grande carte.

Sans occuper une grande place dans le palais de l'Industrie, les appareils d'exploitation ne sont cependant pas oubliés, et quelques-uns d'entre eux présentent des particularités fort remarquables, entre autres le modèle en relief d'un gîte houiller exploité à Anzin.

Les procédés de sondage, si variés dans ces derniers temps et si puissants qu'ils permettent aujourd'hui de creuser de véritables puits, ont reçu chez nous leurs perfectionnements les plus importants : les instruments que nous trouvons chez deux de nos principaux exposants, pour forer, percer, briser, triturer la terre, donnent, par leurs proportions gigantesques, une idée de leur prodigieuse efficacité. Lorsqu'on pense qu'à cinq ou six cents mètres de profondeur il faut attaquer les roches les plus dures, la plupart du temps par le choc, souvent par le rodage, et rapporter au jour des débris assez volumineux, non-seulement pour reconnaître la nature de la roche, mais son épaisseur, mais sa direction et ses moindres particularités, l'imagination se refuse à croire à la facilité avec laquelle toutes ces opérations sont accomplies. L'Exposition de 1855 témoigne des nombreux progrès réalisés par cette vaste et puissante industrie.

Mais ce ne sont pas seulement des outils inertes qu'il faut faire ainsi pénétrer dans les entrailles du sol terrestre : ce sont encore des hommes, des populations entières, des animaux, qui, après les travaux de reconnaissance, doivent aller arracher les richesses que les premiers travaux ont signalées. Cette population doit y vivre et y travailler : c'est dire qu'il lui faut de l'air, des moyens d'accès aussi faciles que possible, et tous les éléments d'une parfaite sécurité.

L'air, on va le chercher au loin par des galeries et des moyens mécaniques. La France, la Belgique et l'Angleterre exposent des ventilateurs remarquables. C'est aussi dans l'exposition belge que nous trouvons un ingénieux appareil pour la descente des ouvriers.

La plupart du temps, les travailleurs descendent dans un puits spécial à l'aide d'échelles inclinées, cause d'une perte de temps et d'une fatigue considérables, pour peu que la mine soit profonde. Aussi voit-on généralement les ouvriers descendre au moyen de bennes, c'est-à-dire suspendus à un cordage manœuvré par sa partie supérieure : la fatigue est ainsi rendue moindre, mais le danger est beaucoup plus grand, la rupture imprévue de la corde se traduisant de temps en temps par des accidents dont nos feuilles publiques retentissent trop fréquemment. Depuis plusieurs années, une disposition particulière a, pour ainsi dire, supprimé le danger au moyen de deux pièces de bois inclinées et mobiles, portant autour d'un axe horizontal par des charnières, qui s'écartent lorsque le mouvement s'accélère par suite d'une rupture, et viennent se ficher solidement sur deux supports qui règnent dans toute la hauteur du puits. On ne pourrait mieux comparer cette action qu'à celle des deux bras de l'homme qui s'écartent instinctivement, en cas de chute, pour chercher appui sur les côtés : cet appareil a déjà rendu de très-grands services, mais celui dont nous parlons est plus remarquable encore. Une série de paliers équidistants sont suspendus à deux tiges que nous appellerons la tige de droite et celle de gauche. Ces deux tiges sont assemblées sur un balancier qui oscille ou joue autour d'un axe, de manière que, quand l'une des tiges descend, l'autre remonte. Quand un palier de droite vient se placer à la même hauteur que le palier de gauche correspondant, il y a un temps d'arrêt pendant lequel les ouvriers se transportent de l'un à l'autre ; la même opération, répétée pendant l'oscillation suivante, le fait revenir, suivant qu'il opère pour descendre ou pour monter, au palier de droite immédiatement inférieur ou supérieur à celui qu'il occupait précédemment. La descente se fait ainsi, de palier en palier, avec une facilité et une promptitude remarquables. Des taquets peuvent d'ailleurs remplacer le mouvement de l'homme et permettent d'appliquer cet appareil au montage et à la descente des bennes.

Les produits minéralogiques exposés dans l'Annexe sont si nombreux, qu'une note volumineuse suffirait à peine à leur simple nomenclature. Parmi ceux que Son Altesse Impériale a le plus remarqués, il faut citer d'abord la belle collection de minerais du Creuzot, et les fers spéciaux, fontes et tôles de ce vaste établissement, ainsi que l'exposition tout entière des grandes usines de Commentry, de Decazeville et de Montataire, de Fourchambault, de la Providence, des mines du Hartz et de la société franco-autrichienne des chemins de fer autrichiens, de la société du Phénix en Prusse, de Seraing en Belgique, et enfin de toutes les usines à fer de l'Angleterre, qui complètent cet ensemble littéralement prodigieux, et qui donnent de l'industrie humaine, dans ce qu'elle a de gigantesque et de tout-puissant, une idée quelquefois effrayante.

Dans cette partie de l'Annexe qui avoisine le modèle du gîte d'Anzin en exploitation, au milieu de ces masses énormes de fer et de fonte, en rails, en barres, en essieux, en enclumes; de ces blocs de houille pyramidaux; de ces plaques immenses de tôle, de ces planches de cuivre ou de marbre, de ces pièces monstrueuses coulées ou forgées, de ces outils à la fois si ingénieux et si puissants, — la mise en scène est si naturelle, la couleur locale si profondément empreinte sur tout ce qui entoure le spectateur, et la perspective si particulièrement pittoresque, qu'on se croit et qu'on se sent véritablement transporté dans ce domaine du fer et de la houille dont l'antiquité n'eût pas manqué de faire un sanctuaire mystérieux et terrible, mais dont la civilisation moderne, qui s'en joue, a fait le berceau fécond et magnifique de sa puissance industrielle.

Les fontes moulées jouent un grand rôle dans l'exhibition actuelle. Marquise expose les modèles des poutres en fonte qui ont servi à la construction de la gare du chemin de fer de l'Ouest et de plusieurs ponts du chemin de fer d'Auteuil, — des roues de waggon de terrassement, des conduites d'eau, des arceaux, des entablements; la fabrication des rails, représentée par les forges d'Anzin, de Denain, d'Aubin et du pays de Galles, atteste des progrès et des moyens d'exécution inouïs. Des bielles de bateaux à vapeur, des pilons colossaux, des échantillons de fer *puddlé* ou *ballé*, d'une dimension fabuleuse, ont également fixé l'attention de Son Altesse Impériale.

Notre admirable et féconde colonie algérienne occupe une belle place dans la première classe. Ses mines de cuivre et de plomb ont déjà une réputation proverbiale en Europe, et ne sont pourtant qu'une faible partie de ses richesses minérales.

Les montagnes qui encadrent les fertiles plaines de l'Algérie renferment dans leurs flancs de nombreux gisements métalliques, dont l'industrie privée est appelée à tirer de grands bénéfices. La colonie peut y trouver des sources inépuisables de travail, la France une large compensation aux lacunes de sa production. Parmi les variétés de fer, celles qui produisent l'acier naturel sont les plus recherchées; l'Algérie en contient de très-puissants gîtes. L'antimoine, le manganèse, le nickel, le zinc, le mercure, sans être aussi communs, ne sont rien moins que rares, et peuvent répondre à toutes les commandes de l'industrie métropolitaine. L'or, l'argent, le cobalt, l'arsenic, complètent cette collection de produits, auxquels manque seulement, entre les métaux de l'ancien monde, l'étain, dont la présence dans les monts Zakkar a été signalée au dix-huitième siècle par le docteur Shaw, mais qui n'a pas été encore retrouvé.

L'exploration des richesses métalliques de l'Algérie date de dix ans à peine, et déjà l'on compte par centaines les gisements reconnus, dont chaque année augmente le nombre et l'importance. Adoptant le système introduit en France, le département de la guerre accorde d'abord des permis qui attribuent le droit et le privilége des recherches aux inventeurs, et peuvent ensuite être convertis en concessions si les résultats justifient cette aliénation du domaine public. Celles-ci sont au nombre de onze, savoir : cinq dans la province d'Alger : Mouzaïa, Oued-Merdja, Oued-Allelah, cap Tenez, Oued-Tafilez; six dans la province de Constantine : Méboudja, Aïn-Morka, Kharezas, Bou-Hamra, Kef-oum-Theboul, Hamimât.

Le zinc, dont les emplois sont maintenant si variés, doit à la société de la Vieille-Montagne d'être appliqué aux destinations les plus diverses. Le cuivre, l'étain, le plomb, le nickel, l'or, l'argent, le platine, enrichissent d'ailleurs la plupart des galeries de l'Annexe, à l'exception des pépites monumentales de l'Australie et des échantillons aurifères de la Californie, qui ont été réunis dans l'escalier sud-est du palais principal.

Les autres matières minérales sont également disséminées, chaque pays apportant ses spécimens les plus remarquables, parmi lesquels il convient de citer, pour leurs plus beaux marbres, la Toscane, le Portugal, la Grèce et l'Espagne, mais ils sont distancés sans contestation possible par notre marbrerie d'Algérie et de Corse. L'Algérie a des marbres et des albâtres qui imitent à s'y méprendre les agates; la Corse envoie des colonnes en marbre vert et en bleu turquin qui joignent à une beauté de premier ordre l'avantage d'un bon marché incontestable. Nos départements de la Mayenne, de la Sarthe et de Maine-et-Loire apportent dans cette catégorie de l'Exposition le tribut de leurs magnifiques ardoisières, dont la finesse et les dimensions dépassent tout ce qu'on avait précédemment obtenu en ce genre.

---

# DEUXIÈME VISITE

CLASSE II

## ART FORESTIER, CHASSE, PÊCHE ET RÉCOLTE DE PRODUITS OBTENUS SANS CULTURE

ANNEXE, PARTIE EST. — GALERIES SUPÉRIEURES, 62 A 65.
HANGAR DE L'AGRICULTURE, DANS LE JARDIN.

Statistique et documents généraux. — Exploitations forestières. — Industries forestières. — Chasse des animaux terrestres et des amphibies. — Pêche. — Récolte des produits obtenus sans culture. — Destruction des animaux nuisibles. — Acclimatation des espèces utiles de plantes et d'animaux.

### MEMBRES DU JURY :

MM.

**SIR WILLIAM HOOKER** F. R. S., *président*, directeur des jardins royaux de Kew. ANGLETERRE.

**MILNE-EDWARDS**, *vice-président*, membre de l'Académie des Sciences, doyen de la Faculté des Sciences de Paris, professeur de zoologie au Muséum d'histoire naturelle. FRANCE.

**GEOFFROY SAINT-HILAIRE** (Isidore), membre de l'Académie des Sciences, professeur de zoologie au Muséum d'histoire naturelle, président de la Société zoologique d'acclimatation. FRANCE.

**BRONGNIART** (Adolphe), membre de l'Académie des Sciences, professeur de botanique au Muséum d'histoire naturelle. FRANCE.

**DECAISNE**, membre de l'Académie des Sciences, professeur de botanique au Muséum d'histoire naturelle, membre de la Société impériale d'agriculture. FRANCE.

**VICAIRE**, administrateur général des domaines et forêts de la Couronne. FRANCE.

**THEROULDE**, armateur à Granville. FRANCE.

**FOCILLON** (Adolphe), *secrétaire*, professeur d'histoire naturelle au lycée Louis-le-Grand, chargé du cours de zoologie au Collége impérial de France. FRANCE.

**GEOFFROY DE VILLENEUVE**, membre du jury de l'Exposition de Paris (1849) député au Corps législatif. FRANCE.

**ROBERT E. COXE**, colonel. ÉTATS-UNIS.
**JOSE ANDRADE CORVO**, professeur à l'Institut agricole de Lisbonne. PORTUGAL.
**CHEVALIER PARLATORE**, professeur. TOSCANE.

---

L'attention de Son Altesse Impériale a été appelée, pendant cette visite, sur les produits forestiers des landes de Saint-Albin (pins et chênes) qui, semés au printemps de l'année 1850, mesurent aujourd'hui 3 à 4 mètres d'élévation sur 10 centimètres de diamètre.

Le Prince a remarqué également les appareils pour l'injection des bois, procédé employé avec succès sur les bois d'essences légères, et déjà heureusement appliqué pour les traverses des chemins de fer.

Les produits de l'Algérie ont aussi vivement intéressé Son Altesse Impériale.

L'Algérie commence à tirer parti de la mise en œuvre de ses richesses forestières : le cèdre, l'olivier, le thuya, le cactus, le chêne-liége, sont déjà exportés en quantités considérables et fort recherchés par l'ébénisterie parisienne.

Le thuya notamment (le citre, du nom latin que lui donne Pline) est l'objet de la prédilection de nos fabricants. L'usage de ce bois, peu connu en France, remonte à la plus haute antiquité; toute l'ébénisterie de luxe des Romains était en bois de thuya.

Cicéron paya une de ces tables un million de sesterces (environ 250,000 fr.). Pline cite un autre personnage qui alla jusqu'à 1,100,000 sesterces. Dans la succession du roi maure, Juba, une table de ce bois précieux fut adjugée au prix de 1,200,000 sesterces (300,000 fr.). La famille de Céthégus en possédait une qui avait coûté 1,400,000 sesterces (environ

350,000 fr.). On recherchait surtout la racine de l'arbre, qui fournissait des pièces ronceuses et offrait les accidents les plus variés. On employait le bois en feuilles de placage plutôt qu'en massif; cependant on le sculptait aussi. Dans la vente du mobilier de l'empereur Commode, on remarqua des vases et des coupes de citre.

Ses qualités expliquent cette vogue : aucun bois n'est aussi riche de mouchetures, de moires ou de veines flambées que la souche du thuya. Ses dispositions présentent beaucoup de variétés; son grain, fin et serré, le rend susceptible du plus parfait poli; ses tons chauds, brillants et doux, passent par une foule de nuances, de la couleur de feu à la teinte rosée de l'acajou, et les nuances, quelles qu'elles soient, restent immuables, sans pâlir comme celles du bois de rose, sans brunir comme celles de l'acajou. Il réunit tout ce que l'ébénisterie recherche en richesse de veines et de nuances dans les différents bois des îles, la mouche, la moire, la chenille, qui s'y rencontrent avec une profusion vraiment extraordinaire, et que l'on chercherait vainement dans toute autre essence. Le Prince a admiré un beau meuble construit avec ce bois, et qui vient d'être tout récemment placé dans la nef du palais de l'Industrie.

Le bois de cactus de l'Algérie est également très-recherché; il répond à toutes les exigences de la nouvelle industrie.

Le bois de cactus s'allie et s'harmonise avec le bronze, le cuivre, l'or et l'argent, le bois de Spa, de rose, de noyer, comme avec les passementeries, le cuir, les fleurs artificielles, etc. Disposé naturellement en feuilles minces, il peut recevoir toutes les applications du cartonnage de luxe; en le mouillant avec de l'eau froide pour les feuilles faibles, et avec de l'eau bouillante pour les plus fortes, il se prête à toutes les courbures que l'on veut lui donner; passé dans une solution de chlorure de chaux, il devient d'un blanc presque mat; il peut recevoir toutes les teintes données aux matières textiles. Recouvert d'un vernis, il devient brillant et solide. Il a été appliqué avec succès à la confection des tables, étagères, grands écrans de cheminée, petits écrans à main, jardinières, porte-lampe, reliures de luxe, couvertures de livres, buvards, porte-cartes, visites, etc., vases à fleurs, services, cigares, boîtes, bracelets, chapeaux pour dames, corbeilles, paniers à ouvrage, berceaux d'enfants, etc.

Les instruments de pêche et la reproduction des poissons et des sangsues ont vivement intéressé Son Altesse Impériale. M. Milne-Edwards a donné à ce sujet au Prince de très-curieux détails sur le mode de multiplication et de développement de ces espèces et sur la disposition générale des étangs où cette méthode est appliquée. Son Altesse Impériale a ensuite visité les produits étrangers de la deuxième classe, situés dans la galerie du quai; elle a examiné avec intérêt les bois provenant des forêts impériales d'Autriche, et surtout la riche collection de bois de mélèze de Moravie, recherché pour la fabrication des instruments de musique.

Le Prince a remercié M. Kreuter, délégué par le gouvernement autrichien pour cette branche de l'Exposition, qui a fourni à Son Altesse des renseignements très-intéressants.

Les bois de chêne, de pin, de hêtre de la Suède pour constructions navales, les bois de hêtre colorés d'après un procédé nouveau, de l'exposition de Sardaigne, la riche collection des bois du domaine grand-ducal de Toscane, ont aussi vivement excité l'intérêt du Prince. Son attention s'est particulièrement portée sur les bois des forêts royales d'Espagne et sur la collection exposée par les écoles forestières de Villa-Viciosa, Alicante et Cordoue, qui présente six cents espèces différentes, et sur les beaux liéges de Girone, de Salamanque et de Séville.

Son Altesse Impériale a dit à ce sujet que le soin avec lequel cette collection était formée et le rapprochement si intéressant des spécimens des feuilles, des fleurs et des fruits, étaient bien dignes de la patrie de Cavanillas.

La collection des bois de Portugal pour la construction de l'ébénisterie et les échantillons du bois indigène du Paraguay (caoutchouc naturel) sont aussi très-curieux à étudier.

Tous les bois du Canada réunis ensemble forment au centre de la nef une pyramide de 15 mètres d'élévation sur 5 mètres de base; un escalier en spirale conduit à une plate-forme, d'où l'on découvre toute la galerie. Cette plate-forme est surmontée d'un pignon orné sur lequel repose un superbe castor (emblème du travail). Ce curieux trophée est composé de madriers de 1 mètre 15 de largeur sur 4 mètres de hauteur, de planches, de bois de placage, de lattes, de manches d'outils, de rames, etc., etc., le tout disposé avec le plus grand art. Le Prince en a félicité MM. les commissaires et délégués du Canada.

Dans l'exposition de la Guyane anglaise, Son Altesse Impériale a admiré la riche collection de bois de rose, de bois de fer, etc., et apprécié l'ordre et le bon goût avec lesquels MM. les commissaires et agents ont installé les produits de cette colonie. Le catalogue qu'ils ont présenté au Prince sur l'industrie de la Guyane restera comme un véritable monument scientifique.

Dans l'exposition de la Jamaïque, on lit cette inscription :

« *Plante de café, le Napoléon.*

« Les plantes de ce café sont cultivées dans la ferme très-renommée de Badnor. »

Les bois de l'île Maurice, les trois cents échantillons de bois divers et les meubles incrustés de l'île de Ceylan, les bois de Singapoor, les billes de bois de sandal et les grands vases en bois creusé de l'Inde ont été aussi, de la part du Prince, l'objet d'un examen attentif.

M. Adolphe Brongniart a donné au Prince, sur la belle collection des bois indigènes de l'Australie, de la colonie de Victoria, de Van-Diémen, du cap de Bonne-Espérance et de la Nouvelle-Zélande, des explications dont il résulte que l'existence de la plupart des végétaux de cette colonie qui figurent à l'Exposition universelle de 1855 était auparavant inconnue en Europe.

Enfin, Son Altesse Impériale a visité, dans la galerie du Cours-la-Reine, la pyramide de madriers de bois de Norwége et la belle collection des colonies hollandaises.

Le Prince a terminé cette deuxième visite en examinant avec le plus grand intérêt la magnifique collection de fourrures exposée par la Compagnie du Groënland.

M. Focillon a donné au Prince de curieux détails sur cette industrie, et cité des particularités très-intéressantes sur l'exploitation de cette importante branche du commerce du nord de l'Europe.

Dans cette même visite, Son Altesse Impériale s'est arrêtée devant l'exposition des produits des colonies françaises et les a examinés avec intérêt.

C'est par les soins du département de la marine et des colonies que nos compatriotes d'outre-mer ont réuni, dans l'emplacement qui leur a été réservé par la Commission impériale, des échantillons très-variés de leur agriculture et de leur industrie.

Quelques-uns de ces spécimens sont très-riches, notamment les sucres et les cafés. Tous les perfectionnements inventés dans ces dernières années pour la fabrication du sucre ont été étudiés dans nos colonies, et l'intelligence avec laquelle ont été appliqués, au milieu de circonstances quelquefois difficiles, ceux qui promettaient les meilleurs résultats, est constatée par la beauté très-remarquable de quelques échantillons.

Quant aux cafés, la qualité en est supérieure, et les envois faits par nos colonies sont dignes de la réputation acquise, sous ce rapport, aux possessions françaises d'Amérique et de la mer des Indes.

Les colonies ont exposé une collection de plus de cinq cents échantillons de bois : les uns, propres à l'ébénisterie, et qui comprennent les espèces les plus recherchées, comme le *citronnier*, l'*olivier*, le *palissandre*, le *bois de rose*. En outre, l'exposition coloniale contient des espèces nouvelles, qui commencent à être employées dans l'ébénisterie parisienne, telles que le bois de *natte* et l'*ébène vert*. L'un se rapproche de l'*acajou*, l'autre a de l'affinité avec le *palissandre;* mais on s'accorde à reconnaître que l'*ébène vert* a le grain plus fin.

Le *cam-wood*, bois de teinture dont l'exportation sur les côtes d'Afrique devient de jour en jour plus considérable, le *santal*, figurent dans cette collection; ils proviennent du Gabon et du Sénégal. Enfin un bel échantillon de bois de *Teck*, venant des Antilles, prouve que cette espèce, si précieuse pour les constructions navales, croît dans nos colonies.

La Guadeloupe, la Martinique et la Guyane ont envoyé au Palais de l'Industrie des spécimens nombreux de coton. On sait que les meilleures espèces de cotonnier croissent spontanément dans nos colonies d'Amérique. Les colons manifestent l'intention de reprendre la culture en grand de ce produit. C'est une téndance qui mérite d'être encouragée.

Parmi les produits obtenus sans culture envoyés des colonies, on remarque les gommes et les arachides du Sénégal : la gomme, dont l'exportation s'est élevée, en 1854, à 2,500,700 kilogrammes; l'arachide, qui, durant la même année, a figuré pour 4,820,000 kilogrammes, chiffre remarquable, si l'on considère que c'est un produit nouveau pour cette colonie, et que l'ensemble de la côte d'Afrique en a envoyé en France, l'année dernière, 20 millions de kilogrammes.

L'ivoire que l'industrie tire de nos établissements africains est représenté à l'exposition coloniale par quatre colossales dents d'éléphant.

L'un des spécimens les plus intéressants de l'industrie de l'Afrique occidentale est certainement la collection des bijoux fabriqués dans cette même colonie du Sénégal par un Maure indigène, qui a pour atelier la place publique et pour instruments des outils de la simplicité la plus primitive, à l'aide desquels il parvient à fabriquer, avec l'or de Galam, des bracelets, des colliers et des bagues très-recherchés dans le pays, et qui ont beaucoup d'originalité.

Tels sont les principaux éléments de l'exposition des colonies. Son Altesse Impériale s'est fait rendre compte de ceux qui offrent le plus d'intérêt, et a bien voulu exprimer sa satisfaction.

## GALERIE D'HISTOIRE NATURELLE INDUSTRIELLE.

PONT DE BOIS DE LA GALERIE DE JONCTION, COTÉ GAUCHE.

L'Exposition universelle vient de recevoir un nouveau complément, grâce auquel elle exprime réellement aujourd'hui la vaste pensée philosophique conçue par la Commission impériale et le Prince, son président, et dont le *système de classification* publié en 1854 avait arrêté les traits généraux. L'industrie humaine, dans ses innombrables ramifications, devait présenter un grand ensemble méthodiquement exposé aux yeux du public et où rien ne fût arbitrairement placé. Les 27 classes dans leur succession devaient faire saisir la longue et multiple transformation de la matière première, reçue des mains de Dieu, en des produits si variés façonnés par la main des hommes. Cet

[1] Nous devons cette note intéressante à M. Focillon, professeur d'histoire naturelle au lycée Louis-le-Grand.

ordre deviendra bien plus intelligible pour le visiteur qui, pénétrant dans les salles de l'Exposition par l'entrée de l'annexe du quai de Billy sur la place de la Concorde, observera dans quel ordre se présentent à lui, autant que les exigences du local ont pu le permettre, les objets qui se succèdent jusqu'au grand palais. A l'entrée de l'annexe, il se trouve au milieu des produits du premier groupe, produits bruts en matière première tirés du règne minéral, du règne végétal, du règne animal. Un peu plus loin une autre catégorie de ressources naturelles se révèle à lui ; ce sont les fluides impondérables et les qualités générales de la matière utilisées par l'homme. Il se trouve en présence des appareils de physique mesurant le temps et l'étendue, asservissant à nos besoins la chaleur, l'électricité, la lumière. Puis, dans un immense atelier où s'agitent les mille bras animés par la vapeur, il peut étudier dans les machines les forces créées par le génie humain pour réaliser avec les machines brutes que lui fournissent les inépuisables trésors de la création toutes ces merveilles industrielles accumulées dans le bâtiment du Panorama et sous les arceaux du grand Palais.

Dans ce tableau grandiose esquissé par la Commission impériale, et rempli par les industriels et les savants de tous les pays du monde, une partie seule avait été trop incomplétement représentée, ou, par la dissémination des objets, se laissait difficilement saisir au milieu du vaste ensemble ; c'est ce qu'on pourrait appeler l'*histoire naturelle industrielle*. L'administration, dont les soins éclairés ont su coordonner à la fois avec tant de goût et tant de méthode les innombrables richesses de notre Exposition, a reconnu cette lacune et l'a aussitôt comblée, de manière à offrir toute une nouvelle série d'objets intéressants et instructifs aux regards du public et à la reconnaissance de la science.

Le pont de bois qui, passant au-dessus du Cours-la-Reine, relie la longue galerie de l'Annexe au bâtiment du Panorama et par suite au Palais principal, avait été, dans l'origine, consacré à l'exposition des produits de l'horlogerie parisienne. Mais les deux galeries parallèles qui forment ce pont n'étaient qu'incomplétement remplies par cette exposition, et, en réunissant tout dans une de ces deux galeries, celle du côté oriental, il a été possible de trouver un emplacement, trop restreint sans doute pour les innombrables objets qu'on y aurait pu réunir, mais suffisant encore pour faire comprendre aux visiteurs quels liens unissent la matière première industrielle aux êtres mêmes de la nature, quelles créatures produisent les éléments naturels de nos tissus, de nos meubles, de nos armes, etc. Il s'agissait, en effet, dans la pensée de ceux qui ont conçu et réalisé la trop courte collection récemment établie sur le pont du Cours-la-Reine, il s'agissait de mettre sous les yeux du public une série méthodique des principaux groupes d'êtres créés; de lui faire saisir, à l'aide d'un certain nombre de types, cette succession des trois règnes qui commence aux métaux et aux autres corps simples, pour s'élever par une complication incessante jusqu'aux animaux les moins éloignés de l'homme. Puis, dans cette esquisse sommaire de la succession sériale des êtres naturels, on a voulu joindre à chacun d'eux les matières que leur emprunte l'industrie humaine, les montrer à la fois sous leur forme primitive et sous les aspects divers que leur donne le premier travail de l'homme pour en faire les matières premières que manipulera et transformera l'industrie. En un mot, on a voulu rendre sensible et palpable le lien non interrompu qui unit l'acier de notre coutellerie, l'or de nos bijoux, aux minerais enfouis dans le sein de la terre; notre linge, nos plus belles dentelles, au chanvre et au lin qui en ont organisé les fibres; nos feutres, nos draps, nos velours, nos taffetas, au lapin, au mouton, aux vers à soie qui en élaborent les premiers éléments.

Deux grands établissements scientifiques pouvaient surtout

concourir à l'exécution de cette pensée, l'École impériale des Mines et le Muséum d'Histoire naturelle. Ils ont répondu avec empressement au désir de la Commission impériale et de S. A. I. le Prince Napoléon. L'un et l'autre ont généreusement ouvert leurs trésors pour y puiser les matériaux de la collection nouvelle, et les hommes éminents qui classent et interprètent ces riches collections ont mis au service de cette idée leur zèle, leur expérience et leur savoir. En une semaine tout a été prêt, et les vitrines, remplies en trois jours, ont exposé aux yeux des merveilles empruntées aux trois règnes et les précieuses ressources qu'ils recèlent pour satisfaire aux besoins si variés des sociétés humaines.

Si donc maintenant le visiteur attentif parcourt le pont du Cours-la-Reine en se dirigeant du Panorama vers la Galerie du quai de Billy, et qu'il suive la travée occidentale, il reconnaîtra facilement que, sorti des magnifiques œuvres de l'art céramique, et des brillantes décorations des meubles de tous genres, il pénètre dans le domaine plus sévère de l'histoire naturelle. Sur le palier même de l'escalier s'élève la tête gigantesque d'un de ces êtres bizarres anéantis dans les bouleversements de notre planète; un peu plus haut, s'ouvrent, non moins gigantesques, les deux valves blanches et sinueuses du plus vaste *bénitier* connu, une monstrueuse coquille, une huître, ou peu s'en faut, de 1 mètre 10 centimètres de long, et pesant 250 kilogrammes. Ce géant appartient du moins à notre monde actuel, ainsi que l'énorme éponge de trois mètres de circonférence qui lui fait un digne pendant. Après ces miracles de la puissance productrice de notre nature terrestre, que M. le professeur Valenciennes a bien voulu distraire un moment de ses belles collections du Muséum, on arrive dans la Galerie même. Et d'abord s'offre à nous le règne minéral, doublement représenté par l'École des Mines et le Muséum. Les minerais métalliques se montrent à côté des produits divers que l'art du métallurgiste en sait tirer; les pierres précieuses naturelles, brutes ou taillées, à côté de ces pierres précieuses artificielles encore adhérentes à leur creuset natal, et que fabriquait par des procédés nouveaux le malheureux Ebelmen quelques jours à peine avant sa mort.

Enfin des tableaux suspendus au fond des vitrines, montrent quelques-uns de ces grands ateliers où s'élaborent les métaux, et dont les pénibles et merveilleux travaux sont encore aujourd'hui trop inconnus de la foule. Cette exhibition minéralogique et industrielle a reçu du Muséum d'histoire naturelle un riche complément digne de lui. A la suite des vitrines de l'École des Mines étincellent de splendides échantillons des espèces les plus brillantes du règne minéral; mais la pensée industrielle n'a pas disparu au milieu de ces beautés, elle s'est élevée au niveau de l'art, et d'admirables coupes d'agate, de jaspe, de cristal, montrent quel nouveau prix la main patiente de l'artiste a pu ajouter aux joyaux bruts fournis par la nature.

A ce monde inorganique succède le règne végétal. Ici la difficulté était grande pour rester fidèle à l'idée industrielle; le local interdisait toute exhibition de végétaux vivants, et c'est avec des fragments desséchés de plantes qu'il fallait représenter ces êtres innombrables dont les tiges nous prodiguent leur bois, leurs fibres textiles, leurs sucs de tous genres; dont les feuilles nous donnent les fumées enivrantes du tabac ou les vapeurs aromatiques du thé; dont les fleurs, les fruits, les racines, les bourgeons, recèlent tant de précieuses substances alimentaires, médicinales, tinctoriales, etc., etc. Mais M. le professeur Brongniart avait fait son œuvre de cette partie de la collection, et le public a pu juger si elle est inférieure aux autres. Dans une série méthodique il a montré, en représentant seulement les principaux groupes, de magnifiques échantillons des plus précieuses espèces végétales et des matières qu'elles nous fournissent. On retrouve dans cette intéressante succession des feuillets gigantesques d'un herbier improvisé, l'empreinte du haut esprit scientifique du professeur, et les renseignements nouveaux que peut leur demander l'industriel ou l'homme du monde.

Quant au règne animal, il figure avec ses produits et ses espèces dans vingt vitrines environ, et sa longue série commence par les coraux, les éponges, les coquilles, pour nous montrer les riches couleurs et les précieux produits de ses insectes, les formes bizarres de ses reptiles utiles ou dangereux, et enfin la richesse si variée de ses plumes et de ses fourrures. M. le professeur Milne-Edwards, qui avait conçu toute la collection avec son véritable cachet, et qui en avait harmonisé d'avance les parties, a trouvé le plus utile secours dans la bienveillante générosité de M. le professeur Isidore Geoffroy Saint-Hilaire, et dans le zèle actif et intelligent de M. le professeur Valenciennes. M. Geoffroy, absent par lui-même, a, par les soins de M. Florent Prévost, peuplé les vitrines de l'Exposition de nombreux échantillons d'animaux intéressants à divers titres, mais tous utiles à quelque point de vue. Puis, de magnifiques séries de pelleteries et fourrures de tous genres, généreusement fournies par les exposants ou les principaux fourreurs de Paris, ont accumulé autour de chaque espèce des richesses qui, jusqu'à présent, n'ont été montrées nulle part ainsi réunies. Qui ne s'arrêtera, d'autre part, devant cette riche vitrine carrée placée au milieu de la galerie, et où se font admirer de riches camées en coquilles, de précieuses sculptures en corail, assemblés là par M. le professeur Valenciennes et empruntés aux plus riches vitrines des exposants du grand Palais ? Cependant, non loin de là, une ruche d'abeilles se livre, sous les yeux étonnés du public, à ses admirables travaux; un petit marais en miniature représente l'élève des sangsues; des papillons aux couleurs variées, des mouches de plusieurs espèces, se montrent à côté des nids curieux qu'elles savent faire, des soies merveilleuses que nous ravissons aux chenilles pour en tisser nos draperies, nos rubans, nos plus brillantes et nos plus gracieuses étoffes.

. Enfin, à l'autre extrémité se dressent le plus grand des singes, le gorille du Gabon; le plus grand des oiseaux vivants, l'autruche, et auprès d'elle une gigantesque défense d'éléphant, une corne fine et longue de rhinocéros, l'ivoire et la matière cornée, deux substances précieuses que les êtres organisés fabriquent seuls, et dont l'industrie humaine peut faire des merveilles.

Cette collection improvisée, qui se complète peu à peu, reçoit chaque jour des étiquettes explicatives qui la rendent intelligible pour le public. C'est là cependant la partie inachevée, c'est là ce qui ne tardera pas à être exécuté de manière à rendre appréciable pour tous l'intérêt qui s'attache à cette collection si originalement précieuse.

---

# TROISIÈME VISITE

## CLASSE III

### AGRICULTURE (Y COMPRIS TOUTES LES CULTURES DE VÉGÉTAUX ET D'ANIMAUX).

ANNEXE. — HANGARS DU JARDIN DE JONCTION.

Statistique et documents généraux. — Génie agricole. — Matériel agricole. — Cultures générales. — Cultures spéciales. — Élevage des animaux utiles. — Industries immédiatement liées à l'Agriculture (sauf renvoi aux classes X, XI, etc.).

MM. **MEMBRES DU JURY :**

**COMTE DE GASPARIN**, *président*, membre de la Commission impériale, de l'Académie des Sciences, du Conseil général d'agriculture et de la Société impériale d'agriculture, vice-président honoraire du conseil de la Société d'encouragement. FRANCE.

**EVELYN DENISON**, *vice-président*, membre de la Société royale d'agriculture. ANGLETERRE.

**BOUSSINGAULT**, membre de l'Académie des Sciences, professeur au Conservatoire impérial des Arts-et-Métiers, membre du Conseil général d'agriculture et de la Société impériale d'agriculture. FRANCE.

**COMTE HERVÉ DE KERGORLAY**, membre des jurys des Expositions de Paris (1849) et de Londres, (1851), député au Corps législatif, membre du Conseil général d'agriculture et de la Société impériale d'agriculture. FRANCE.

**BARRAL**, ancien élève de l'École polytechnique, professeur de chimie, membre du Conseil de la Société d'encouragement. FRANCE.

**YVART**, membre du jury de l'Exposition de Paris (1849), inspecteur général des écoles vétérinaires et des bergeries impériales. FRANCE.

**DAILLY**, maître de poste à Paris, membre du conseil de la Société d'encouragement. FRANCE.

**VILMORIN** (Louis), membre du Jury de l'Exposition de Paris (1849), horticulteur, membre de la Société impériale d'agriculture, membre du conseil de la Société d'encouragement. FRANCE.

**MONNY DE MORNAY,** chef de la division de l'agriculture au ministère de l'agriculture, du commerce et des travaux publics. FRANCE.

**ROBINET,** membre de la Société impériale d'agriculture. FRANCE.

**DE LEHAYE,** bourgmestre de la ville de Gand. BELGIQUE.

**RAMON DE LA SAGRA,** membre correspondant de l'Institut impérial de France, conseiller royal d'agriculture à Madrid, membre du jury à Londres en 1851. ESPAGNE.

**DIETZ,** conseiller au ministère de l'intérieur. GRAND-DUCHÉ DE BADE.

**BARON DE RIESE STALLBOURG,** propriétaire de domaines en Bohême, membre du Conseil d'agriculture de Bohême. AUTRICHE.

**BARON DELONG.** DANEMARK.

**JEAN-THÉOPHILE NATHORST,** membre et secrétaire de l'Académie royale d'agriculture. SUÈDE ET NORWÉGE.

**JOHN WILSON,** professeur d'agriculture à l'Université d'Édimbourg. ANGLETERRE.

**C.-W. AMOS,** ingénieur consultant. ANGLETERRE.

**DOCTEUR ARENSTEIN,** professeur à l'École impériale de Vienne. AUTRICHE.

**DE MATHELIN** (Léopold), membre du Conseil général d'agriculture BELGIQUE.

---

## I

### AU PALAIS DE L'INDUSTRIE.

Dans la deuxième section de la troisième classe, Son Altesse Impériale a examiné en détail tout le système de drainage établi dans la galerie agricole. M. le marquis de Bryas, qui a fait avec succès l'application en grand du drainage dans les divers sols de la Gironde, a donné au Prince des explications intéressantes sur cette nouvelle pratique agricole, qui commence à prendre en France un grand développement.

Les produits des rizières de la Camargue, obtenus par un judicieux système d'assolement, ont été également soumis à l'examen du Prince.

La production du riz s'est élevée, sur les sols les mieux préparés, à 55 grains pour un. On peut juger, d'après ce résultat, de ce que peut devenir l'industrie agricole dans le delta du Rhône.

Dans la troisième section, les charrues et les semoirs de Grignon, qui viennent de fonctionner avec tant de succès au concours de Trappes, les machines à battre, la fouilleuse pour le labour des terres fortes, les machines égreneuses de la Prusse, les différents systèmes de cribles, une baratte belge à trois mouvements, le hache-paille belge, les faucheuses, la collection remarquable d'instruments aratoires de Hohineim, la machine à rhabiller les meules, l'égrenoir à maïs (système américain), la machine à battre de Hornsby, le semoir distributeur d'engrais, la charrue Owards, la charrue du Canada, le rouleau Croskill, le rouleau de Grignon, la tondeuse de gazon, de Kew, etc., etc., ont été, de la part du Prince, l'objet d'un examen particulier.

Le trophée de l'Algérie, placé au centre de la galerie du quai, a particulièrement fixé son attention.

Les produits agricoles sont la plus belle part de l'Algérie à l'Exposition universelle : blés durs, blés tendres, épis de maïs, orge, avoine, etc., etc., toutes les céréales enfin y sont représentées par des spécimens magnifiques. Il y a là des gerbes colossales comme n'en produisirent jamais de plus belles les meilleures cultures européennes.

Dès l'antiquité, l'Afrique du nord était déjà renommée pour sa fertilité en grains. Dans la notice des dignités de l'Empire, l'Afrique proconsulaire est représentée sous la figure d'une femme tenant un épi dans chaque main et debout sur deux vaisseaux chargés de blé. On sait que les Romains, après avoir soumis cette contrée, en firent le grenier de l'Italie, et ce surnom a survécu comme signe distinctif d'une aptitude spéciale. Dans un chapitre de son *Histoire naturelle*, intitulé *De la fertilité du blé en Afrique*, Pline a réuni de nombreux témoignages d'une fécondité exceptionnelle. Un boisseau de blé, rapporte-t-il, en produisait jusqu'à 150. L'intendant de l'empereur Auguste lui envoya un pied de froment d'où sortaient près de 400 tiges, toutes provenant d'un seul grain. L'intendant de Néron lui envoya de même 360 tiges de froment produites par un seul grain. Ces exemples ne seraient pas difficiles à renouveler, s'ils avaient un autre intérêt que celui de la curiosité. Il y a peu d'années, un colon de Misserghin a offert à la Société d'agriculture d'Oran un pied d'orge contenant 313 épis provenus d'un seul grain ; il a montré divers pieds de blé riches de 40 à 150 épis en très-beaux grains. La supériorité des conditions naturelles de production en Algérie se reconnaît surtout à l'ensemencement : pour obtenir le maximum de récolte, il suffit de semer de 1 à 1 hectolitre 1|2 de blé par hectare, tant il talle abondamment : même production proportionnelle pour les autres céréales. Au mérite du tallage s'ajoute le poids, mesure de la qualité. L'exposition permanente contient des blés qui pèsent jusqu'à 86 kil. à l'hectolitre. Le poids de 79 kil. est commun dans les bonnes années, au point que l'intendance militaire a pu l'exiger habituellement dans les fournitures que lui font les colons, en même temps que celui de 60 kil. pour l'orge. Priviléges du sol et du climat, ces faits n'ont rien de nouveau ni d'exceptionnel, car déjà Pline mettait le blé de la province d'Afrique au nombre des blés les plus estimés de son temps pour le poids et la qualité. Dans le cours du moyen âge, les grains furent une des principales marchandises d'échange des États barbaresques avec l'Europe. Aux dix-septième et dix-huitième siècles, la Compagnie française des concessions d'Afrique trouvait une source importante de bénéfices dans l'achat sur les côtes d'Alger d'une quantité considérable de grains qu'elle vendait avec grand profit en Provence, dans le bas Languedoc, en Espagne, en Italie. De 1792 à 1796, des blés de la régence d'Alger concoururent à l'approvisionnement des armées et des populations méridionales de la France, source première du conflit qui amena la conquête d'Alger. Sous l'Empire, l'armée anglaise en Espagne et le corps du maréchal Suchet furent nourris par les exportations de la province d'Oran. Reprenant ce rôle historique, l'Algérie, dans ces dernières années, a commencé à expédier en Europe des quantités considérables de grains, dont le chiffre, pour 1854, s'est élevé à 1,033,718 hectol. de blé et 559,048 hectol. d'orge, total, 1,592,766 hectol. de grains, plus, 3,727,157 kil. de farines, et 2,696,117 kil. de pain et biscuit de mer. Sur cette exportation, l'Algérie a expédié à destination de l'armée française en Orient :

56,622 hectolitres d'orge,
3,480,232 kil. de blé en grains ou en farine.
2,679,257 kil. de pain et biscuit de mer.

Les cultures de 1854 en céréales (blé, seigle, orge, avoine, maïs) comprenaient 707,852 hectares, qui ont produit 9 millions 124,571 hectol. de grains d'une valeur de 135,030,102 fr.

*Besoins de la France* (en blé seulement). En 1853, la France a importé 4,184,190 hectol. de froment, épeautre et méteil, valant 92,637,966 fr.

Une autre belle collection de céréales a vivement intéressé Son Altesse Impériale : c'est celle de M. Vilmorin. Cette collection, située dans la galerie supérieure de l'Annexe, est composée de tout ce que le règne végétal a de plus intéressant et de plus utile. M. Vilmorin a présenté au Prince un échantillon de l'alcool du sorgho, extrait d'une canne à sucre provenant de l'Indo-Chine et qui a été introduite en France en 1852 après la grande exposition de Moscou.

Son Altesse Impériale a visité également, dans la galerie du quai, la riche collection des produits de l'agriculture du Royaume-Uni, arrangée et classée avec un soin remarquable par le professeur Wilson, et composée d'échantillons de froment en tige, d'orges, de plantes fourragères, d'avoines, etc., etc.; exposition de fruits et de légumes ; exposition de toutes les races de bétail, race ovine, bovine, porcine ; herbier de toutes les plantes médicinales.

L'Autriche aussi a envoyé à l'Exposition de beaux échantillons de céréales, notamment des céréales de Bohême, et surtout une belle collection de laines de Bohême, des laines fines en toison provenant des troupeaux de M. le comte de Barkoczy et du prince Breetzenheim, etc.

M. de Viebahn, commissaire prussien, a montré au Prince la riche collection de toisons et laines lavées exposée par l'administration des bergeries royales de Frankenfeld, et les belles toisons des béliers et brebis de Wolin (Brandebourg). Le Prince a exprimé plusieurs fois sa satisfaction à M. Viebahn sur cette partie de l'exposition prussienne, sur les laines notamment, qui sont les plus fines du monde.

Les Pays-Bas ont élevé aussi un trophée agricole au centre de la galerie ; il se compose d'un socle circulaire formé par un treillis de joncs et de bambous ; le dessus est divisé en plusieurs cases qui renferment une belle collection de café, thé, sucre, vanille, etc. Du centre de ce trophée s'élance un énorme mât pavoisé, coupé par deux plates-formes chargées de denrées coloniales et surmontées d'une panthère ( la célèbre panthère de Java).

M. d'Avila, commissaire du Portugal, a appelé l'attention du Prince sur les produits exposés par son pays dans cette classe.

En effet, l'exposition portugaise est très-remarquable par sa riche collection de blé, de maïs, de légumes, d'amandes, d'olives, d'huiles, de fruits, etc., etc. Le Prince en a fait compliment à M. d'Avila.

L'Espagne aussi a exposé dans cette classe de beaux et magnifiques produits : ses toisons et ses laines provenant du domaine de la Couronne, ses céréales, ses graines potagères, ses tabacs, sa collection de cigares, etc., ont longtemps captivé l'attention de Son Altesse Impériale, qui s'est entretenue longuement avec les commissaires de cette nation. Le Prince, qui parle les principales langues de l'Europe, a l'habitude de questionner dans leur langue respective MM. les commissaires étrangers qui l'accompagnent dans ces visites, pour tous les renseignements techniques.

Le Canada figure admirablement à l'Exposition, et ses produits, ainsi que ses échantillons de graines, de fruits, de fleurs, de farines de toute espèce, attirent l'attention générale. Le soin qu'ont deployé les commissaires et les délégués du Canada a mérité les justes éloges que leur a adressés plusieurs fois déjà le prince Napoléon.

Les produits de la Belgique, ceux des États-Unis, et enfin ceux de l'Égypte, dans la troisième classe, ont été aussi l'objet de l'examen attentif du Prince. C'est par l'exposition égyptienne, située dans la galerie supérieure du Palais de l'Industrie, que Son Altesse Impériale a terminé cette troisième et intéressante étude de l'Exposition.

## II

### A TRAPPES.

Les expériences sur les machines agricoles de l'Exposition universelle destinées à compléter la visite du Prince à la troisième classe eurent lieu le 14 août à Trappes (Seine-et-Oise), en présence de son S. A. I. le Prince Napoléon.

Le programme embrassait toute la série des opérations agricoles : le *drainage*, le *labourage*, les *préparations diverses*, le *battage*, l'*ensemencement* et le *sarclage*, le *moissonnage*, le *fauchage* et le *fanage*. Tous les instruments aratoires y figuraient, depuis le simple araire jusqu'aux charrues à avant-train les plus soignées, depuis le fléau et la faux jusqu'aux machines locomobiles et aux machines faucheuses et faneuses.

Presque tous les États dont les produits figurent à l'Exposition universelle étaient représentés à ce concours agricole.

Le terrain disposé pour ces expériences est d'une étendue de 350 hectares ; il appartient à M. Dailly, membre du jury de la troisième classe, qui l'avait mis à la disposition de la Commission impériale avec une courtoisie que nous ne saurions trop louer. C'est une des fermes les plus remarquables de la France et des mieux organisées. Il nous suffira de dire que la terre donne 27 hectolitres de blé en moyenne. Dans les bonnes années, le produit s'élève jusqu'à 36 hectolitres. Les dispositions pour les expériences avaient été faites par M. Barral, professeur de chimie, membre du jury de la troisième classe ; par M. Tresca, sous-directeur du Conservatoire des Arts-et-Métiers, et par M. Trélat, chargé spécialement de l'installation des machines.

Son Altesse Impériale partait de la gare du chemin de fer à neuf heures un quart. Elle était accompagnée de M. le ministre de l'agriculture, du commerce et des travaux publics, et de MM. Arlès-Dufour, secrétaire général de la Commission impériale ; Le Play, commissaire général ; le comte de Gasparin, président, membre de la Commission impériale et de l'Académie des sciences ; de Laroncière-Lenoury ; Ad. Blaise (des Vosges), secrétaire du jury international ; Boussingault, membre de l'Académie des sciences ; comte Hervé de Kergorlay, membre des jurys des Expositions de Paris (1849) et de Londres (1851) ; Barral, membre du conseil de la Société d'encouragement ; Yvart, membre du jury de l'Exposition de Paris (1849) ; Dailly, membre du conseil de la Société d'encouragement ; Vilmorin (Louis), membre du conseil de la Société d'encouragement ; Evelyn-Denison, membre de la Société royale d'agriculture (Angleterre) ; Henry Cole, Fairbairn, Ch. Manby, représentants de la Grande-

Bretagne ; le colonel Coxe et Fleeshmann, des États-Unis ; Delehaye, bourgmestre de la ville de Gand (Belgique) ; Ramon de la Sagra, conseiller royal d'agriculture à Madrid (Espagne) ; Dietz, conseiller au ministère de l'intérieur (grand-duché de Bade) ; baron de Riesse-Stallbourg, membre du conseil d'agriculture de Bohême (Autriche) ; Jean-Théophile Nathorst, membre et secrétaire de l'Académie royale d'agriculture (Suède et Norwége) ; Monny de Mornay, chef de la division de l'agriculture au ministère de l'agriculture, du commerce et des travaux publics ; Robinet, membre de la Société impériale d'agriculture ; John Wilson, professeur d'agriculture à l'Université d'Édimbourg (Angleterre) ; C. W. Amos, ingénieur consultant (Angleterre) ; docteur Arenstein, professeur à l'école impériale, à Vienne (Autriche) ; Mathelin (Louis), membre du conseil supérieur d'agriculture (Belgique) ; Rainbeaux, commissaire belge ; MM. les chevaliers Corridi et Parlatore, commissaires du grand-duché de Toscane ; Donon et Kiamil-Bey, commissaires de l'empire ottoman ; Caranza, secrétaire de la Commission ottomane ; d'Avila, commissaire du Portugal, accompagné de MM. Ribeiro de Sa, secrétaire de la Commission ; le comte de Samodaes, Vasconcellos, journaliste portugais, Mozinho de Silveira, consul de Portugal à Paris, le baron du Havelt, commissaire des États pontificaux.

Un grand nombre d'autres membres du jury, de commissaires étrangers, d'hommes de lettres, de journalistes, etc., assistaient à cette solennité agricole. On y remarquait M. le général Morin, M. Drouyn de Lhuys, M. Michel Chevalier, M. Focillon, M. Peligot, M. Émile de Girardin, M. Bixio, M. Bella, directeur de l'Ecole régionale d'agriculture de Grignon, les professeurs et les élèves de cette école ; le général commandant l'école de Saint-Cyr et son état-major, M. le comte Zichy, plusieurs députés, etc. L'affluence était telle, qu'à la fin des expériences les waggons de l'administration ont eu de la peine, après plusieurs voyages successifs, à ramener tout le monde.

Son Altesse Impériale arriva sur le terrain du concours à dix heures et demie. Elle fut reçue par M. Pluchet, maire de Trappes et agronome distingué ; M. de Saint-Marsault, préfet de Seine-et-Oise, vint un peu plus tard rejoindre Son Altesse Impériale.

Une foule considérable de cultivateurs, de membres des comices agricoles, d'élèves des écoles d'agriculture, etc., etc., étaient déjà sur le lieu des expériences. Il y avait là des agriculteurs qui avaient quitté les travaux de la moisson, et fait plus de cent lieues pour se trouver à ce concours. Il y avait aussi un grand nombre d'agriculteurs étrangers ; mais ce qui donnait un caractère particulier à cette fête des travaux de l'agriculture, c'était la présence de plusieurs chefs arabes, venus à Paris pour l'Exposition universelle, et qui avaient demandé eux-mêmes à S. A. I. le Prince Napoléon la permission d'y assister. Ces Arabes, presque tous chefs de tribus puissantes, portant la plupart la décoration de la Légion d'honneur, ont suivi avec le plus vif intérêt toutes les opérations qui ont eu lieu. Ceux qui assistaient au concours de Trappes sont :

Sidi-Hamed Boukandoura, assesseur à la cour impériale d'Alger ; Mohamed-ben-el-Adji-Ahmed, agha de l'Ouarensenis, dans la subdivision d'Orléansville ; Krouider-ben-Mimouna, agha de Boghar, subdivision de Medeah ; El-Abib-ben-bou-Medine, caïd de Sbeah ; Anni-ben-Mohamed, caïd de la Medjadja ; Adda-ben-Foudad, caïd des Ouled-Kosseïr ; El-Adji-Moussah, caïd des Medfadha ; Bou-Dissah-ben-Aoudha, propriétaire cultivateur dans la subdivision de Medeah ; Saïdi-ben-el-Hassen, propriétaire cultivateur dans la même subdivision. Ils se sont montrés fort touchés des égards dont ils ont été l'objet.

De toutes les merveilles de nos arts, de notre industrie, de notre civilisation, qu'ils ont vues depuis leur arrivée en France, ce qui les a le plus frappés, ce sont les expériences exécutées en leur présence. Agriculteurs comme le sont les Arabes, on comprend l'importance qu'avaient pour eux de pareilles expériences. Rien n'égalait leur surprise et leur admiration à la vue des procédés si ingénieux et si variés des nations civilisées, et qui laissent à si grande distance les procédés primitifs de la culture arabe. Mais ce qui les a le plus étonnés, c'est le travail facile et régulier de certaines charrues propres aux défrichements et aux autres préparations de la terre, des extirpateurs, des herses, etc.; ce sont les instruments appelés *hache-paille, concasseurs d'avoine, égrenoirs de maïs, machines à égrener ou ébarber l'orge*, qui leur ont paru d'une application avantageuse pour l'Algérie ; ce sont les machines à battre et les machines à moissonner, etc., etc. On pouvait lire ces impressions diverses sur ces visages, habituellement sévères et impassibles, tant ils prenaient d'intérêt aux expériences qui s'exécutaient devant eux.

Les expériences ont commencé par les travaux du drainage ; il y avait là deux spécimens principaux : l'un exécuté par M. le marquis de Bryas, de la Gironde, et l'autre par M. le comte de Rouzé, du département de l'Aisne. Ces deux systèmes, appliqués déjà, l'un dans le nord et l'autre dans le midi de la France, présentaient une différence assez sensible dans le mode d'exécution des tranchées ; mais l'un et l'autre servent à prouver, une fois de plus, l'utilité du drainage et l'importance qu'il commence à prendre en France.

Notre pays, qui, sous ce rapport, était, il y a peu de temps, en retard avec l'Europe continentale, occupe aujourd'hui la seconde place : il est après l'Angleterre, mais avant l'Allemagne et la Belgique.

Le Prince a examiné un faisceau d'outils de drainage fabriqués en France et qui ont servi à exécuter les tranchées très-étroites qu'on admirait dans les travaux de M. de Rouzé.

Après cette première partie du programme, Son Altesse Impériale s'est rendue dans le champ du labourage. Là, se trouvaient réunies les machines agricoles de toute nature et de tous les pays. Vingt-quatre attelages, leurs conducteurs en tête, attendaient le signal pour commencer les opérations. Au roulement du tambour, toutes ces charrues sont parties simultanément et ont fouillé la terre à qui mieux mieux.

Les charrues de Grignon et de Howard, menées, la première avec le dynamomètre du général Morin, la seconde avec celui de Bentall, ont surtout fixé l'attention.

M. Tresca a montré à Son Altesse Impériale les courbes tracées par le dynamomètre Morin et indiquant en kilogrammes le tirage très-exact exigé pour le service de la charrue. Le dynamomètre Bentall n'a donné que des à-peu-près.

Les charrues de Hohenheim, du Wurtemberg; de Fredrikswœrk, du Danemark; d'Ultuna (Suède); de Gustave Hamoir, de Ransome; de Ridolfi, de Toscane; de Van Maele et Odeurs, de la Belgique, ont aussi donné des résultats importants.

Un nouveau roulement de tambour a été le signal du fonctionnement des herses. La herse norwégienne de Cappelen a surtout été remarquée. Après les herses, les rouleaux ont été mis en œuvre; le rouleau Crosskill (Angleterre) a été admirable d'exécution. Parmi les extirpateurs, celui de Coleman (Angleterre), qui enlève parfaitement et sans beaucoup de tirage les racines les plus profondes, a été l'objet d'une approbation unanime.

Dans la troisième série des opérations, *préparations diverses*, sous la surveillance de M. Masson, inspecteur agricole à l'Exposition universelle, on a remarqué un chariot de Crosskill très-bien construit pour la bonne répartition de la charge; une locomobile de Calla, qui faisait marcher à la fois une machine à teiller le lin et un coupe-racine. Le coupe-racine appartenant au grand-duché de Bade a coupé des betteraves et des pommes de terre avec tant de régularité, que, de l'avis unanime de tout le monde, on pourrait s'en servir pour les légumes à conserver. Le coupe-racine exposé par l'Angleterre est bien inférieur à celui-là. Un simple ouvrier belge, M. Van Maele, a présenté un hache-paille de son invention, qui a été beaucoup admiré, ainsi que le concasseur d'avoine de Ransome (Angleterre). Cette machine, qui a été achetée par le Prince, est d'une incontestable utilité. La baratte de Claes (Belgique) a fonctionné avec du lait. Elle a rendu en beurre 4 0/0 du lait employé.

L'Autriche a exposé un égrenoir à maïs qui, étant, comme la plupart des appareils de ce genre, muni d'un volant, permet aux gros épillets de passer sans arrêter le mécanisme. L'ébarbeur d'orge de MM. Barrett, Exall et Andrews a été fort remarqué. Cette machine était inconnue en France avant cette époque.

La quatrième opération, le *battage*, a été pleine d'intérêt. L'importance que les machines à battre ont prise depuis une dizaine d'années s'explique par les résultats prodigieux qu'on obtient. Pour donner une idée complète de ces opérations, on avait fait venir six batteurs en grange armés de leurs fléaux, et voici les résultats obtenus en une demi-heure :

| | | |
|---|---|---|
| Six batteurs, en une demi-heure. . . . | 60 | litres de blé. |
| Par la machine Pitts des États-Unis, une demi-heure. . . . . . . . . . . . . . | 740 | — |
| Machine Clayton (Angleterre). . . . . . | 410 | — |

Ces deux machines criblent et nettoient le blé. En outre, quand un épi n'est pas complétement battu, la machine Pitts le reprend et le reporte à la batteuse.

La machine Duvoir a donné, en une demi-heure, 250 litres.

La machine Duvoir est très-répandue dans les environs de Paris; elle offre cet avantage qu'elle conserve la paille intacte.

La machine Pinet, dans le même temps, a donné 150 litres.

Cette machine a un manége très-remarquable, mais elle ne nettoie et ne crible pas.

La machine Pitts a donc eu les honneurs de la séance. Cette machine dévore littéralement les gerbes de blé; l'œil ne peut suivre le travail qui s'opère entre le départ de la paille et l'opération accomplie. C'est un des plus beaux résultats qu'il soit possible d'obtenir. L'impression que ce spectacle a produite sur les Arabes a été profonde. Ils ont, à plusieurs reprises, exprimé leur admiration et manifesté le désir de faire l'acquisition de semblables machines pour l'Algérie.

On comprend, en effet, l'importance que de semblables agents peuvent avoir pour l'agriculture arabe, qui, souvent, faute de bras, voit se perdre une grande partie des récoltes et enchérir considérablement celles que l'on parvient à mettre en réserve.

La cinquième opération, l'*ensemencement et le sarclage*, a commencé comme les autres, par un roulement de tambour.

On a remarqué le semoir de Garrett, qui semait à la fois du blé et du plâtre. Le Prince prenait un si vif intérêt à cette expérience, qu'il l'a fait recommencer plusieurs fois; le semoir de Hornsby à double renversement, qui a pour résultat l'uniformité de l'ensemencement; enfin, le semoir de Claes (Belgique) dont le mécanisme est plus simple que celui des semoirs anglais et qui est beaucoup moins coûteux.

On a remarqué aussi les sarcloirs de Garrett et de Smith (Angleterre), d'Hamoir et de Bodin (France). M. Bodin dirige la ferme-école de Rennes.

L'opération du moissonnage a présenté aussi un très-vif intérêt. Ici encore on a voulu faire l'épreuve du bras de l'homme luttant contre la puissance des machines.

Deux expériences étaient indiquées :

1° *Fauchage de blé à la faux et par les machines ;*

2° *Fauchage de luzerne par des faucheurs et par les machines.*

1° BLÉ. — 6 machines étaient présentes; chacune avait 12 ares à couper; 6 faucheurs, accompagnés de 6 femmes pour faire les javelles, avaient une parcelle égale.

La machine de Mac-Cormick (États-Unis) a fait son travail en 12 minutes;

Celle de Manny (États-Unis) a mis 15 minutes;

Cette de Wright (États-Unis) a mis 18 minutes;

Celle de M. Cournier de Saint-Romans (Isère), a mis 19 minutes.

Les faucheurs ont eu besoin de 25 minutes;

Les machines de Dray et de Burgess et Key n'ont pas pu achever leur travail.

Les machines de Cormick, Manny et Cournier sont servies par deux hommes; un pour la conduite des chevaux, l'autre pour faire la javelle. Dans la machine Wright il n'y a que le charretier; l'ouvrier javellier est remplacé par un automate inventé par Atkins; c'est un râteau qui simule le mouvement du bras de l'homme, qui saisit une gerbe avec une main et la rejette ensuite en dehors de la plate-forme sur laquelle le blé coupé tombe. Dans la machine Cournier, un système particulier mû par la main de l'ouvrier jette le blé par terre; dans les machines Cormick et Manny, l'ouvrier se sert d'un râteau pour obtenir le même résultat.

La machine de Dray est ingénieuse; elle est faite d'après le système de l'Américain Husson; elle avait assez bien marché dans les premières expériences; c'est un accident qui l'a paralysée cette fois.

La machine Burgess et Key est imitée de celle de Cormick, mais avec des modifications qui ne semblent pas heureuses et qui n'ont pas réussi.

Dans toutes les machines américaines il y a un principe commun. La roue motrice, en tournant sur le sol, fait tourner naturellement un pignon qui engrène encore une roue dentée; celle-ci commande à son tour un second engrenage d'angle, qui donne le mouvement à un arbre coudé, sur lequel est attachée la tige d'une scie. Cette scie reçoit un mouvement de va-et-vient horizontal en arrière des dents perpendiculaires qui la supportent et dans lesquelles les tiges de blé s'engagent. La scie coupe ces tiges. Pour cela, il faut qu'elle ait un mouvement très-rapide, et c'est là une cause de fréquents dérangements et d'une grande usure. Un volant, armé de quatre ailes et mû par une courroie sans fin placée sur deux poulies, abaisse les tiges et les incline vers l'arrière de la machine. C'est ainsi qu'elles tombent sur une plate-forme. Les machines ne diffèrent les unes des autres que par quelque différence dans la disposition des engrenages, dans la forme des scies et des plates-formes.

Dans la machine française de Cournier, la scie est remplacée par des cisailles. Ces cisailles s'engorgent facilement, et c'est pour cette raison qu'elle ne peut couper du vert, de la luzerne, par exemple. Elle convient pour ces tiges faibles.

Les machines de Manny et de Cormick sont tout à fait rivales; la construction de celle de Manny est plus soignée et elle doit être supérieure; mais Cormick est l'inventeur premier du système. En Angleterre, un Écossais, Bell, a inventé, il y a trente ans, une machine à moissonner dont il y a des modèles à l'Exposition; ils ont tous été battus dans les premières expériences; leur défaut est que les chevaux sont attelés de manière à pousser devant eux la machine, ce qui est tout à fait défectueux. On renoncera tout à fait au système Bell. Du reste, l'idée des machines à moissonner est très-vieille; Pline et Columelle en décrivent. Le perfectionnement des machines modernes provient des progrès de la mécanique, qui permettent de donner une grande vitesse aux scies et aux cisailles, d'après une disposition convenable des engrenages.

2° LUZERNE. — Pour pouvoir fonctionner dans la luzerne, les machines doivent être modifiées. Il faut encore l'automate d'Atkins dans la machine de Wright et dans toutes les plates-formes sont indispensables.

Wright demande vingt-cinq minutes pour la transformation; Cormick, dix; Manny, une seulement; Cournier ne peut pas fonctionner; Dray renonce après un essai infructueux; Burgess et Key ne viennent même pas.

Les machines et six faucheurs avaient à couper des parcelles de 14 ares.

Manny est arrivé le premier; il n'a mis que seize minutes; Cormick en a mis dix-neuf; les faucheurs ont employé le même temps, mais ils allaient à pleines fauchées, à la course.

Quatre râteaux sont entrés derrière les machines afin de ramasser le foin. Celui de Howard et celui du Canada ont le mieux fonctionné.

La faneuse de Smith s'est ensuite mise à faner la luzerne; elle remplace admirablement la fourche des femmes, qui, d'ordinaire, sont chargées de secouer et de retourner le foin, afin de le sécher.

La commission a également apprécié les râteaux du Canada, ceux de Grignon, ceux de Howard, enfin les râteaux du comte Morelli, des États sardes. Un magnifique appareil, celui de M. Salaville, pour la conservation indéfinie des blés, placé aujourd'hui au Palais de l'Industrie, manquait à cette visite. Au moyen de ce système, qui remplacera le pelletage et l'ancien silo, et qui consiste dans une ventilation ingénieuse et puissante à l'aide de tuyaux mobiles de la plus économique simplicité, non-seulement le blé est nettoyé grain à grain, mais les ovicules et sporules d'insectes ou de végétaux nuisibles y sont complétement atrophiés. L'Angleterre n'a pas laissé échapper l'heureuse et philanthropique idée de cette découverte, dont l'application sera bientôt universalisée chez elle, qui peut fonctionner sur l'aire la plus modeste aussi bien que dans le magasin le plus vaste, à bord des bâtiments, dans les granges, moulins et manutentions, et qui doit compter au nombre des plus belles, des plus sûres et des plus utiles inventions modernes.

Il était trois heures et demie lorsque ces intéressantes expériences furent terminées. Le Prince Napoléon en avait suivi les détails avec une attention et un intérêt constamment soutenus.

Son Altesse Impériale remercia M. Dailly pour l'empressement et l'affabilité bienveillante avec lesquels il avait mis sa ferme à la disposition des membres du jury de la Commission impériale pour toutes les expériences. Elle remercia également MM. les membres du jury, les commissaires étrangers, des explications qu'ils lui avaient fournies pendant ces expériences, ainsi que MM. Barral, Tresca et Trélat pour les soins intelligents avec lesquels ils avaient tout préparé et dirigé.

Il était quatre heures et demie quand le Prince rentrait à Paris.

---

# QUATRIÈME VISITE

CLASSE IV

**MÉCANIQUE GÉNÉRALE APPLIQUÉE A L'INDUSTRIE.**

ANNEXE, DE LA PILE 72 A LA PILE 110.

Appareils de pesage et de jaugeage employés dans l'industrie — Organes de transmission et pièces détachées. — Manéges et autres appareils pour l'utilisation par machines du travail développé par les animaux. — Moulins à vent. — Moteurs hydrauliques. — Machines à vapeur et à gaz. — Machines servant à la manœuvre des fardeaux. — Machines hydrauliques, élévatoires et autres. — Ventilateurs et souffleries.

**MEMBRES DU JURY :**

MM.

**GÉNÉRAL MORIN**, membre de la Commission impériale, des jurys des Expositions de Paris (1849) et de Londres (1851), ancien commissaire général de l'Exposition, membre de l'Académie des Sciences, du Comité consultatif d'artillerie, directeur du Conservatoire impérial des Arts-et-Métiers. FRANCE.

**COMBES**, membre des jurys des Expositions de Paris (1849) et de Londres (1851), membre de l'Académie des Sciences, inspecteur général des Mines, professeur à l'École des Mines, secrétaire adjoint de la Société d'encouragement. FRANCE.

**FLACHAT** (Eugène), ingénieur civil, ingénieur en chef des chemins de fer de Versailles et de Saint-Germain. FRANCE.

**FOURNEL** (Henri), ingénieur en chef des Mines, secrétaire de la Commission centrale des machines à vapeur. FRANCE.

**TRESCA**, sous-directeur du Conservatoire impérial des Arts-et-Métiers, chargé de diriger le fonctionnement des machines en motion et de faire les expériences sur les machines exposées, membre du conseil de la Société d'encouragement. FRANCE.

**DELAUNAY**, membre de l'Académie des sciences, ingénieur des Mines, professeur à l'École polytechnique et à la Faculté des Sciences. FRANCE.

**GEORGE RENNIE**, membre du jury en 1851. ANGLETERRE.

**CYPRIANO-MONTESINO** (officiellement remplacé par M. d'Azofra, directeur de l'Institut technique de Madrid). ESPAGNE.

**J. GODOY.** ESPAGNE.

**J. M. DA PONTE ET HORTA**, professeur de mécanique à l'École polytechnique de Lisbonne. PORTUGAL.

Cette importante classe de l'Exposition est divisée en neuf sections.

Elle est représentée par 198 exposants français ou appartenant aux colonies françaises, 31 exposants anglais, 17 d'Autriche, 16 de la Prusse, 14 de la Belgique, 7 des Pays-Bas, 7 du royaume de Wurtemberg, 6 des États-Unis d'Amérique, 3 de la Confédération suisse, 3 des États sardes, 2 du Danemark, 6 de la Suède, 1 du grand-duché de Bade, 1 du royaume de Bavière, 1 de l'Espagne, 1 de Hambourg, 1 de la république mexicaine, 1 de la Toscane.

Le Prince a successivement examiné, dans la partie française de l'Exposition, une grille fumivore ayant la forme d'une chaîne sans fin, qui s'avance au fur et à mesure de la combustion de la houille.

Une machine à vapeur à détente et sans condensation, disposée de façon à éviter la pression de la vapeur sur le tiroir de distribution. Cette machine marche à vide.

Une petite machine à vapeur horizontale exposée par l'École des arts et métiers de Châlons.

Une machine à vapeur rotative; une pompe sans pistons ni soupapes, composée d'un excentrique s'appuyant sur un tuyau en caoutchouc vulcanisé.

Une machine à vapeur oscillante, dans laquelle on emploie la vapeur surchauffée et les produits de la combustion de la houille.

Une machine soufflante à grande vitesse, mise en mouvement par une machine à vapeur horizontale. L'avantage de ce système est d'obtenir un grand volume d'air avec un appareil peu encombrant.

Une machine à vapeur horizontale, avec distribution suivant le système des machines locomotives de Robert Stephenson, qui fait marcher les pompes d'alimentation de deux réservoirs d'eau, d'une contenance totale de 500 mètres cubes d'eau.

Des pompes à double effet, mises en mouvement par une petite machine à grande vitesse, appliquée avec succès dans les essais qui ont eu lieu, à Toulon, par les soins de l'administration de la marine.

Une pompe à hélice tournant avec une vitesse de 1,200 à 1,500 tours par minute.

Un ventilateur de mines et d'usines; la pression du vent est de 25 centimètres d'eau, au lieu de 3 à 4. Il est mis en mouvement par une petite machine à vapeur de l'École de Châlons.

Un régulateur de vannes pour obtenir un niveau constant.

Une machine à vapeur à deux cylindres accouplés, de la force de 20 chevaux, marchant avec une grande vitesse.

Une machine à vapeur à détente variable et sans condensation. La détente de cette machine se règle à la main, de façon à n'introduire que le volume de vapeur strictement nécessaire, en conservant à la vapeur la pression qu'elle a dans la chaudière.

Une machine à vapeur à détente et sans condensation, disposée de manière à marcher dans les deux sens. Ce système s'emploie dans les houillères et les carrières. La disposition particulière des soupapes d'entrée et de sortie de vapeur donne une grande régularité à la machine.

Une machine à vapeur à combustion comprimée, destinée à employer la vapeur et les produits de la combustion mélangés.

Un appareil marin à condensation et à connexion directe, de la puissance de 55 chevaux. Cet appareil est construit de manière à être placé dans les façons à l'arrière du navire, en laissant disponible la plus grande partie de la cale.

Enfin, le Prince a examiné avec un intérêt particulier un dynamomètre pour mesurer le travail effectué par les machines de fabrication.

Parmi les produits les plus remarquables de la Belgique,

l'attention du Prince s'est portée sur un ventilateur de mines, mis en mouvement au moyen d'une machine à vapeur spéciale, et sur une petite machine à vapeur composée de deux cylindres agissant sur deux manivelles à angles droits.

Dans l'exposition de l'Angleterre, le Prince a examiné une machine à vapeur composée de trois cylindres, deux petits à simple effet et un grand à double effet. Dans ce système, on ne perd pas la chaleur de la vapeur après qu'elle a produit son effet.

Une presse hydraulique disposée pour l'essai des câbles. Pour montrer la puissance de cet appareil, on a brisé devant le Prince une pièce de bois ayant environ 30 centimètres d'équarrissage.

On a signalé également à son attention une machine à vapeur marine à condensation et à hélice. Dans cette machine, composée de deux cylindres à vapeur, les pistons portent quatre tiges. Cette disposition, qui complique le système, a pour but d'abaisser le niveau de l'arbre à manivelle.

Une pompe à force centrifuge, système d'Appold.

Un nouveau système de propulseur de navires, entièrement placé sous la flottaison. Il se compose d'une lame qui s'incline tantôt dans un sens et tantôt dans l'autre.

Un moteur à vapeur composé de deux machines à vapeur à colonnes, construites chacune d'après le système connu sous le nom de machine Fairbairn.

Les États-Unis ont exposé quatre machines à vapeur oscillantes dans lesquelles on a supprimé les tiroirs ordinaires de distribution.

Dans l'une d'elles, il y a deux cylindres conjugués agissant sur un même arbre; on peut renverser le mouvement de l'arbre à manivelle par une légère inclinaison d'un levier. La seconde machine sert à mettre directement en mouvement une pompe d'alimentation sans se servir des pièces dont on fait ordinairement usage. La troisième fait mouvoir une pompe à l'aide d'un excentrique, et la quatrième, qui est destinée à faire marcher un appareil à force centrifuge, fait 3,000 tours par minute.

La Suède a envoyé à l'Exposition une machine à vapeur marine à hélice, à détente et à condensation. Cette machine, que l'on peut manœuvrer à volonté dans la cale ou sur le pont, est remarquable sous les rapports de la disposition et de la construction. C'est peut-être, de toutes les machines à vapeur de l'Exposition, celle qui renferme le plus d'innovations.

Dans l'exposition de Hollande, le Prince a examiné une machine à hélice pour bateau. Cette machine est composée de deux cylindres inclinés transmettant le mouvement à l'hélice au moyen d'un pignon et d'un engrenage.

Dans l'exposition d'Autriche, on remarque une machine à vapeur du système de Woolf, qui fait marcher une partie de la transmission du mouvement; une machine à vapeur horizontale et une série de modèles de bascules.

Les États sardes ont exposé des poulies qui engrènent sans denture au moyen d'un poids ou d'un ressort; l'une des poulies est taillée en biseau qui entre dans une rainure pratiquée dans l'autre poulie.

Enfin le Canada s'est fait remarquer dans cette classe par deux pompes à incendie construites avec luxe.

Le grand-duché de Bade a aussi exposé des pompes à incendie bien construites.

Dans cette visite le Prince a pu se convaincre des progrès accomplis depuis 1851 dans cette branche importante de la mécanique, et des résultats plus importants encore que promet pour l'avenir l'étude comparée de tant d'inventions diverses. Il a remercié MM. Fournel, Tresca, et MM. les commissaires et délégués étrangers des renseignements qu'ils lui ont donnés pendant cette étude des produits de la quatrième classe.

A mesure que ces visites d'étude avancent, l'intérêt grandit.

et chaque exposant se fait un devoir et un honneur de se trouver à son poste.

Il y a, en effet, dans ces visites incessantes et laborieuses de Son Altesse Impériale à toutes les industries, un enseignement et une animation qui ne sont pas l'aspect le moins curieux de l'Exposition universelle. Ce groupe, dont le premier membre de la famille de l'Empereur est la tête, composé des savants, des commissaires et des chefs d'industrie de toutes les nations, qui traverse, au milieu d'une foule immense, recueillie et sympathique, les moindres sections du Palais et des galeries, qui s'arrête devant chaque produit, l'examine et l'apprécie, interroge le maître moins souvent encore que l'ouvrier, voit tout, touche à tout, et constate ainsi de ses propres mains ce qu'est et ce que vaut l'industrie publique et privée, c'est là la vie du grand concours dont le monde attend l'issue ; c'est le gouvernement se personnifiant dans la grande armée industrielle et se mêlant, comme un spectateur intéressé et intelligent, aux milliers de visiteurs que l'Europe nous envoie.

---

# CINQUIÈME VISITE

## CLASSE V

### MÉCANIQUE SPÉCIALE ET MATÉRIEL DES CHEMINS DE FER ET DES AUTRES MODES DE TRANSPORT.

ANNEXE, PARTIE EST. — HANGARS DU JARDIN DE JONCTION. — TROPHÉES DANS LE TRANSSEPT.

Matériel pour le transport des fardeaux à bras, à dos ou sur la tête. — Objets de bourrellerie et de sellerie. — Matériaux et appareils de charronnage et de carrosserie. — Charronnage. — Carrosserie. — Matériel des transports perfectionnés à parcours restreint. — Matériel des chemins de fer. — Matériel des transports par eau (renvoi à la classe XIII). — Aérostats.

**MEMBRES DU JURY :**

MM.

**HARTWICH**, *président*, conseiller intime et ingénieur général des chemins de fer au ministère du commerce. PRUSSE.

**SCHNEIDER**, *vice-président*, membre de la Commission impériale, vice-président du Corps législatif. FRANCE.

**SAUVAGE**, ingénieur en chef des Mines, ingénieur en chef du matériel du chemin de fer de l'Est. FRANCE.

**LECHATELIER**, membre du jury de l'Exposition de Paris (1849), ingénieur en chef des Mines, membre du Comité consultatif des chemins de fer, membre du conseil de la Société d'encouragement. FRANCE.

**ARNOUX**, membre des jurys des Expositions de Paris (1849) et de Londres (1851), administrateur des Messageries impériales. FRANCE.

**COUCHE**, ingénieur des Mines, professeur de chemins de fer et de constructions industrielles à l'École impériale des Mines, membre de la Commission centrale des machines à vapeur. FRANCE.

**J.-R. CRAMPTON**, ingénieur du télégraphe sous-marin. ANGLETERRE.

**HONORABLE LORD SHELBURNE**, membre de la Chambre des Communes. ANGLETERRE.

**SPITAELS**, membre du Sénat, président de la Chambre de commerce de Charleroi. BELGIQUE.

**DUPRÉ** (J.-L.-V.), ingénieur en chef des ponts et chaussées. BELGIQUE.

La cinquième classe est divisée en neuf sections. Une partie des produits de cette classe, la carrosserie française, la carrosserie belge, la carrosserie suisse, etc., est placée dans des hangars spéciaux, près de la galerie des produits agricoles.

La carrosserie et la sellerie anglaises, la carrosserie et la sellerie des autres nations, sont exposées dans la galerie du quai de Billy, ainsi que tout le matériel des chemins de fer, que Son Altesse Impériale avait à examiner aujourd'hui.

Toutes les idées de nos jours sont tournées vers l'avenir des chemins de fer. Ce ne sont plus seulement les savants et les capitalistes, c'est la masse tout entière de la nation qui comprend que l'on ne s'oppose pas plus à la civilisation qui marche qu'à l'humanité qui grandit.

Les chemins de fer sont à ce siècle ce que l'imprimerie fut au seizième siècle, ce que la poudre fut au moyen âge; c'est une transformation complète de la société.

On peut varier d'opinion sur le mode d'exploitation, sur les moyens mécaniques de telle ou telle invention, mais tout le monde est d'accord sur le principe.

Les idées émises tout récemment par un publiciste célèbre sur le mode d'exploitation des chemins de fer ont jeté un jour tout nouveau sur cette question, et sont appelées à faire une révolution dans l'organisation et la construction du matériel des chemins de fer. Diminuer le poids mort au profit du poids utile, tel est le problème.

Du reste, quelques compagnies françaises étaient déjà entrées depuis longtemps dans cet ordre d'idées.

Quelques-uns des waggons présentés à l'Exposition contiennent d'heureuses améliorations. Le Prince a remarqué, notamment, un waggon français à houille, monté sur deux essieux, qui pèse 4,200 kilogrammes, cube 12 mètres, et reçoit un chargement du poids de 10,300 kilogrammes, tandis que les waggons construits sur le modèle anglais, pesant 3,200 kilogrammes, également montés sur deux essieux, ne portaient, au maximum, que 6,000 kilogrammes de marchandises.

Avec l'ancien système, le poids mort était de 6,66 0/0 supérieur à la moitié du poids utile; avec le nouveau, il est, au contraire, inférieur de 18,44 0/0.

Le résultat obtenu est donc bien évident. Avec le même nombre d'essieux, la même longueur de châssis et une augmentation de poids mort de 1/3 seulement, le waggon à houille porte une charge double; aussi l'a-t-on déjà, depuis quatre ans, substitué aux waggons construits sur le modèle anglais.

Les puissantes locomotives Crampton, les locomotives plus légères, celles dans lesquelles on a établi depuis quelque temps sur le principe de la machine Engerth, par le moyen d'une articulation, une solidarité entre la machine et le tender, de manière à associer à la traction toutes les roues de cet immense ensemble, ont des représentants fort bien faits à l'Exposition. La France, l'Angleterre, la Belgique, la Prusse, l'Autriche, le Wurtemberg, ont envoyé des machines d'une exécution excellente représentant les divers types, pour voyageurs et marchandises, à grande et à petite vitesse, dans lesquelles les modifications dans les organes principaux sont parfaitement adaptées aux différents buts que se sont proposés les constructeurs.

Au milieu de ces locomotives toutes parées, qui n'ont quitté l'atelier que pour venir à l'Exposition, on en remarque une entre autres qui compte de longs services sur une de nos lignes françaises. Ce vétéran des chemins de fer, qui porte avec lui ses états de services, se distingue par ses immenses travaux et sa longue carrière. C'est une excellente idée que d'honorer le mérite partout où il se trouve.

Les formes diverses des rails exposés dans différentes parties de l'Annexe ne sont pas toutes d'un usage aussi assuré; le rail ordinaire et le rail Barlow sont les seuls qui soient réellement sanctionnés par la pratique. Quant aux rails ordinaires, les éclisses à l'aide desquelles on consolide les points de jonction constituent l'un des progrès les plus importants dans l'établissement de la voie.

Pour la disposition intérieure, le waggon belge contient de véritables lits fort commodes, moins peut-être que quelques-uns de nos waggons de la ligne de Strasbourg; le waggon suisse est un véritable appartement meublé. Parmi les waggons français, celui dont le bâti est en fer montre les tendances actuelles de la construction.

Il ne suffit pas d'avoir de puissantes machines, d'excellentes voitures, une voie bien entretenue, il faut aussi l'augmentation rapide du *mouvement* des lignes de fer, et surtout une administration bien organisée, des règles simples et commodes, exemptes d'erreurs et de difficultés. Aussi voyez comme on s'attache aux moindres détails : ces ingénieuses machines qui impriment les billets en portant successivement sur eux l'empreinte indélébile d'un numéro différent; ces machines qui comptent, qui timbrent avec une exactitude et une rapidité merveilleuses, ces accessoires sont indispensables, et la mécanique moderne a si bien su répondre à ces nécessités, que l'esprit étonné se demande ce qu'il y a de plus merveilleux, de la puissance formidable des engins principaux, ou de cet esprit inventif qui permet toujours de satisfaire aux différents besoins qui se révèlent chaque jour.

Les plaques tournantes, partie si importante du matériel de la voie, sont nombreuses; mais, avant l'adoption des grandes plaques, semblables à celles que renferme le jardin, l'expérience devra prononcer.

Son Altesse Impériale a examiné, avec un intérêt qui se conçoit sans peine quand on sait à quels progrès la carrosserie est parvenue depuis la dernière exposition, les spécimens de cette belle et élégante industrie.

Les besoins du luxe n'ont pas seuls développé l'intelligence de nos constructeurs et de nos ouvriers en voiture : l'amour-propre national et l'instinct, si prodigieusement développés dans nos ateliers, de la mécanique associée à l'art, ont été pour beaucoup dans les efforts souvent couronnés de succès que l'Exposition actuelle constate. L'Angleterre et la Belgique, malgré le mérite incontestable de leurs produits en ce genre, ne sont plus les sources exclusives où la carrosserie française va chercher des modèles et des ressorts : toute la partie industrielle ou artistique d'une belle voiture se dessine et s'exécute maintenant en France; bois, étoffes, cuirs, ornements, glaces, dorures, et surtout ferrures et ressorts, se fabriquent dans les établissements français. Quant à la forme et aux peintures, il n'y a pas besoin d'ajouter que le goût parisien est là, comme en toute chose, l'arbitre suprême de la nouveauté, de la délicatesse, de la grâce et de la richesse intérieure. Une voiture de luxe est un meuble, mais un meuble commode, charmant, ingénieux quelquefois, dont la mode s'empare, dont l'art fait une merveille, et qui, comme toutes nos fabrications parisiennes, trahit à première vue son origine et ses perfectionnements.

La galerie consacrée, dans le jardin de jonction, aux chefs-d'œuvre de la carrosserie française, hollandaise et belge, ressemble à un véritable musée spécial. Son Altesse Impériale l'a parcourue avec le plus grand soin et le plus vif intérêt. Là s'étalent des modèles de bon goût autant que confortables, inventions pleines de prévoyance ou fantaisies d'une inconcevable splendeur. La Belgique a cette magnifique berline, appartenant à la cour, qu'on a vue déjà au milieu du transsept; des calèches d'une légèreté et d'une coupe merveilleuses, et des harnais d'un excellent goût. Les Pays-Bas exposent des voitures de chasse en fer, des traîneaux, et la calèche de promenade de S. M. le roi de Hollande; — des selles de cavalerie et des mors perfectionnés. La Suède exhibe trois traîneaux ornés de belles fourrures, ainsi que le landau de S. M. le roi Oscar; — Hambourg, une jolie voiture à quatre roues; — la Norwége, des carioles de voyage; — la Sardaigne, une belle voiture américaine et un essieu d'un nouveau système.

Deux très-riches calèches fermées et à fourches, *ad libitum*, tout attelées, avec cochers et laquais en grande livrée, dignes de porter un ambassadeur au sacre d'un souverain, et fort remarquables comme construction, garnitures et peintures, ont fixé l'attention du Prince, ainsi que deux voitures offrant un caractère d'utilité plus prononcé; l'une d'elles, qui forme berline pour l'hiver et calèche pour l'été, est d'un démontage très-facile et d'un aménagement des plus simples; l'autre est un tilbury d'une forme particulière et d'une grande légèreté de ressorts. Plusieurs voitures de fabriques de Lyon, de Bordeaux et de Rouen ne le cèdent en rien aux plus élégantes productions de la capitale.

Un grand nombre de procédés sont exposés pour rendre les chevaux indépendants de la voiture en cas d'accidents; la plupart des inventeurs s'adressent à cet effet aux harnais, et ils déshabillent le cheval par une disposition que le cocher tient à sa portée. Nous préférons à ces systèmes compliqués la tringle à laquelle sont attachés les traits, et qui, par un mouvement de rotation sur elle-même, permet aux boucles de se dégager, sans aucun effort, par le tirage des chevaux.

Les objets qui paraissent avoir intéressé Son Altesse au plus haut degré sont, sans contredit, les waggons d'ambulance, les cantines, les cacolets, en un mot, tout le matériel exposé par le ministère de la guerre, qui a pour objet de rendre moins pénibles les fatigues de nos soldats et de nos officiers en campagne. Les mille précautions qui sont prises dans ces appareils répondent si bien à leurs destinations diverses, qu'elles sont un témoignage nouveau de la sollicitude du gouvernement pour ceux qui combattent loin de nous pour l'honneur de la France.

La sellerie anglaise soutient toujours sa vieille réputation : les matériaux qui sont employés dans cette industrie sont en

Angleterre l'objet d'une fabrication toute spéciale. Peut-être voudrait-on trouver plus de goût et de sobriété dans les ornements. Les mêmes observations, d'ailleurs, peuvent s'appliquer à la sellerie française et à celle des autres pays.

# SIXIÈME VISITE

## CLASSE VI

### MÉCANIQUE SPÉCIALE ET MATÉRIEL DES ATELIERS INDUSTRIELS.

ANNEXE, PILES 70 A 112. — HANGAR DE L'AGRICULTURE.

Pièces détachées et machines élémentaires. — Machines de l'Exploitation des mines. — Machines relatives à l'art des constructions. — Machines servant au travail des matières minérales autres que les métaux. — Machines métallurgiques. — Matériel des ateliers de constructions mécaniques. — Machines servant à la fabrication de petits objets en métal. — Machines de l'exploitation forestière, ou servant spécialement au travail du bois. — Machines de l'agriculture et des industries agricoles et alimentaires. — Machines des arts chimiques. — Machines relatives aux arts de la teinture et de l'impression. — Machines spéciales à certaines industries.

#### MEMBRES DU JURY :

MM.

**W. FAIRBAIRN**, *président*, C. E. F. R. S., membre correspondant de l'Institut de France, membre du jury en 1851. ANGLETERRE.

**GÉNÉRAL PIOBERT**, *vice-président*, membre de l'Académie des Sciences, membre du Comité consultatif d'artillerie et du Comité consultatif des chemins de fer. FRANCE.

**CLAPEYRON**, *secrétaire*, ingénieur en chef des Mines, professeur à l'École impériale des ponts et chaussées. FRANCE.

**MOLL**, membre des jurys des Expositions de Paris (1849) et de Londres (1851), professeur d'agriculture au Conservatoire impérial des Arts et Métiers, membre du Conseil général d'agriculture et de la Société impériale d'agriculture. FRANCE.

**POLONCEAU**, ingénieur civil, entrepreneur de la traction au chemin de fer d'Orléans. FRANCE.

**HERVÉ MANGON**, ingénieur des ponts et chaussées, professeur adjoint d'hydraulique agricole à l'École impériale des ponts et chaussées. FRANCE.

**GOUIN** (Ernest), ancien élève de l'École polytechnique, ingénieur civil, constructeur de machines. FRANCE.

**PHILIPS**, ingénieur des Mines, directeur du matériel au chemin de fer Grand-Central. FRANCE.

**COMMANDEUR GIULIO**, sénateur, membre de l'Académie des Sciences de Turin. SARDAIGNE.

**CHEVALIER ADAM DE BURG**, conseiller I. R. et professeur de l'École polytechnique, directeur de la Société pour la navigation à vapeur du Danube, et vice-président de la Société pour l'encouragement de l'industrie nationale, membre du jury à Londres (1851) et à Munich (1854). AUTRICHE.

**HOLM** (Carl August), ingénieur civil. SUÈDE ET NORWÉGE.

**CHEVALIER CORRIDI**, professeur à l'Université de Pise, directeur de l'Institut royal technique de Toscane, commissaire de Toscane, membre du jury à Londres (1851). TOSCANE.

**BIALON**, constructeur de machines, à Berlin. PRUSSE.

---

La sixième classe est divisée en douze sections ; elle comprend 298 exposants français ou appartenant aux colonies françaises, et 192 exposants étrangers, savoir : l'Angleterre, 57 ; — l'Autriche, 36 ; — la Prusse, 20 ; — les États-Unis, 18 ; — la Toscane, 6 ; — la Suisse, 5 ; — le Danemark, 4 ; — le Mexique, 4 ; — les Pays-Bas, 4 ; — la Bavière, 3 ; — le grand-duché de Hesse, 3 ; — le grand-duché de Bade, 2 ; — le royaume de Saxe, 2 ; — le Wurtemberg, 2 ; — et le Luxembourg, 1.

Les produits de cette classe sont placés presque entièrement dans la galerie du quai de Billy.

La galerie du quai, avec ses machines en mouvement, son atmosphère de poussière et de bruit, sa température à la fois ardente et brumeuse, est l'une des parties saillantes et instructives par excellence de l'Exhibition de 1855. On sait par quels prodiges d'invention et de prévoyance, la vapeur, communiquée à tous les appareils, sans danger pour la foule, sans embarras pour la circulation, sans distinction de nationalité ou de catégories, fonctionne au moyen de l'arbre de couche qui domine toute la moitié de cet immense vaisseau comme un arc de triomphe. Son Altesse Impériale, qui prend le plus vif intérêt à cette belle et puissante mise en scène de l'industrie prise sur le fait, recommande chaque jour à l'administration qu'on ait bien soin que la vapeur ne manque jamais, que tout marche, et que le public ne perde rien de ce qu'il doit voir et comprendre. Les ordres de Son Altesse Impériale sont, du reste, ponctuellement exécutés par les soins du jeune et savant ingénieur M. Trélat, spécialement chargé de l'installation des machines. Dès l'ouverture, à neuf heures du matin, et jusqu'à cinq heures du soir, la vapeur ne cesse de fonctionner et de communiquer le mouvement et la vie à ce nombre infini de machines, qui, nous le répétons, forment la partie la plus attrayante de l'Exposition de 1855.

La sixième classe, qui comprend tout le matériel des ateliers industriels, a été pour Son Altesse Impériale l'objet de nombreuses observations et d'un examen d'autant plus attentif, que le résultat de ces inventions diverses est de faire produire, par les machines, une multitude d'objets mieux faits et à meilleur marché que ceux fabriqués à la main; transformation heureuse qui, loin de diminuer l'importance du travail manuel, lui réserve au contraire ce qui exige surtout de l'intelligence et du soin. Et d'abord le marteau-pilon, cette invention à la fois anglaise et française, qui a eu le rare privilége de doter la mécanique moderne de moyens jusqu'alors inconnus, et sans lequel toutes ces belles pièces de forge qui entrent dans nos constructions d'aujourd'hui n'auraient pu être obtenues à aucun prix. Le marteau-pilon à vapeur est représenté par de nombreux spécimens; tantôt la vapeur se borne à soulever la masse pour la laisser tomber, sous la seule action de la pesanteur, de la hauteur convenable; tantôt, au contraire, elle ajoute son action à celle du poids pour produire des effets plus variés. On a eu l'idée, pour les ateliers de moindre importance, de construire depuis plusieurs années des marteaux-pilons sans vapeur : ce sont de simples *moutons*, manœuvrés à la corde, qui peuvent dans bien des cas rendre d'importants services pour la forge.

L'application du marteau à vapeur au battage de l'or a maintenant la sanction du succès. A la précision du marteau ordinaire, l'appareil dont il est question ajoute celle d'un battage régulier sur places déterminées à l'avance. L'*outil*, ou cahier de baudruche dans lequel se trouvent interposés des feuillets métalliques, se transporte à chaque coup d'une petite quantité, de manière que le battage se fait en quinconces, les distances variant d'ailleurs avec l'avancement du travail et par conséquent avec l'élargissement des feuilles. Cet appareil réduit le métal à une épaisseur de un quatorze millième de millimètre.

Puisque nous parlons des machines opérant sur les matières métalliques, passons rapidement en revue celles qui sont relatives aux travaux analogues. Vers l'extrémité ouest de la galerie se trouve un modèle de forge à l'anglaise, présentant quelques nouveautés importantes. La presse qui comprime la loupe est d'une toute nouvelle construction, ainsi que la grande cisaille à excentriques.

Les machines-outils sont fort nombreuses : machines à planer, à mortaiser, à percer, à tailler les engrenages; tours de toutes dimensions, à un, deux et à quatre outils. On a surtout remarqué une fort belle machine à tailler les engrenages à l'aide d'une molette, qu'un outil très-ingénieux met en action; un grand tour à deux outils opposés, qui permettent de travailler sur de grandes pièces, sans risquer de les forcer sous l'action d'un seul effort; une petite machine à raboter, dans laquelle le retour *rapide* de l'outil s'obtient par un engrenage elliptique d'une construction toute nouvelle mais difficile; enfin un tour remarquable dans lequel on fait à la fois deux *passes*, ce qui paraît être préféré en Angleterre pour les grandes pièces.

La France, vers 1815, ne possédait aucune machine-outil.

Il est vrai qu'au commencement du siècle elle ne comptait qu'une machine à vapeur. Depuis lors le développement des constructions mécaniques a peuplé nos ateliers de machines puissantes, dans lesquels la forme solide des *bâtis* en fonte, d'une seule pièce, s'est propagée rapidement : mais les machines à travailler le bois n'étaient admises dans la pratique qu'avec défiance, et pour ainsi dire exceptionnellement. L'Exposition de Londres n'avait présenté que quelques scieries, et quelques machines à moulures, américaines pour la plupart, mais d'assez faible importance.

Une des usines les plus considérables de la France nous a envoyé, cette fois, une collection complète de machines de cette espèce, qui ne laisse rien à désirer, et qui ne peut manquer de contribuer pour beaucoup à l'emploi général de la puissance mécanique dans un grand nombre d'opérations. Le rabotage, les tenons simples ou doubles, les mortaises, se font avec une précision telle, que les pièces, rapprochées les unes des autres, s'assemblent aussi exactement qu'on puisse le désirer. L'ouvrier le plus habile ne saurait faire mieux, même après avoir présenté vingt fois les pièces à l'assemblage.

Une scie à bordages, munie d'un gouvernail qui permet, suivant la courbure que l'on désire, de faire varier l'inclinaison des pièces par rapport aux lames, est d'une construction tout à fait exceptionnelle, qui a répandu son emploi dans nos ports maritimes. Rien de plus élégant et de plus sûr que le travail de cette belle machine.

Les scies sans fin sont en usage depuis assez longtemps en France, particulièrement pour l'industrie des découpeurs ; mais nous n'avions jamais vu d'appareil exécutant aussi rapidement et aussi correctement son travail que l'un de ceux que présente l'Exposition. Des prismes découpés sous mille formes, détachés concentriquement dans différentes pièces, s'emboîtent aussi exactement que s'ils avaient toujours été solidaires. On voit que la rapidité du travail ne nuit plus à sa parfaite exécution.

Les mêmes principes, appliqués aux autres matériaux de construction, conduisent, jusqu'à un certain point, aux mêmes résultats. Une scierie pour la pierre, munie en même temps d'outils spéciaux pour dresser les lits, donne également un excellent travail ; et ce fil métallique, qui use les matières minérales les plus dures, à la manière de la scie à rubans, fournit un autre exemple de la rapidité des procédés mécaniques. Les dents sont ici remplacées par des grains de sable entraînés par le fil sans fin, et il suffit d'entretenir une certaine humidité dans le grès en poudre, qui est traversé par le fil avant son entrée dans la pièce, pour que le sciage s'opère facilement.

Tout près de la forge, une machine à réduire les médaillons et les objets de ronde bosse rappelle assez le procédé Colas. Moins remarquable peut-être au point de vue de sa construction, elle a cependant le mérite de travailler plus vite et très-bien. On lui reproche de ne pouvoir opérer, comme celle de M. Colas, sur un modèle en plâtre.

Dans cette longue promenade au milieu des richesses accumulées de la mécanique moderne, l'attention de Son Altesse Impériale a encore été appelée sur de nombreux appareils : des machines à clous et à rivets, des découpoirs, une machine à former les caractères d'imprimerie, un piano-compositeur pour remplacer le compositeur typographe, une machine qui palpe *les caractères,* les lit et les envoie dans la casse qui leur est destinée, et une foule d'autres petits appareils similaires. Puis est venu l'examen des machines à *travailler* et à *débiter* les diverses substances employées dans l'industrie.

Toutes les dispositions avaient été prises pour que les machines à travailler le bois sous toutes ses formes, que Son Altesse Impériale n'avait encore examinées qu'à l'état de repos, pussent fonctionner devant elle. L'Exposition en contient un grand nombre et de fort remarquables, notamment dans la section américaine. On sait que les premières machines à fabriquer les objets en bois ou à débiter les grandes pièces de construction et de charpente remontent à la fin du dernier siècle, et qu'après avoir vu le jour dans les ateliers de la marine anglaise, elles sont restées à peu près stationnaires, si ce n'est dans la production peu importante des moulures. Il fallut l'immense économie révélée par le prix de revient et l'abondance des bois du nouveau monde pour redonner puissance et vie à ces machines ingénieuses et simples à la fois, dont la rapidité seule pouvait répondre aux besoins innombrables de toutes les industries et aux pas gigantesques de notre civilisation. Son Altesse Impériale, en examinant avec beaucoup de soin les machines à bois américaines, a justifié l'honneur que cette spécialité fait aux États-Unis, qui peuvent, d'ailleurs, revendiquer la paternité de beaucoup d'appareils analogues construits et exploités en Angleterre et en France, entre autres la machine rabotante à plateau horizontal, qui, sous des dimensions beaucoup plus considérables, est employée dans l'arsenal de Woolwich ; — la machine (également à raboter) qui forme les rainures d'assemblage sur les côtés, et quelques autres, d'un grand intérêt et d'un rapport très-économique, pour fabriquer les tenons, faire les mortaises, etc., etc.

La France, qui sous ce rapport ne le cède à aucune autre nation, multiplie dans le jeu de ses machines à bois les opérations les plus délicates, triomphe des problèmes les plus insolubles en apparence, et exécute de véritables merveilles d'adresse et de précision, là où l'on croyait l'application de la mécanique impossible. On peut constater cette vérité en voyant le fonctionnement de la belle scie à ruban continu.

S'il est vrai pourtant que de puissantes machines-outils doivent à l'Angleterre, qui est leur berceau, quelques perfectionnements importants qui ont fait et font encore la gloire du constructeur illustre dont le nom est devenu inséparable de toutes les améliorations apportées à l'outillage mécanique anglais, il est indispensable d'ajouter que les machines-outils de l'industrie parisienne ne doivent rien qu'à leurs constructeurs spéciaux, et que, par leur multiplicité autant que par la variété de leurs applications, elles constituent une catégorie éminemment et complétement française.

Dès qu'un objet atteint un chiffre considérable de consommation, il est inévitable que le petit fabricant rêve, et souvent arrive aux moyens de le produire par la mécanique, qui économise les frais de la main-d'œuvre.

Malheureusement aussi, ces utiles inventions, ne servant qu'à leur auteur qu'elles font vivre, devenues l'outil principal de l'atelier en chambre et comme le meuble de la famille, franchissent rarement le seuil des expositions. Quelques-unes s'y sont aventurées cette année, et nous verrons, en rendant compte des industries auxquelles elles se rapportent, que cette tentative était aussi légitime qu'elle a été heureuse.

Son Altesse Impériale a étudié une foule de ces nouvelles réalisations de la puissance mécanique appliquée à des résultats minimes si l'on ne considère que l'objet individuel, mais immenses quand on apprécie le chiffre de la production, et qui l'ont d'autant plus intéressée, qu'elles ont été presques toutes fabriquées et exposées par des ouvriers.

Les petits objets en métal, par exemple, offrent toute une série d'observations de ce genre. Quoi de plus élégant et de plus précis en même temps que le tracé de nos machines à guillocher? Et ces machines où les clous, fabriqués avec du fil de fer, reçoivent à la fois le choc qui fait la tête et le coup qui forme la pointe? Et ces emporte-pièces de toute nature et de toutes dispositions? Ces milliers d'autres appareils destinés à toutes les prévisions de l'industrie et à tous les besoins de la vie? Ces presses ou découpoirs de tout volume, ces balanciers, ces tours, ces appareils à confectionner les agrafes, les épingles, les boutons, les maillons, les dés à coudre, les aiguilles, et bien d'autres encore que Son Altesse Impériale a voulu voir à l'œuvre?

Dans le compartiment anglais, une machine à graver les cylindres pour impression a offert au Prince cette particularité, qu'elle produit une réduction gravée sur toute la ligne d'un dessin, quel qu'il soit, grâce aux transmissions ingénieuses qu'elle emploie et à la simplicité des organes, chargés d'opérer le déplacement proportionnel, qui s'écartent des principes du pantographe, base ordinaire des machines à réduction.

Un autre appareil de réduction, qui attire constamment la foule, et que le Prince a patiemment examiné, est la machine qui permet d'augmenter ou de diminuer, *ad libitum*, et dans une latitude presque infinie, les proportions d'une œuvre plastique. Le dessin étant tracé sur une feuille mince de caoutchouc, pincée dans un châssis métallique, si un piston vient à pousser cette feuille par dessous, ses dimensions doivent nécessairement augmenter, et avec elles celles du tracé; un moyen des plus simples permet d'obtenir, sur une même échelle, jusqu'à dix exemplaires successifs. On comprend de quelle utilité cette invention peut être au dessinateur de fabrique quand il compose.

Dans un autre ordre de produits, Son Altesse Impériale s'est particulièrement occupée des machines à chocolat, dont la fabrication, si étendue en France, est aussi l'objet d'inventions exclusivement nationales. La torréfaction, le broyage et le mélange des substances diverses avaient déjà inspiré plusieurs machines fort ingénieuses; on y a ajouté, cette année, une machine qui pèse, met en tablettes et enveloppe de papier ou de plomb le chocolat fabriqué. Nous devons, pour être juste, ajouter que la plus grande part de cette découverte et de sa réalisation revient à l'ouvrier qui, pour le compte de son patron, fait fonctionner cette machine dans l'Annexe.

Enfin, le Prince a payé un tribut d'attention aux nombreuses presses, mécaniques ou autres, qui appartiennent à la typographie. Tandis qu'à l'Exposition de Londres les machines à cylindres l'avaient emporté par la rapidité fabuleuse de leur tirage, la France, elle, ne se distinguait que par la perfection de ses presses à plateaux, qui ont le monopole des impressions élégantes et soignées que la presse mécanique, consacrée aux journaux et aux ouvrages courants, ne peut et ne prétend pas exécuter. A l'Exposition actuelle, cette dissemblance n'existe plus. Les presses mécaniques françaises, sans atteindre encore aux colossales évolutions de leurs sœurs d'Amérique et d'Angleterre, offrent, en compensation, des tirages d'une beauté surprenante, des gravures sur bois et sur cuivre obtenues avec une perfection inouïe, des mises en couleur même qui étonnent littéralement les visiteurs.

Pour la première fois, on voit la lithographie emprunter les forces mécaniques, et les belles épreuves chromotypographiques qui s'exécutent dans l'intérieur du Palais sont un spécimen merveilleux de la toute récente et toute parisienne révolution apportée dans l'industrie et dans l'emploi des presses à cylindres.

---

# SEPTIÈME VISITE

## CLASSE VII

### MÉCANIQUE SPÉCIALE ET MATÉRIEL DES MANUFACTURES DE TISSUS.

ANNEXE, DES PILES 60 A 115.

Pièces détachées pour la filature et le tissage. — Machines pour la préparation et la filature du coton. — Machines pour la préparation et la filature du lin et du chanvre. — Machines pour la préparation et la filature de la laine. — Machines pour la préparation et la filature de la soie. — Machines de corderie, de passementerie et machines spéciales — Tissage à basses lisses et à hautes lisses. — Métiers à tisser, à mailles; métiers à faire le filet, à broder, à tisser, à coudre. — Appareils et machines pour le blanchiment, la teinture, l'apprêt et le pliage des tissus.

MEMBRES DU JURY :

MM.

**GÉNÉRAL PONCELET**, *président*, membre de la Commission impériale et du jury de l'Exposition de Londres (1851), membre de l'Académie des Sciences. FRANCE.

**R. WILLIS**, *vice-président*, M. A. F. R. S., professeur de sciences naturelles à l'Université de Cambridge. ANGLETERRE.

**FÉRAY**, membre du jury de l'Exposition de Paris (1849), membre du Conseil de la Société d'encouragement, filateur et fabricant à Essonne. FRANCE.

**DOLFUS** (Émile), membre des jurys des Expositions de Paris (1849) et de Londres (1851), président de la Société industrielle de Mulhouse, manufacturier. FRANCE.

**SCHLUMBERGER** (Nicolas), filateur, fabricant, constructeur de métiers, à Mulhouse. FRANCE.

**ALCAN**, ingénieur civil, professeur de filature et de tissage au Conservatoire impérial des Arts-et-Métiers, membre du Conseil de la Société d'encouragement. FRANCE.

**ARANO** (José), professeur de théorie pratique à l'École industrielle de Barcelone. ESPAGNE.

**SCHMID** (H.-D.), ancien vice-président de la Chambre de commerce de Vienne, membre du jury à Munich (1854). AUTRICHE.
**CHARLES L. FLEISHMANN**, ancien consul. ÉTATS-UNIS.

---

L'examen des produits de cette classe a nécessité deux visites de Son Altesse Impériale.

Dans la première, le Prince a examiné les machines employées à la filature de la laine, du coton et du lin.

On sait qu'en dépit de la progression toujours croissante des machines consacrées à l'industrie textile, le nombre des bras employés dans les diverses branches de la fabrication des tissus, loin de diminuer, augmente de jour en jour. Le tissage offre un équivalent à peu près proportionnel des produits obtenus par le travail individuel de l'homme et par le jeu de la machine automatique. Dire laquelle de ces deux forces exécute avec le plus de perfection serait chose fort difficile, et nous n'avons à constater ici que la nature, le nombre et l'utilité plus ou moins reconnue de chaque machine. Ce nombre est tel, que l'examen de Son Altesse Impériale n'a pu tout embrasser dans une première visite, les seules machines de la filature ayant accaparé une grande partie de son attention.

La filature a pour but, on le sait, de disposer parallèlement les filaments soumis à son action, de telle sorte, qu'après une certaine torsion ils puissent se condenser en un fil continu, régulier, et offrant de la résistance. Que l'on opère sur du coton, de la laine, du lin ou de la soie, le but est toujours le même; le mode de procéder seul varie essentiellement avec la nature de la matière. On comprend, en effet, qu'il ne soit pas possible de traiter les filaments de coton, qui n'ont quelquefois qu'un à deux centimètres de longueur, de la même manière que des brins de soie, dont la longueur est en quelque sorte illimitée.

Pour une même nature de fibres, les filaments les plus courts sont employés aux fils les plus grossiers, les plus longs aux fils les plus fins, lesquels portent les numéros les plus élevés. En France, le numéro se fixe d'après les milliers de mètres de longueur nécessaires pour parfaire le poids de un kilogramme : ainsi, par exemple, le numéro 200 est celui du fil pour lequel un kilogramme représente une longueur de deux cent mille mètres.

Dans cette première visite, Son Altesse Impériale a examiné les machines employées à la filature du coton, de la laine et du lin. Les machines à coton ont une grande importance dans le compartiment de l'Angleterre. La filature du coton et celle de la laine, en France, sont représentées par deux de nos plus grands établissements; une teilleuse nouvelle pour le lin est exposée par la Belgique; les autres pays ont également envoyé des machines de filature.

La nature des matières premières a une telle influence sur les procédés mis en œuvre, que nous devons nous occuper d'abord de la filature du coton.

L'industrie du coton, qui a pris naissance dans l'Inde, après avoir inutilement essayé de s'implanter en Italie et dans les Pays-Bas, ne date réellement que de 1569; la première balle de coton est arrivée en Angleterre à cette époque. En 1641, Manchester prenait possession de ce grand travail, et, en 1678, présentait un effectif de 900,000 kilogrammes, filés et tissés à la main. La prohibition du coton de l'Inde, d'une part, et l'invention des machines, de l'autre, firent le reste. Aujourd'hui l'Angleterre n'a pas d'industrie plus considérable que celle du coton. La France rivalise avec elle pour la perfection de la filature, et, par l'immense développement qu'elle a donné à ses cotons d'Algérie, marche de plus en plus dans la voie d'un progrès dont il est difficile de prévoir la puissance. Déjà l'Exposition de Londres a démontré que nos industriels, récompensés dans la proportion de trois sur trois, ne connaissaient pas de supérieurs dans la fabrication des tissus serrés, n'avaient que des égaux dans celle des tissus de couleur, compensaient, en battant la Suisse pour la mousseline brochée, la supériorité de cette nation dans la mousseline claire unie, et qu'enfin, si, pour le bon marché et l'importance des transactions, la France voit encore devant elle l'Angleterre, les États-Unis et la Suisse, elle les devance, et de beaucoup, pour la perfection des produits.

Un des plus vastes établissements de l'Angleterre, celui peut-être où le travail est organisé sur la plus intelligente échelle, a fait fonctionner devant Son Altesse Impériale ses divers appareils, qui effectuent dans l'ordre suivant les opérations successives de cette fabrication : un batteur-étaleur purge le coton de ses impuretés et le dispose en nappes; une carde en gros aligne les fibres et les dispose en rubans; une machine à doubler réünit les rubans; une autre les lamine et les amincit; un banc d'étirage, garni de cylindres de différentes vitesses, force le ruban à s'allonger régulièrement; plusieurs bancs à broches l'étirent et le tordent; enfin, des métiers à filer et à retordre complètent cette immense mise en œuvre. La transformation du coton brut en fil fin, au moyen de cette manipulation aussi complète qu'ingénieuse, a vivement intéressé Son Altesse Impériale.

La filature du coton s'effectue, en général, au moyen des opérations préliminaires du cardage, et ce n'est que depuis un petit nombre d'années que le plus considérable de nos établissements s'occupe avec succès du peignage. La machine qui, au moyen du peigne, parallélise les fibres longues et écarte les courtes, a permis de réaliser des améliorations importantes, et, en rendant la matière plus homogène, d'obtenir des fils de numéros plus élevés. L'Angleterre, si habile et si prompte à s'assimiler les perfectionnements industriels, avait déjà fait l'acquisition de cette machine à un prix énorme, que nos filateurs croyaient encore qu'elle n'aurait aucun succès.

Les cardes exposées dans l'Annexe sont nombreuses, et, en général, bien établies; il faut distinguer parmi elles un épurateur dont l'usage tend de plus en plus à se propager dans nos filatures, et plusieurs systèmes pour opérer mécaniquement le débourrage des cardes, qui constituent un perfectionnement digne de toute attention.

L'industrie de la laine peignée a tenu tout ce que Napoléon rêvait d'elle quand il disait : « L'Espagne a 25 millions de mérinos, je veux que la France en ait 100. » Les soixante succursales de Rambouillet, qu'il fit établir et où l'on se procurait gratis des béliers espagnols, et l'obligation qu'il imposa aux propriétaires de troupeaux de livrer à ces succursales les béliers dont ils pouvaient se passer, témoignent de l'intérêt immense que ce grand homme portait à cette grande industrie, qui, en 1812, était évaluée par Chaptal à 81 millions de francs de production. Si nos revers interrompirent ce progrès, si l'Allemagne dépeupla nos bergeries, et si la sortie de nos bêtes à laine permit à l'étranger de marcher sur nos traces, on sait que la paix redonna à l'industrie des laines un essor plus considérable. Aujourd'hui la laine peignée produit une valeur de 280 millions, occupe 371,000 paires de bras, auxquels elle distribue, dit le savant rapporteur du jury de Londres, M. Bernoville, 146 millions de salaires, habille toutes nos populations, et entretient dans le monde entier la prééminence du goût et de l'élégance française.

C'est dans la partie française de l'Exposition que la filature de la laine est surtout représentée. Heilmann n'est mort qu'après avoir eu la satisfaction de constater les magnifiques résultats de sa peigneuse mécanique, que M. Nicolas Schlumberger, le doyen de notre filature alsacienne, a tant contribué à perfectionner et à répandre, s'estimant heureux de glorifier en la justifiant l'une des inventions capitales de ce siècle. Au reste, le système des machines pour la préparation et le filage de la laine peignée est représenté de la façon la plus complète, et Son Altesse Impériale a témoigné la haute satisfaction qu'elle éprouvait à voir cette exposition importante. L'établissement de Guebwiller se distingue avec un éclat exceptionnel, et comme filature et comme construction de machines; nous le retrouverons encore à propos des machines à lin.

La substitution des engrenages aux modes ordinaires de transmission pour les broches est un problème que s'étaient déjà proposé plusieurs des exposants de Londres, et qui reparaît aujourd'hui, mais dans des conditions qui approchent beaucoup d'une solution définitive.

Le peignage par mèches a inspiré un fort bel appareil de M. Colette, qui, moins heureux que M. Heilmann, est mort avant d'avoir pu profiter de son œuvre. On ne saurait croire avec quelle précision la matière filamenteuse apportée sur le peigne circulaire se trouve dégagée des filaments courts, rapportés ensuite sur le peigne, et en définitive éliminés lorsque la machine s'est, si l'on peut parler ainsi, bien assurée qu'il n'en reste plus d'autres, tandis que le fil s'enroule sur une bobine spéciale. Le travail de la laine cardée devant plus particulièrement faire l'objet de la prochaine visite du Prince, nous aurons occasion d'en reparler avec plus de détail.

Nous nous arrêterons un instant avec Son Altesse Impériale devant les machines à filer le lin, au nombre desquelles la machine belge est celle qui présente le caractère le plus complet et le plus frappant d'une invention importante. Le lin brut, dans cette machine, est conduit par une pince entre deux cuirs sans fin, munis de baguettes en bois qui le battent et en enlèvent la partie corticale; puis il est repris par une deuxième pince au moyen d'une seconde machine tournée en sens contraire, qui opère sur la partie primitivement engagée dans la première pince. Le travail de cette machine est aussi admirable que fructueux.

L'industrie de la filature du lin est essentiellement française.

Il y a quarante ans, Napoléon rendait un décret ainsi conçu: *Il sera accordé un prix d'un million de francs à l'inventeur, de quelque nation qu'il puisse être, de la meilleure machine propre à filer le lin.*

Philippe de Girard répondit à cet appel, et, de **1810** à **1815**, créa toutes les machines à filer le lin. Ce n'est qu'en 1815 que la filature mécanique du lin fut portée en Angleterre et successivement perfectionnée.

Girard n'obtint pas alors le prix proposé par l'Empereur, mais il vécut assez pour voir luire le jour de la réparation. Au mois de juillet 1840, le ministre du commerce proclamait à la tribune nationale « que c'était à un Français, à M. Philippe de Girard, qu'il avait été donné de mettre en œuvre, en France même, la filature mécanique du lin. »

A l'Angleterre donc appartiennent les perfectionnements de cette industrie, mais c'est à la France que revient la gloire de l'invention.

Depuis l'invention des machines à lin par Philippe de Girard, les machines anglaises ont paru tendre à une prééminence plus marquée. Plusieurs peigneuses de l'Exposition du royaume-uni ont offert à Son Altesse Impériale un grand intérêt. L'une d'elles saisit le lin, le présente à une série de peignes qui le prennent en dessous, le retourne pour que la même opération soit exécutée sur l'autre face, puis le transporte graduellement à portée d'autres peignes, dont la finesse augmente successivement. Cette machine, dont le travail est tout extérieur, effectue des évolutions auxquelles on n'aurait jamais cru que le fer pût se prêter à ce point.

Dans la même classe, la direction des constructions navales

a exposé deux machines : l'une à filer, qui opère à la fois l'étirage et la torsion; l'autre à tresser les cordages, qui a déjà pour elle la consécration d'un long usage.

Dans sa deuxième visite, consacrée à l'examen de la septième classe, le Prince s'arrêta plus spécialement à inspecter les machines employées à la filature de la soie.

Mais, avant de passer à l'examen de l'industrie séricicole, un dernier mot sur l'industrie de la laine.

La filature de la laine cardée n'est pas, au point de vue de la fabrication, aussi remarquable que celle de la laine peignée; mais elle offre des difficultés d'un autre ordre, par cela même que les filaments sont plus courts. L'un de nos principaux industriels de Louviers, qui est à la fois filateur et constructeur, a apporté une série complète de machines qui lui permettent d'effectuer toutes les opérations successives devant les visiteurs de l'Exposition. On sait que l'objet principal est ici de conserver à la matière sa propriété feutrante, qui doit être utilisée dans la confection des draps et des tissus analogues, après le filage. Le désuintage et le lavage étant opérés, comme on le voit, par quelques appareils venus de Rouen, on la sèche et on la bat; puis on la soumet à l'échardonnage, qui peut s'opérer avec des machines spéciales, telles que celles que nous rencontrons à cet effet en Angleterre et en France.

La laine est ensuite préparée par le louvetage, opération préliminaire qui a pour but de l'ouvrir d'une manière uniforme. L'alimentation se fait dans le loup, comme dans la plupart des machines de filature, au moyen de rouleaux cannelés. Le cardage s'opère sur un appareil spécial nommé *carde briseuse*, qui livre la matière en rubans, que la carde repasseuse améliore, et que la carde boudineuse réunit. C'est alors que peut s'opérer le filage proprement dit au moyen de métiers mull-jennys en gros et en fin, qui complètent le travail.

L'industrie des soieries paraît avoir été importée en Sicile, en Italie et en Espagne au treizième siècle, et de là, à la suite des guerres civiles et religieuses du quatorzième et du quinzième siècle, en France, en Suisse, en Angleterre et dans les Pays-Bas. Voici à ce sujet quelques détails intéressants empruntés au rapport de M. Arlès-Dufour sur l'Exposition de Londres en 1851 :

A Lyon, de 1650 à 1680, après deux siècles d'existence, le nombre des métiers varie entre 9,000 et 12,000.

Après la révocation de l'édit de Nantes (1689) et jusque vers 1750, il tombe et se traîne entre 3,000 et 5,000.

Vers 1760, le travail se relève enfin, et les métiers sont de nouveau au nombre de 12,000; de 1780 à 1788, il monte à 18,000. De 1792 à 1800, la terreur, le siége de Lyon, la guerre, les réduisent, comme la révocation de l'édit de Nantes, à 3,000 ou 4,000.

Aujourd'hui, après bien des vicissitudes, cette industrie occupe en France environ 150,000 métiers tissant des articles où la soie domine, et produisant plus de 400 millions, dont au moins 200 sont exportés.

Sur ces 150,000 métiers, 75,000 travaillent pour Lyon; le reste se répartit entre Saint-Étienne, Nîmes, Avignon, Paris et la Picardie.

La culture du mûrier, l'éducation du ver à soie, la filature et le moulinage n'ont pas précédé le tissage, comme on devrait le penser, ils l'ont suivi pendant longtemps à très-grande distance, et ce n'est que depuis la paix (1815) que cette magnifique branche de notre richesse nationale a commencé à se connaître et à se développer. Jusque-là, les soies de France entraient à peine pour un quart dans l'alimentation du tissage, réduit alors à 12,000 métiers. Aujourd'hui elles entrent pour plus de moitié dans l'alimentation des 150,000 métiers, et tous les jours leur production et leur perfection progressent. Dans un ouvrage (1834) de M. Arlès-Dufour, un fait curieux est signalé à ce sujet : les règlements de Colbert interdisaient l'emploi des soies de France, comme trop inférieures, dans la fabrication des beaux articles, et, vers 1783, les principaux fabricants lyonnais adressèrent au roi Louis XVI une requête à l'effet de voir lever ou réduire cette interdiction. Aujourd'hui ces mêmes soies sont les plus belles du monde, et les fabriques étrangères les emploient pour la fabrication de leurs meilleurs articles.

Cependant l'Exposition de 1855 compte bien peu de machines ou d'appareils de filature présentant un caractère saillant de nouveauté ou de progrès sensible.

Dans les compartiments anglais et autrichien de l'Annexe, on peut voir fonctionner quelques machines assez intéressantes.

Le dévidage des cocons s'opère en les plongeant dans de petites bassines remplies d'eau, que l'on entretient à une température convenable au moyen d'un courant de vapeur. On voit dans cette opération que, pour obtenir un fil de soie parfait et utilisable, il est nécessaire de réunir plusieurs fils en un seul, le produit du ver à soie n'ayant pas la régularité nécessaire; il diminue de diamètre depuis le commencement jusqu'à la fin, et ne présente pas d'ailleurs une résistance assez grande.

Les tentatives faites pour remplacer la fileuse par une disposition électrique ont encore besoin d'être expérimentées.

A l'exception des soies à coudre, des soies à broder, pour cordonnets et franges, qui demandent des préparations spéciales, les produits de la filature sont consacrés à alimenter l'industrie du tissage.

Nous trouvons en Angleterre d'intéressants métiers à tisser, dont plusieurs, par la combinaison du battant, donnent un plus grand nombre de coups de navette que les nôtres dans le même temps. C'est aussi dans l'exposition de nos voisins que nous rencontrons cette belle machine à tisser les moquettes, dans laquelle les boucles sont coupées par la machine même, invention qui, si nous sommes bien informés, a été achetée pour la France, à l'Exposition même, pour la somme énorme de 250,000 fr.

Avant d'examiner tous les métiers à tisser que l'on montre à chaque pas, parmi les machines de tous les pays, arrêtons-nous devant cette petite collection de modèles historiques, qu'un contre-maître (M. Marin) d'une des plus importantes manufactures de Lyon a exécutée de ses mains. Claude Dagon a inventé, en 1606, le premier métier à la grande tire pour étoffes façonnées qui ait fonctionné à Lyon, puis les modifications successives des différents systèmes, jusqu'au métier Vaucanson en 1746. Le cylindre percé de trous était déjà employé par cet homme de génie à repousser, au moyen d'aiguilles horizontales, les crochets qui ne devaient pas être relevés, et avec eux les fils correspondants de la chaîne, avant chaque coup de navette. Jacquart, qui n'avait aucune connaissance du métier Vaucanson, vint à Paris pour exploiter un système tout différent qu'il avait inventé lui-même. Après plusieurs difficultés, il aperçoit le métier de son illustre devancier, le dote d'une puissance plus grande par l'application du carton sans fin, et constitue ainsi le métier que nous voyons aujourd'hui, faisant preuve à la fois d'un jugement supérieur et d'un esprit inventif remarquable.

De tous les perfectionnements que l'on a cherché à appliquer au métier Jacquart, celui qui a donné lieu aux plus nombreuses tentatives est la substitution du papier au carton. On comprend, en effet, que le papier doive coûter beaucoup moins cher, et qu'il ait en outre l'avantage de pouvoir s'enrouler facilement sur un cylindre, tandis que le carton, pour les grands dessins surtout, occupe un volume très-considérable. Il est tel châle qui exige jusqu'à douze et vingt mille cartons. Les plus heureuses des solutions paraissent être jusqu'à ce jour celles de deux industriels parisiens qui ont obtenu de très-bons résultats pratiques par deux moyens très-différents en apparence, mais qui se ressemblent beaucoup en réalité. L'un a réduit considérablement la dimension des cylindres et par conséquent du papier; l'autre accepte pour le papier les dimensions mêmes du carton Jacquart, en employant du papier fort, analogue au papier goudron. Enfin, un troisième fabricant, qui fournit également à l'appui de ses œuvres des spécimens fort remarquables de tissage, surtout par une *réduction* extrême, dispose son appareil sur le métier ordinaire, dans lequel il ne change rien que le cylindre percé.

En général, le métier Jacquart est manœuvré par la force de l'homme; l'Exposition prouve cependant la tendance à employer la vapeur, surtout dans la partie anglaise. Un métier autrichien à trois navettes est très-remarquable par sa fort belle exécution.

L'application la plus curieuse du métier Jacquart est celle que présentent les tullistes de Calais; leur belle machine, qui fait à la fois trente-six bandes semblables de tulle brodé, étonne par la précision et la délicatesse de son travail.

On devrait s'exprimer de la même manière à l'égard de ces métiers circulaires à bonneterie, qui font pour ainsi dire de la bonneterie sans fin, de ces métiers à filer, de ces métiers à cordonnets, à passementeries, dont le travail rapide ne laisse plus rien à désirer. Mais l'attention publique est surtout portée vers les nombreuses machines à coudre qui ont surgi comme par enchantement depuis l'Exposition de Londres. Les deux pièces à réunir par une couture étant placées sur une petite platine et dirigées par les mains de l'ouvrière, il suffit de tourner un simple volant pour que le fil ou les deux fils destinés à la couture s'enchevêtrent dans leurs boucles respectives, de manière à former une réunion indécousable. Ce résultat n'est pas toujours absolu, car Son Altesse Impériale, en coupant, devant une des machines, un des fils, a démontré que tous les points se défilaient ensuite ; hâtons-nous de le dire cependant, c'est là un résultat exceptionnel. Les machines à coudre ont assez bien fait et font assez bien pour qu'on puisse leur prédire un grand succès.

Son Altesse Impériale a également passé en revue ces machines ingénieuses employées aux apprêts et à la préparation définitive des tissus : ces fouleuses, ces tondeuses, ces machines à feutrer, etc., etc., qui toutes ont des qualités particulières remarquables. Quant à la machine à imprimer les étoffes, il suffit de la voir pour la comprendre, et nous ne pouvons que complimenter le généreux industriel qui a bien voulu faire tous les sacrifices nécessaires pour entretenir sa machine en fonction. Nulle part on ne comprend mieux qu'en Alsace l'intérêt général, nulle part on ne sait mieux lui sacrifier l'intérêt individuel.

---

# HUITIÈME VISITE

CLASSE VIII

## ARTS DE PRÉCISION, INDUSTRIES SE RATTACHANT AUX SCIENCES ET A L'ENSEIGNEMENT.

ANNEXE : REZ-DE-CHAUSSÉE, PILES 44 A 48; GALERIES SUPÉRIEURES COTÉ DES CHAMPS-ÉLYSÉES.

Poids et mesures, appareils divers de mesurage et de calcul. — Objets d'horlogerie. — Instruments d'optique appliquée et appareils de toutes sortes employés pour la mesure de l'espace. — Instruments de physique, de chimie, de météorologie, destinés à l'étude des sciences ou appliqués aux usages ordinaires. — Cartes, modèles et documents d'astronomie, de géographie, de topographie et de statistique (sauf renvoi à la classe XXVI). — Modèles, cartes, ouvrages, instruments et appareils destinés à l'enseignement des arts, des sciences, des lettres et des arts libéraux. — Matériel de l'enseignement élémentaire.

MEMBRES DU JURY :

MM.

**MARÉCHAL VAILLANT**, *président*, membre de la Commission impériale, ministre de la guerre, Sénateur, membre de l'Académie des Sciences. FRANCE.

**SIR DAVID BREWSTER**, *vice-président*, membre correspondant de l'Institut de France, un des présidents et des rapporteurs du jury en 1851. ANGLETERRE.

**MATHIEU**, membre des jurys des Expositions de Paris (1849) et de Londres (1851), membre de l'Académie des Sciences, examinateur à l'École polytechnique. FRANCE.

**BARON SÉGUIER**, membre des jurys des Expositions de Paris (1849) et de Londres (1851), membre de l'Académie des Sciences, membre du Comité consultatif des arts et manufactures, vice-président de la Société d'encouragement. FRANCE.

**FROMENT**, membre du jury de l'Exposition de Paris (1849), ancien élève de l'École polytechnique, constructeur d'instruments. FRANCE.

**BRUNNER**, constructeur d'instruments. FRANCE.

**WERTHEIM**, docteur ès sciences. FRANCE.

**ALDERMAN J. CARTER,** président du Comité des horlogers, à Londres. ANGLETERRE.
**DOVE,** professeur de physique à l'université de Berlin. PRUSSE.
**WARTHMANN** (Élie), professeur de physique à l'Académie de Genève. SUISSE.
**BARBEZAT** (Édouard), fabricant d'horlogerie, à la Chaux-de-Fonds. SUISSE.
**LE DOCTEUR STEINHEIL,** conseiller au ministère. BAVIÈRE.
**DOCTEUR TYNDAL,** professeur de physique. ANGLETERRE.

---

Une foule de savants et d'industriels ont accompagné le Prince dans sa pérégrination à travers la huitième classe, aussi intéressante par les hautes sciences mathématiques et astronomiques dont elle s'occupe que par les appareils employés. Tous les pays de la vieille Europe et du nouveau monde semblent tenir à honneur d'y être représentés.

On ne sait ce qu'il faut le plus admirer dans cette inimitable industrie des instruments de précision, de la perfection de la main-d'œuvre, de l'utilité de la destination ou de la sagacité de la découverte. Le génie de l'homme n'est plus là, comme dans les colossales applications de la mécanique, en face de la nature qu'il dompte et qu'il guide, et dont il s'approprie les forces les plus résistantes; mais, au contraire, en face de la nature qu'il surprend à l'œuvre, qu'il analyse dans ses plus impénétrables mystères, qu'il circonscrit dans l'horizon de l'observation individuelle, et qui n'est là ni moins obéissante ni moins féconde en résultats que partout ailleurs.

Les poids et mesures, soit comme types d'unités, soit dans leurs applications innombrables à la chimie et à la métallurgie; les appareils si variés et si ingénieux de l'horlogerie française et étrangère, depuis le chronomètre perfectionné jusqu'au rustique carillon de campagne, depuis la classique pendule à échappement jusqu'aux merveilleux régulateurs électriques imaginés par la science moderne; les instruments d'optique, d'acoustique, de géodésie, de photographie, de météorologie, avec les spécimens de leurs applications et le dessin intérieur de leur structure, ont été minutieusement examinés par Son Altesse Impériale. Nous regrettons que le défaut d'espace ne nous permette pas d'insister, autrement que par une rapide nomenclature, sur tant de curieuses et profondes réalisations dues à l'habileté de nos ouvriers, venant en aide aux recherches de nos savants, inspirés par eux et les servant à leur tour.

De toutes les industries de cette classe, l'horlogerie est celle qui est le plus complétement représentée dans toutes ses branches, même au point de vue historique. Tandis que la clepsydre de la Suède rappelle les anciennes horloges à eau, dont il ne diffère que par la forme globulaire de son enveloppe, on voit, parmi les produits du grand-duché de Bade, une horloge à *foliot*, qui n'est qu'une imitation des anciennes horloges. Le *foliot*, ou tringle mobile liée à une corde qui se tend et se détend successivement, est en effet l'organe régulateur employé jadis dans la grosse horlogerie jusqu'à la découverte de l'application du pendule. Il y a plus, cette dernière application, toute moderne qu'elle soit, se retrouve dans un des modèles exposés, et doit être restituée à Galilée, d'après les termes d'une lettre de Viviani. Il n'existait jusqu'ici aucune incertitude sur l'invention du pendule, mais son application à l'horlogerie avait été, jusqu'à ce moment, généralement attribuée à Huyghens. Le modèle dont nous parlons offre tout l'intérêt qui s'attache aux dates historiques de la civilisation et de la science.

Une des découvertes les plus considérables en horlogerie consiste dans l'emploi généralisé du remontoir, appareil intermédiaire entre le moteur et le rouage, et qui agït seul pour restituer, avec une complète régularité, aux parties mobiles, la perte de mouvement qu'elles font à chaque instant. On comprend en effet que le même poids, agissant toujours de la même façon, doive, à cet égard, être préféré à l'action directe d'un autre moteur employé ici à relever seulement le remontoir. Dans quelques cas, le mouvement du remontoir est obtenu par la force électrique à des intervalles déterminés.

La transmission de l'heure donnée par une bonne horloge à un nombre indéfini de cadrans, très-éloignés souvent les uns des autres, est encore un des résultats les plus importants de la science moderne. C'est à des moyens simples, dans lesquels l'électricité est toujours le principal agent, que l'on doit le pouvoir d'obtenir la même heure à la fois sur tous les points de station d'une voie de fer : aussi les heures de départ sont-elles maintenant réglées pour toute la France sur le méridien de Paris. On peut voir plusieurs applications de ce principe au Palais et dans l'Annexe; les deux cadrans placés aux extrémités de la grande nef sont mis en mouvement de cette manière, à l'aide de l'horloge principale placée dans la galerie supérieure, auprès de l'exposition de l'Amérique du Sud, entre les deux compartiments de la Belgique et de l'Angleterre.

Les organes nombreux qui entrent dans la composition des pièces d'horlogerie ont reçu, chez la plupart des constructeurs, des modifications diverses, et plusieurs d'entre elles doivent être regardées comme de magnifiques et incontestables perfectionnements. Les systèmes de compensation par l'emploi des métaux diversement dilatables se produisent sous des formes nouvelles, et l'emploi de l'*aluminium* dans quelques pendules compensés ne laisse pas que d'offrir quelque intérêt, en permettant de rapprocher davantage le centre de gravité du centre d'*oscillation*. On se fera une juste idée de l'importance de la compensation dans les appareils destinés à la mesure du temps, lorsqu'on saura que l'exposition tout entière d'un fabricant distingué ne se compose que de balanciers compensés.

La Suisse est toujours le centre le plus important de la fabrication des *blancs* de montres et de pendules; mais quelques

6.

localités en France se livrent aussi avec le plus grand succès à cette industrie; on sait que l'usine de Beaucourt confectionne par milliers les mouvements de montres, que ses moyens mécaniques permettent de livrer à 1 fr. 50 c. et au-dessous. Saint-Nicolas est, après Beaucourt, le principal siége de cette industrie en France. Les pièces d'horlogerie, même les plus soignées, trouvent dans cette fabrication des organes déjà très-bien faits, et qu'il suffit de *repasser* plus ou moins bien pour en obtenir des résultats plus ou moins satisfaisants.

L'avenir de l'horlogerie est plutôt dans cette branche d'industrie que dans les œuvres individuelles, quelque parfaites qu'on les suppose, mais qui n'ont, pour la plupart du temps, d'autre mérite pratique que de coûter des prix énormes. La montre de 3,000 francs donne-t-elle mieux l'heure et est-elle d'une marche plus assurée que les pièces ordinaires traitées avec le talent qui distingue nos fabricants d'horlogerie courante ?

Son Altesse Impériale a successivement étudié une foule de produits, intéressant au plus haut point l'art le plus ingénieux ou la consommation la plus usuelle; ici, des modèles d'échappements et diverses horloges électriques, destinés au Conservatoire des arts et métiers, de splendides et luxueuses garnitures de cheminées, des pendules à hélices ou à combinaisons diverses, — une horloge à régulateur d'air destiné à produire un mouvement de rotation uniforme, des chronomètres d'une perfection inouïe; — là, les pittoresques et naïves fabrications de Bade et de la forêt Noire, le *coucou* traditionnel, l'horloge de bois du cabaret ou de la chaumière, simple et pourtant puissante industrie qui fait vivre des milliers de paysans.

En se rendant de l'Annexe au Palais central, où se trouvent l'horlogerie suisse et la plupart des grands appareils d'optique et de géodésie exposés par la France et l'Angleterre, Son Altesse Impériale s'est arrêtée sur le palier du grand escalier qui fait face à l'entrée principale, et a donné toute son attention à l'une des merveilles de l'Exposition universelle, placée là depuis peu de temps. Un ouvrier de Besançon, M. Bernardin, travaillant à la journée pendant cinq ans de sa vie, a exécuté une horloge monumentale commandée par S. Em. le cardinal Mathieu pour le palais archiépiscopal de Besançon, véritable chef-d'œuvre de complication, de puissance et d'habileté, donnant à la fois l'heure dans les principales villes du monde, les phases de la lune, les quantièmes, les marées dans tous les ports de l'Europe, les heures de lever et de coucher du soleil, les épactes, les fêtes, en un mot cent indications diverses, opérées sur 72 cadrans et par 22 statuettes et 24 cadrans ou cloches, au moyen de 13,628 pièces, toutes en cuivre, en fer ou en acier, exécutées de la main de l'auteur. Le Prince et toutes les personnes qui l'accompagnaient n'ont pu retenir l'expression de leur admiration, et la foule, qui tous les jours afflue autour de cette œuvre remarquable, s'y est associée d'une façon des plus énergiques.

Les montres de Suisse justifient toujours la vieille réputation de leurs fabricants, de leurs graveurs, de leurs guillocheurs et de leurs bijoutiers, qui ont trouvé moyen, comme on sait, de placer une montre dans presque tous leurs produits, bracelets, bagues, éventails, lorgnons, porte-cigares, jusque dans le couvercle d'un flacon et dans la reliure émaillée d'un livre de messe. Son Altesse Impériale a longuement examiné les opulentes et gracieuses vitrines de Genève, du Locle et de Neufchâtel, et y a fait quelques acquisitions.

L'horlogerie anglaise, dont nos voisins eussent pu exhiber des échantillons plus nombreux, se recommande toujours par l'exactitude de l'exécution et l'irréprochable correction de ses rouages; les chronomètres pour la marine, les thermomètres à mercure, les magnifiques microscopes de MM. Smith et Beck, les vastes et riches collections d'instruments de physique et de météorologie exposés par les directeurs de l'observatoire de Greenwich, instruments dont la plupart notent spontanément leurs indications au moyen de procédés photographiques, dont l'ensemble constitue un registre sur lequel on peut retrouver pour chaque date, et, pour ainsi dire, chaque seconde, le degré de température, la hauteur du baromètre, la direction du vent, toutes les indications, en un mot, écrites par les éléments eux-mêmes, et enfin les cartes et instruments exposés par l'*Ordnance survey* ou bureau supérieur du cadastre, tous groupés ensemble et confondus avec l'horlogerie, ont été longuement examinés par Son Altesse Impériale.

N'oublions pas, dans cet aperçu, de dire que le Portugal a exposé une riche collection de ses monnaies aux différentes époques de son histoire, une carte géographique des provinces du sud du royaume, une carte topographique du cours du Douro, adoptée par le gouvernement, une carte topographique des vignobles du Douro, un dessin indiquant les progrès de la maladie de la vigne dans ces vignobles, etc. M. d'Avila, commissaire du Portugal, a appelé l'attention du Prince sur ces travaux et sur la collection des monnaies de son pays.

Les appareils de physique, pour lesquels la France n'a pas de rivale, ne pouvaient manquer de captiver l'attention de Son Altesse Impériale, citer les noms de MM. Brunner, Gambey, Walferdin, Froment, Ruhmkorff, Deleuil, Bianchi, Duboscq, Oberhauser, Nachet et quelques autres, ce n'est que constater des supériorités admises par tous les observatoires et tous les cabinets scientifiques de l'Europe.

Des machines à mesurer la finesse des tissus, à tracer des courbes, à diviser des lignes droites; un appareil d'induction capable de donner un jet continu d'électricité, de mettre le feu aux mines à une très-grande distance, de s'adapter à toutes sortes d'usages de médecine et de physique expérimentale; des stéréoscopes très-perfectionnés; de grands objectifs photographiques accompagnés de superbes épreuves; des instruments thermométriques à l'aide desquels on peut obtenir le chiffre des températures dans des lieux inaccessibles; une collection immense de compas, lunettes, échelles graduées pour l'étude, la marine ou le théâtre, exposée par la nombreuse famille des opticiens et ingénieurs de Paris; des microscopes pouvant servir à plusieurs observateurs à la fois; des préparations microscopiques appelées à rendre les plus grands services aux sciences naturelles; un télégraphe à clavier, des moteurs électro-magnétiques, des compteurs électriques résolvant le problème de télégraphier le temps; une machine donnant à un miroir une vitesse de 1,000 tours à la seconde; des sonnettes électriques fort ingénieuses, des chronoscopes, des plans en relief exposés par la Suisse, et bien d'autres produits encore que nous n'aurions pas même le temps d'indiquer, ont été examinés avec soin par le Prince, auquel M. Wartmann n'a cessé de donner pendant toute cette visite d'intéressants et savants détails.

La Suisse a exposé la carte fédérale levée au 100,000$^e$ par le bureau topographique, dirigé par M. G.-H. Dufour. Cette carte, qui comprendra 24 feuilles, dont 16 ont paru, est un chef-d'œuvre d'exactitude et de gravure, auquel M. le maréchal ministre de la guerre a donné son important suffrage.

Le canton de Zurich a envoyé plusieurs feuilles de sa carte au 25,000$^e$, où toutes les lignes de niveau sont soigneusement indiquées. Enfin, on a signalé à l'attention de Son Altesse Impériale la belle carte et le plan en relief des cantons de Saint-Gall et d'Appenzell, et le relief de l'Oberland bernois, qui attire de nombreux visiteurs.

Les États-Unis exposent, entre autres, plusieurs des cartes du Col-Maury, qui représentent la direction des vents et des courants sur l'océan Atlantique. C'est un travail colossal dont le savant auteur a tiré, entres autre conclusions, des données importantes relativement aux meilleures routes à tenir par les vaisseaux qui se rendent d'Europe en Amérique et réciproquement.

Diverses nations ont tenu à honneur de faire connaître leur état d'avancement sous ce rapport. La France, à leur tête, a exposé quelques-unes des magnifiques cartes des départements, au 80,000e, œuvre des officiers généraux supérieurs d'état-major. Une autre carte à la même échelle, représentant les environs de Rome, est d'une beauté remarquable. Enfin, une carte de la province de Constantine, au 400,000e, et une des environs d'Oran, au 100,000e, ont vivement attiré l'attention du Prince. Il en est de même de la carte de nivellement du Cher, œuvre de science et de patriotisme, et de celles qui sont exposées par les soins de M. le ministre de l'agriculture, du commerce et des travaux publics.

L'Angleterre a exhibé plusieurs feuilles de sa grande carte cadastrale, levée par les soins de l'*Ordnance survey office*, dont l'une est consacrée à un district de l'Irlande; l'autre, plus spécialement géologique, représente le pays de Galles, le Cornouailles et une partie du Devonshire.

La Prusse expose les belles cartes du professeur Kiepert, parmi lesquelles on remarque celle qu'il a consacrée à l'Asie Mineure; elle expose les atlas de géographie de Schropp, de Stieler, etc.

L'Autriche expose les cartes officielles de l'Institut impérial militaire de géographie et de la direction impériale de la statistique administrative, et celles du *Ferdinandeum*.

Enfin S. A. I. le prince royal de Suède et de Norwége a adressé une très-intéressante collection de cartes hypsométriques, industrielles et forestières, qui témoigne d'une connaissance approfondie des ressources du pays qu'il est appelé à gouverner un jour. La Suède a aussi des cartes intéressantes topographiques exposées par divers exposants.

Notons en passant la machine à compter d'un exposant de

Colmar, qui, en deux tours de manivelle, résout les calculs les plus complexes avec une grande économie de temps et beaucoup de sincérité dans les résultats, sans arriver cependant encore à la simplicité beaucoup plus scientifique de la règle logarithmique, ou règle à calcul, qui, peu volumineuse, portative, capable de résoudre les opérations rapides qu'on peut avoir à faire sur le terrain, nous paraît appelée aux plus rapides et aux plus fréquents usages, quelques jours suffisant pour apprendre à s'en servir ; et la balance monétaire de M. le baron Séguier, exécutée par l'un de nos premiers fabricants. Son Altesse Impériale s'est vivement intéressée à cette belle invention. On sait que cet appareil a pour but, étant données un grand nombre de pièces d'or, de les peser, et de les séparer en trois lots dans lesquelles viennent tomber respectivement celles qui ont le poids exact, et celles qui sont ou trop lourdes ou trop légères, soit dans les limites de la tolérance légale, soit dans les limites plus rapprochées. Une petite balance reçoit la pièce qui lui est amenée au moyen d'un canal alimenté lui-même par des pièces réunies en pile ; suivant que la balance reste en équilibre ou s'incline dans tel ou tel sens, des guides convenables sont déplacés, et lorsqu'une petite main de fer enlève la pièce du plateau et la pousse dans le conduit de distribution, ce conduit a pris déjà les dispositions nécessaires pour qu'elle soit reçue dans le réservoir convenable. Cet appareil était déjà très-intéressant lorsqu'il ne pesait qu'une pièce à la fois ; le perfectionnement actuel en pèse cinq, au moyen de cinq balances contiguës. M. Braudstrom, commissaire de la Suède, a montré au prince une machine à calculer, stéréotypant elle-même les résultats, d'un mécanisme très-ingénieux.

Son Altesse Impériale a continué sa visite par l'examen des balances données par le congrès américain à notre Conservatoire impérial des arts et métiers, et qui sont, sans contredit, les plus belles de l'Exposition : degré de précision surprenant, formes parfaitement entendues, stabilité et solidité remarquables, rien n'en approche comme mérite, si ce n'est une petite balance suisse pour laboratoire pouvant peser jusqu'à 2 ou 3 grammes, à un trente-deuxième de milligramme près.

Les États-Unis ont exposé aussi leurs systèmes de poids et mesures. L'occasion était belle pour proposer notre système décimal, représenté, lui aussi, à l'Exposition universelle, et que tant de nations adoptent successivement dans leurs transactions privées. Notre système décimal n'attend plus que la consécration officielle pour devenir la communion du genre humain. Il est à souhaiter que la Prusse, qui en ce moment revise ses mesures étalons, prenne l'initiative de cette grande réforme, et suive en cela l'exemple du Portugal et de l'Espagne.

Son Altesse Impériale a terminé cette visite par l'examen du pendule exposé par M. Léon Foucault dans le pavillon nord-ouest, sur le palier du premier étage ; ce pendule est destiné, comme celui qu'on a déjà vu au Panthéon, à donner une démonstration matérielle du mouvement de rotation de la terre. Au Panthéon le point d'attache était élevé de 67 mètres au-dessus du sol ; au Palais de l'industrie la hauteur n'est plus que de 11 mètres ; mais, quoique l'appareil se trouve ainsi réduit au sixième de ses dimensions premières, l'auteur a fait en sorte de pouvoir racheter par un complément inattendu ce que l'expérience semblait devoir perdre à être reproduite dans un emplacement restreint.

Le signe sensible de la rotation de la terre, fourni par le pendule oscillant librement dans une direction quelconque, consiste, chacun s'en souvient, en une *déviation* apparente qui, pour le spectateur placé devant l'appareil, entraîne à chaque retour le pendule vers la gauche. Or, comme il est bien certain, la matière étant essentiellement inerte, qu'un pareil mouvement du plan d'oscillation ne saurait avoir lieu ni d'un côté ni de l'autre, on en conclut rigoureusement que le mouvement observé appartient tout entier et en sens inverse aux objets terrestres et notamment au cadran divisé placé sous le pendule.

Quand le pendule est convenablement suspendu, c'est-à-dire quand sa masse se rattache à un point inébranlable, par un fil métallique également flexible en tous sens, l'expérience répétée dans un air calme est infaillible ; la déviation caractéristique du mouvement de la terre ne manque pas de se produire ; mais peu à peu les résistances passives diminuent l'amplitude des oscillations, et le phénomène finit par échapper, au bout d'un certain temps, à l'observation. Sans doute, le raisonnement indique en toute évidence que, si le mouvement oscillatoire était suffisamment prolongé, la déviation augmentant progressivement, sous la latitude de Paris a raison de 1 degré par 5 minutes 18 secondes, le pendule ferait son tour entier en 31 heures 53 minutes de temps sidéral, mais enfin jusqu'à présent nul n'avait eu la satisfaction de constater le fait. Actuellement le pendule qui figure à l'Exposition peut non-seulement fournir son tour entier, mais il marchera quinze jours, six mois, indéfiniment, si l'on a soin d'alimenter toujours la pile chargée de lui restituer le mouvement.

Cette pile agit par l'intermédiaire d'un appareil électromagnétique placé au centre du cercle divisé, dans la direction de la verticale du point de suspension. L'appareil se compose d'un électro-aimant qui agit au milieu du cádran et d'un mécanisme destiné à régler les périodes.

L'aimantation suit la marche du pendule lui-même. La boule est en fer doux, en sorte que, si l'aimant agit à propos, l'attraction restituera au pendule le mouvement à mesure qu'il se dissipe par la résistance de l'air.

L'électro-aimant a sur l'aimant ordinaire que tout le monde connaît le précieux avantage de cesser instantanément d'agir, de s'annuler en quelque sorte aussitôt qu'on rompt la communication avec la pile qui l'anime ; on le nomme aimant temporaire, par opposition avec l'aimant artificiel ordinaire en acier, qui est essentiellement permanent.

C'est donc un électro-aimant ou aimant temporaire qui se trouve au centre du cadran, et, quand le pendule redescend, sa chute est précipitée par l'attraction magnétique qui conspire avec la pesanteur ; mais à l'instant ou le pendule passe juste au-dessus de l'aimant et à la plus petite distance, l'attraction réciproque devient assez forte pour soulever l'aimant lui-même et pour rompre sa communication avec la pile ; il est donc paralysé pour quelques instants, le pendule en profite pour s'éloigner, ayant ainsi le bénéfice d'une attraction favorable pendant la période descendante de l'oscillation, sans subir l'effet contraire d'une égale attraction pendant la période ascendante.

Une seconde et demie environ après la rupture du courant, un mécanisme mû par la pile elle-même se charge de rétablir la communication et par suite l'aimantation, que le pendule interceptera encore à son prochain passage, et ainsi de suite.

Il n'y a donc aucun contact matériel entre le pendule qui oscille et l'appareil qui lui communique le mouvement, et cependant ils sont dans une telle dépendance mutuelle, que l'un ne marche pas sans l'autre. Cette particularité n'a pas échappé à l'esprit pénétrant du Prince; Son Altesse Impériale a adressé des compliments à l'auteur.

---

# NEUVIÈME VISITE

## CLASSE IX

### INDUSTRIES CONCERNANT L'EMPLOI ÉCONOMIQUE DE LA CHALEUR, DE LA LUMIÈRE ET DE L'ÉLECTRICITÉ

PALAIS CENTRAL, GALERIES 1 A 15, DE H A N. — ANNEXE, SECTION DES PRODUITS ENTRE LES PILES 48 ET 53. — ID. GALERIES.

Procédés ayant pour objet l'emploi des sources naturelles de chaleur ou de froid, de lumière et d'électricité. — Procédés ayant pour objet la production initiale du feu et de la lumière. — Combustibles spécialement destinés au chauffage économique. — Chauffage et ventilation des habitations. — Production et emploi de la chaleur et du froid pour l'économie domestique. — Production et emploi de la chaleur et du froid dans les arts. — Éclairage. — Phares, signaux et télégraphes aériens. — Production et emploi de l'électricité.

#### MEMBRES DU JURY :

MM.

**WHEATSTONE**, *président*, membre correspondant de l'Institut de France, professeur de physique au Collége Royal. ANGLETERRE.

**BABINET**, *vice-président*, membre de l'Académie des Sciences, astronome adjoint à l'Observatoire impérial de Paris. FRANCE.

**PÉCLET**, inspecteur général de l'instruction publique, professeur à l'École centrale des Arts-et-Manufactures, membre du Conseil de la Société d'encouragement. FRANCE.

**FOUCAULT**, physicien à l'Observatoire impérial de Paris. FRANCE.

**BECQUEREL**, (Edmond), professeur de physique appliquée, au Conservatoire impérial des Arts-et-Métiers. FRANCE.

**P. NEIL ARNOTT**, F. R. S., membre du jury en 1851. ANGLETERRE.

**DOCTEUR HESSLER** (Ferdinand), membre de l'Académie des sciences et professeur à l'Institut polytechnique de Vienne. AUTRICHE.

**CLERGET**, membre du Conseil de la Société d'encouragement, chef du bureau des primes à l'Administration des douanes. FRANCE.

La neuvième visite du prince Napoléon a nécessité deux longues séances pendant lesquelles une foule de savants et d'industriels français et étrangers ont accompagné Son Altesse Impériale, qui s'est longuement entretenue avec chacun d'eux, et qui se trouvait là sur ce terrain presque exclusivement scientifique que la plupart des membres de sa famille ont toute leur vie exploré avec une passion singulière, quand ils ne l'ont pas eux-mêmes enrichi de découvertes nouvelles.

Les nombreuses applications qui, depuis le commencement de ce siècle, ont si considérablement agrandi le domaine des sciences physiques, ont, on le pense bien, contribué pour une large part aux améliorations qui se sont successivement introduites dans l'emploi de la chaleur, de la lumière et de l'électricité; quelques-unes d'entre elles, par exemple la télégraphie électrique et la galvanoplastie, figurent à l'Exposition avec une splendeur de résultats si étonnante et une variété de caractères si inattendue, qu'il devient à peu près impossible d'assigner désormais un terme à leurs progrès, si inséparablement liés à ceux de la civilisation elle-même.

Le chauffage direct au bois, à la houille et au charbon de bois, l'éclairage par combustion directe d'un nombre limité de substances solides ou liquides, auraient formé, au commencemen de ce siècle, tout l'apanage de la classe IX, que Son Altesse Impériale a visitée avec tant d'intérêt. Aujourd'hui les grands appareils de chauffage par circulation d'eau chaude, de vapeur ou d'air chaud, sont exploités d'une manière pour ainsi dire habituelle dans la plupart de nos grands établissements industriels, scientifiques et sanitaires. L'éclairage par les corps solides s'est, d'un autre côté, enrichi des procédés de fabrication de l'acide stéarique, auxquels l'on doit d'avoir pu extraire du suif une matière en tout comparable à la cire. Différents liquides ont été également employés à l'éclairage, entre autres l'huile de schiste, cette curieuse substance oléagineuse, produit de la distillation d'un minéral plus dur et moins friable que la houille. Enfin, la houille elle-même, et beaucoup d'autres corps solides, servent couramment à la fabrication de ce gaz, qui, obtenu et manipulé désormais loin de l'intérieur des villes, n'en continue pas moins à circuler dans les nombreuses canalisations qui permettent à chaque habitant, au moyen du vulgaire et économique procédé d'un robinet, de se procurer la quantité, l'intensité et la durée de lumière dont il a besoin. Et telle est la simplicité de cette production, que tous les efforts de l'industrie, efforts inévitablement couronnés de succès, tendent aujourd'hui à obtenir de la même façon la chaleur nécessaire à tous les usages hygiéniques, alimentaires ou industriels de la vie publique et domestique.

Nous ne parlons pas ici de la lumière électrique, ce curieux et incomparable phénomène, si simplement produit par l'interruption d'un courant électrique rencontrant dans son parcours un intervalle de quelques millimètres aux extrémités duquel deux pointes de charbon ont été mises en présence. Peut-être, s'il faut en croire quelques savants, la lumière électrique n'a-t-elle point donné encore tout ce qu'on était en droit d'attendre d'elle; et cependant rien de plus ingénieux et de plus remarquable que les combinaisons successives par lesquelles on arrive à faire que ces deux pointes de charbon se maintiennent d'elles-mêmes à une distance toujours uniforme, en dépit du transport presque continuel, et pour ainsi dire nécessaire, de quelques-unes de leurs particules de l'une à l'autre des deux pointes.

Au nombre des produits sur lesquels l'attention de Son Altesse Impériale a été plus particulièrement arrêtée, figure, dans la galerie des machines, un grand appareil employé à la manutention des tabacs et spécialement destiné à opérer d'une manière régulière la torréfaction de toutes les substances qui doivent être soumises à cette opération; l'alimentation est constante, la matière, conduite par des hélices, se meut avec une régularité mathématique, et s'échappe avec non moins de précision, de façon que l'opération s'exécute invariablement et toujours à coup sûr. Un régulateur, dans lequel la dilatation d'une certaine masse de mercure fait d'elle-même manœuvrer une vanne, répond d'ailleurs d'une uniformité parfaite dans le foyer lui-même.

Un peu plus loin, le Prince a examiné un spécimen des opérations, déjà vulgarisées en France, à l'aide desquelles on parvient à utiliser pour le chauffage de la vapeur les torrents de gaz chauds qui s'échappent des hauts-fourneaux et des fours métallurgiques. La chaleur ainsi obtenue est telle, que dans la plupart de nos usines à fer la force motrice, presque toujours immense, est entièrement réalisée sans aucune dépense supplémentaire de combustible. La science moderne a fait peu de découvertes aussi fondamentales que celle-là, et les deux appareils que nous venons de mentionner semblent résumer en eux les deux grands principes qui doivent présider à la production de la chaleur dans les arts industriels : économie dans les moyens générateurs, régularité dans l'emploi.

Le chauffage et la ventilation des édifices publics ont produit plusieurs systèmes, objets d'expériences comparatives du plus grand intérêt. L'hôpital la Riboisière, par exemple, se compose de deux parties, entièrement symétriques, dotées chacune d'appareils différents : le chauffage par circulation d'eau chaude agit d'une part par aspiration, tandis que, dans l'autre partie de l'édifice, l'emploi de la vapeur est utilisé par l'insufflation de l'air extérieur dans les salles. Il y a une étude fort curieuse à faire, des avantages et des inconvénients de chaque système, soit pour la ventilation d'hiver, soit pour celle d'été : tantôt il faut chauffer et ventiler tout à la fois, et alors le système à l'eau chaude remplit son office de la manière la plus complète; tantôt il faut seulement ventiler, et l'autre système donne alors des résultats plus pratiques et plus appréciables.

M. Chevalier, fabricant à Paris, par un procédé qui lui est particulier, a appliqué ce système au chauffage des serres et orangeries.

L'Angleterre et surtout la Prusse se sont préoccupées de la construction des appareils de chauffage par le gaz; non que ce mode de production de chaleur fût par lui-même plus économique qu'aucun autre, mais il se prête à une plus grande facilité d'applications et de mise en œuvre. De plus, le gaz s'allume et s'éteint à volonté, tandis que, lorsqu'une certaine quantité de charbon a été mise en combustion, il faut absolument que cette combustion s'achève; de là résulte en faveur du gaz une économie qui, dans bien des cas, peut établir une compensation en rapport avec le surcroît des dépenses qu'entraînerait, pour un chauffage continu, l'emploi du combustible gazeux.

En Prusse, des fourneaux de cuisine de toutes dimensions sont disposés pour utiliser de cette façon la flamme d'un bec de gaz qui vient déboucher dans une sorte de petit entonnoir où, après s'être mélangé avec une certaine quantité d'air, il traverse une toile métallique qui épanouit la flamme et sur laquelle repose l'objet que l'on veut soumettre à son action. En Angleterre, le gaz employé pour foyer ouvert brûle au milieu d'une certaine quantité d'asbeste ou d'amiante, et imite jusqu'à un certain point le feu ordinaire, ces substances donnant à la lumière l'intensité que procure toujours l'intervention, dans la flamme, de corps étrangers.

Une industrie nouvelle encore, mais déjà fort importante, et qu'en raison de l'amélioration réelle qu'elle procure aux populations laborieuses le Prince devait naturellement encourager, est celle des charbons moulés avec une quantité plus ou moins grande d'argile. Ces charbons, qui utilisent avec avantage des débris jusqu'alors sans valeur, sont admirablement appropriés aux besoins de l'économie domestique; lorsqu'un morceau de ces charbons est allumé, il se consume, fût-il absolument isolé, jusqu'à complet épuisement, assurant ainsi un feu plus lent, égal et continu pendant un temps considérable. Ce charbon est aussi parfaitement approprié aux usages des laboratoires.

La lampisterie française a une réputation européenne, et il est remarquable de voir comment, après avoir fait appel, dans la lampe de l'inventeur Carcel, aux appareils mécaniques compliqués, nos industriels sont presque tous revenus à l'emploi plus économique et plus simple de la lampe-modérateur. C'est donc plutôt au point de vue de la forme que les produits exposés devraient être examinés, et cette question appartiendrait à une autre classe de produits. La science pure a pourtant quelques innovations à signaler ici encore. Ainsi l'un des principaux constructeurs de Paris a réalisé une amélioration importante en prolongeant la durée de l'action du ressort, en portant au double de ce qu'il était précédemment le temps pendant lequel la lampe n'a pas besoin d'être remontée. Un autre a trouvé un moyen terme : sa lampe sonne d'elle-même quand le remontage devient nécessaire. Au reste, la collection de lampes exposées au Palais de l'Industrie est aussi complète que curieuse; on y voit toutes les formes et tous les procédés, depuis la modeste et utile invention qui, pour l'économie, arrive à remplacer la chandelle, jusqu'à la lampe-phare, qui équivaut à 250 bougies et au-dessus. Nous ne parlons pas, bien entendu, des formes, des métaux et des industries diverses qui concourent à la fabrication des lampes, comme objets d'art et d'ameublement; il ne sagit ici que de la question d'éclairage.

Ceci nous amène naturellement à parler d'une des plus grandes inventions du siècle, due à un homme de génie qu'on n'a point assez honoré dans notre pays, car la découverte des phares est toute française.

Ce fut en 1819 qu'Augustin Fresnel inventa les phares lenticulaires.

L'idée première de la substitution des *disques échelonnés* aux lentilles à surfaces continues appartient à Buffon; Condorcet avait, de plus, indiqué, dans son *Éloge de Buffon*, la séparation des zones concentriques, comme moyen de rendre ce système exécutable. Cependant Augustin Fresnel, après avoir renouvelé cette idée (qu'il tirait de son propre fonds), sut se l'approprier : premièrement, en en tirant parti pour corriger l'aberration de sphéricité dans les anneaux; deuxièmement, en appliquant ces lentilles à l'éclairage des phares, application à laquelle ni Buffon ni Condorcet ne paraissent avoir songé; et troisièmement, par ses études, ses méthodes, son talent et ses moyens d'exécution.

Les profils générateurs imaginés par Augustin Fresnel sont de deux sortes : le profil *dioptrique*, qui renvoie les rayons lumineux par réfraction; le profil *catadioptrique*, qui opère par réflexion totale sur une des faces du prisme, et par réfraction sur les deux autres. Ils sont disposés dans les phares de manière à réunir tous les rayons lumineux émanés du foyer, et à les projeter tous sur la surface de la mer.

Les phares présentent divers caractères distinctifs, afin que les navigateurs ne puissent les confondre.

Il y a des phares *à feu fixe;* — les phares *à éclipses,* qui se distinguent entre eux par les intervalles qui séparent les apparitions lumineuses; — les phares *à feu fixe, varié par des éclats.*

La coloration en rouge est employée en outre comme moyen accessoire de distinction.

Les phares sont divisés en quatre ordres, suivant leur portée : la portée des phares de premier ordre varie de 20 à 30 milles marins; celle des phares de deuxième ordre, de 15 à 18 milles; celle des phares de troisième ordre, de 12 à 15 milles; celle des phares de quatrième ordre n'est que de 4 à 12 milles.

L'éclairage des côtes de France, qui est presque complet aujourd'hui, est une opération toute récente. Notre littoral maritime, dont le développement est de plus de 300 myriamètres, n'offrait aux navigateurs, en 1825, que quinze phares de 10 à 12 milles marins de portée, et vingt petits feux d'entrée de port. Nos côtes sont éclairées aujourd'hui par TRENTE-NEUF phares de premier ordre, CINQ phares de second ordre, SEIZE phares de troisième ordre, et CENT TRENTE-HUIT feux de port ou phares de quatrième ordre; en tout, CENT QUATRE-VINGT-DIX-HUIT phares.

Les dépenses faites pour leur établissement s'élèvent à environ douze millions.

Toutes les puissances maritimes ont adopté nos appareils d'éclairage, et toutes, sauf l'Angleterre depuis un petit nombre d'années, tirent de France les appareils qu'elles emploient.

Plus de deux cents phares lenticulaires ont été livrés aux puissances étrangères par nos ateliers de construction, fondés à Paris. Cette industrie, qui est prospère et emploie un grand nombre d'ouvriers, compte deux établissements très-remarquables : celui de M. Henri Lepaute, et celui de M. Sautter, qui exécutent sous la direction des ingénieurs de l'État. Le service des phares est dirigé par M. Léonce Reynaud, ingénieur en chef, directeur des ponts et chaussées.

En résumé, la fabrication des appareils lenticulaires constitue une industrie éminemment nationale, dont presque toutes les puissances maritimes sont tributaires. L'invention de ces appareils, due à un ingénieur français, encouragée et développée par l'administration publique, porte à un très-haut degré l'empreinte de la nature particulière de notre esprit et de nos tendances générales, car elle a été déduite de considérations d'ordre purement scientifique, conçue en dehors de toute spéculation privée, en vue des intérêts généraux, et classée immédiatement au nombre des plus bienfaisantes pour l'humanité. Elle est un de nos titres les moins contestés à la reconnaissance des peuples civilisés, et le gouvernement actuel peut assumer pour lui la presque totalité de cette reconnaissance.

Le Prince, après avoir de nouveau examiné le phare du ministère du commerce, construit par M. Lepaute, sous la direction de MM. Reynaud et Degrand, et qui fonctionne au sommet de la tour qu'on lui a élevée dans le transsept; les autres phares du même M. Lepaute, ceux de M. Sautter, et enfin le phare à feu fixe de MM. Chance frères, de Birmingham, a procédé à l'examen des appareils et machines se rattachant à l'emploi de l'électricité.

De toutes les applications de l'électricité, la plus féconde et la plus extraordinaire dans ses résultats est sans aucun doute celle du télégraphe électrique. Quoi de plus merveilleux, en effet, que cette découverte qui, dans un intervalle de quelques secondes, met en communication les points les plus éloignés des deux continents? Quoi de plus surprenant que cette force électrique dont la vitesse aujourd'hui obtenue dépasse 100,000 kilomètres par seconde? Ce chiffre est, sans exagération aucune, la mesure de la transmission courante des dépêches télégraphiques.

Quel que soit le système de construction des appareils télégraphiques, le but est toujours de reproduire sur une station d'arrivée plus ou moins éloignée les signaux qui sont faits à une station de départ. Le principe sur lequel repose cette transmission est partout le même. On sait que, quand un courant électrique parcourt un fil enroulé autour d'un morceau de fer doux, le courant donne au fer la propriété temporaire d'agir absolument à la manière d'un aimant, mais que ce métal, que l'on appelle dans ce cas une armature, perd cette propriété aussitôt que le courant cesse de traverser le fil.

Si l'on imagine qu'une petite pièce de fer, placée dans le voisinage de l'armature, soit constamment repoussée par un ressort, il est évident que, pour peu que l'action du courant devienne prépondérante, la pièce sera attirée pendant toute la durée de cette action, et repoussée ensuite par le seul fait du ressort, lorsque le courant cessera d'opérer. Tel est le moyen à l'aide duquel on peut obtenir à distance, par le seul intermédiaire d'un fil, des mouvements indéfiniment répétés, dans deux sens opposés, à la seule condition d'interrompre ou de laisser circuler le courant par intervalles.

Une pile galvanique, c'est-à-dire un générateur de courant, étant mise en communication avec le fil télégraphique, le courant se transmettrait d'un bout à l'autre de la ligne si le fil retournait ensuite à la station de départ pour compléter le circuit; mais, le globe même que nous habitons pouvant être considéré comme un corps suffisamment conducteur de l'électricité, l'expérience a montré qu'il suffisait de mettre le fil, après la circulation entre les deux stations extrêmes, en communication par ses deux extrémités avec le sol.

Un télégraphe, considéré dans son ensemble, se compose d'un fil ainsi disposé, dans le parcours duquel on a introduit une pile en un point quelconque, et à chaque station une armature et un appareil qui prend le nom de *manipulateur*, et qui a pour mission d'interrompre ou de laisser passer le courant.

Ce manipulateur peut prendre diverses formes, qui dépendent surtout de la nature des signes à l'aide desquels on se propose de transmettre les dépêches.

Mais il ne suffit pas d'obtenir à la station d'envoi une série de mouvements de l'indicateur; il faut que ces mouvements puissent être observés, et que les signes qu'ils représentent soient parfaitement lisibles pour l'employé qui reçoit la dépêche. Dans les télégraphes à cadran, l'apparition d'une lettre à la station du départ fait apparaître le même signe à la station d'arrivée : le mouvement de l'un des cadrans entraîne nécessairement le mouvement identique de l'autre, et si l'on fait passer dix lettres sur l'un d'eux, il en passe dix aussi sur l'autre.

Les télégraphes à cadran sont maintenant remplacés presque partout par des télégraphes *écrivants*. Celui de M. Froment est de tous le plus facile à comprendre. Supposons, en effet, qu'une feuille de papier sans fin se meuve, à l'aide d'un appareil d'horlogerie, sous un crayon fixé à la pièce mobile : chaque mouvement de crayon sera marqué sur le papier par une dentelure, tandis que, si le crayon fût resté fixe, la ligne tracée eût été absolument droite. Des dentelures plus ou moins nombreuses entre deux portions rectilignes indiquent donc qu'un nombre plus considérable de mouvements de *va-et-vient* ont été exécutés par le crayon; et, si ce nombre représente une lettre convenue d'avance, on voit que cette lettre aura été très-exactement transmise. Et non-seulement le signe est reproduit, mais il laisse encore une trace permanente de son passage, une trace *écrite*. Tel est le principe général des télégraphes écrivants, à cela près que, dans ceux de Morse, par exemple, qui sont maintenant généralisés en Europe, les signes successifs se composent de lignes ou de points plus ou moins nombreux tracés par un poinçon sur une feuille de papier qui se déroule; la longueur des lignes et l'espacement des points qui sont ainsi *gravés* sur le papier suffisent à la transmission de toutes les correspondances possibles.

Le télégraphe de Gintl est fondé sur le même principe, mais il opère d'une façon toute nouvelle et fort remarquable, qui consiste dans l'envoi simultané de deux dépêches en sens contraire, par le même fil. L'explication théorique de cette double action n'est pas encore parfaitement établie, mais le fait est tout à fait hors de doute. Son Altesse Impériale s'en est assurée elle-même sur l'un des télégraphes exposés par la Prusse. L'introduction dans le circuit de piles locales, dont l'état d'équilibre se trouve troublé toutes les fois que le fil est saisi par le courant de la station expéditionnaire, paraît cependant être la cause principale de cette double circulation, qui a été, ainsi que nous allons le voir, fort habilement réalisée en Suisse.

L'Angleterre et la France peuvent revendiquer une grande part dans cette découverte moderne, l'une des plus importantes, si ce n'est la plus considérable du siècle, et à propos de laquelle il suffit de citer le nom de M. le professeur Wheatstone, en ce moment l'un des présidents du jury international, pour rappeler les services qui ont été rendus par l'Angleterre à cette grande invention.

Mais c'est surtout la Suisse dont les appareils télégraphiques ont fixé l'attention de Son Altesse Impériale. Déjà S. M. l'empereur Napoléon III, dans une de ses visites à l'Exposition, les avait visités avec le plus grand intérêt; ils ont été présentés à Son Altesse Impériale par M. Élie Warthmann, professeur de physique à l'Académie de Genève, qui remplit les fonctions de membre du jury et de commissaire fédéral.

La Suisse est de tous les pays celui qui, proportionnellement à son étendue, offre le réseau le plus complet de communications télégraphiques. La création de ce réseau est même fort intéressante. Après la guerre du Sunderbund, le conseil fédéral s'adressa aux citoyens pour en obtenir les fonds nécessaires à l'établissement des télégraphes électriques. Aussitôt les principaux centres de population souscrivirent pour une somme d'environ trois cent mille francs, qu'ils prêtèrent sans intérêt, et dont le remboursement sera prochainement effectué à l'aide des bénéfices de l'entreprise. Les lignes sont presque toutes à un seul fil, et le prix d'une dépêche est d'un franc pour trente mots, quelle que soit la distance, à l'intérieur de la Confédération.

On sait combien le sol helvétique a de reliefs divers. Il s'agissait d'établir des stations au fond des plaines et sur les cols des plus hautes montagnes, où règne un hiver perpétuel. Il fallait tenir compte des vallées, des torrents, et cela dans des lieux où il n'existe pas de chemins de fer et où l'on ne rencontre que précipices : toutes ces difficultés ont été vaincues, et depuis 1851 le télégraphe fonctionne en Suisse avec une régularité qui ne laisse rien à désirer. C'est, en grande partie, à M. Steinheil que ce beau travail est dû.

Les appareils choisis par l'administration sont ceux de Morse : ils diffèrent essentiellement des appareils employés en France, en ce qu'ils impriment, ainsi que nous l'avons dit, les dépêches, et laissent ainsi une trace ineffaçable de la manière dont ils ont fonctionné. L'impression s'effectue de la manière la plus simple, dans un alphabet de convention formé de points et de traits. Supposons, par exemple, que A soit représenté par . ; que M soit représenté par —, et I par '' : le mot *ami* s'écrira .—''. Telle est l'habitude acquise par les employés suisses, que la différence des sons produits par le *style*, suivant qu'il trace des points ou des traits, leur suffit pour connaître la dépêche, sans avoir besoin de jeter les yeux sur le papier où elle est inscrite. L'envoi de la dépêche s'effectue à l'aide d'un manipulateur nommé *levier*, qui sert à mettre, pendant des instants de durée inégale, la pile dans le circuit. Cette pile est formée d'éléments microscopiques ; le zinc est un petit barreau non amalgamé, qui plonge dans un cylindre de terre poreuse, gros comme un dé à coudre. Celui-ci est renfermé dans un verre de la dimension d'un verre à liqueur. Quatre de ces éléments suffisent à télégraphier d'un bout à l'autre du pays, par exemple, de Genève à Saint Gall, à une distance de plus de 360 kilomètres ; l'entretien de chacun d'eux ne coûte pas plus de 1 fr. 50 c. par an.

On avait cru longtemps que le courant produit par ces petites batteries n'était pas suffisant pour vaincre les résistances mécaniques de l'appareil à écrire. On avait donc établi dans chaque station des *relais* destinés à venir en aide à ce courant au moyen d'une pile locale de plus grandes dimensions.

M. Hipp, chef de l'atelier fédéral de construction des télégraphes de Berne, a commencé par perfectionner ces relais en substituant la différence d'action de deux ressorts à la tension d'un ressort unique. Puis il parvint à se passer de relais, et il exposa un appareil de Morse dont l'électro-aimant et le mécanisme moteur étaient tels, qu'il remplissait les deux fonctions. Enfin, cet habile mécanicien alla plus loin encore, et finit par construire les *télégraphes militaires*, une des curiosités les plus intéressantes de l'Exposition. Ces télégraphes, que M. Warthmann a eu l'honneur de faire fonctionner devant l'Empereur et devant le prince Napoléon, sont contenus dans une petite caisse du poids de 4 à 5 kilogrammes, et consistent en une pile, une alarme, une clef pour transmettre une dépêche, et un appareil qui reçoit et imprime la réponse sur un papier sans fin qui se déroule avec la vitesse convenable et dont il existe une ample provision. La pile est construite de manière à agir dans toutes les positions de la caisse. Celle qui a servi aux expériences avait été envoyée toute chargée de Berne et avait voyagé par la diligence. Ces télégraphes ont été acquis par le Conservatoire impérial des Arts-et-Métiers.

M. Hipp expose aussi un chronoscope électro-magnétique, imaginé par M. Wheatstone, qui permet d'évaluer la millième partie de la seconde. Cet appareil a été mis à profit depuis longtemps par la direction fédérale de l'artillerie pour des séries d'essais sur la vitesse des projectiles et sur les qualités des poudres de guerre. On l'emploie, avec un petit mécanisme additionnel, pour étudier les lois de la chute des corps, même pour des hauteurs dont la plus considérable est d'un centimètre.

M. le professeur Warthmann a aussi placé sous les yeux du prince Napoléon l'appareil à l'aide duquel il a résolu le problème de faire passer *simultanément* deux dépêches télégraphiques, en sens inverse, dans le même fil. La solution de ce problème est du plus haut intérêt pour la télégraphie sous-marine, qui ne peut avoir à son service qu'un nombre de fils très-restreint. Elle n'est pas moins importante pour les pays qui, tels que la Suisse et la Sardaigne, n'ont guère qu'un fil de jonction entre la plupart de leurs stations télégraphiques. M. Warthmann a obtenu ce résultat en substituant à l'état de repos ordinaire des relais ou des électro-aimants un état d'équilibre qui est troublé quand ils sont parcourus par le courant de la station expéditionnaire.

Quand les deux stations échangent une correspondance simultanée, les courants qu'elles s'adressent dans le même fil s'ajoutent ou se neutralisent. Dans ce dernier cas, c'est le courant auxiliaire de la station de réception qui imprime la dépêche. Ajoutons que MM. Gintl, Siemens et Edland ont exposé des appareils analogues, mais qui diffèrent de celui de M. Warthmann en ce que, dans celui-ci, un seul élément de pile doit être ajouté au nombre des couples nécessaires à la transmission de la correspondance, dans l'état actuel.

L'Angleterre et la Prusse complètent cette exhibition curieuse en exposant, l'une dans la galerie du Palais central, et l'autre dans l'Annexe, des collections fort remarquables de câbles sous-marins.

---

# DIXIEME VISITE

## CLASSE X

### ARTS CHIMIQUES, TEINTURES ET IMPRESSIONS, INDUSTRIES DES PAPIERS, DES PEAUX, DES CAOUTCHOUCS, ETC.

TOUTES LES PAROIS LATÉRALES DE L'ANNEXE. — IDEM, GALERIE SUPÉRIEURE DU COTÉ DU QUAI, A, DE LA PILE 44 A LA PILE 65.

Produits chimiques. — Corps gras, résines, essences, savons, vernis et enduits divers. — Caoutchouc et gutta-percha. — Cuirs et peaux. — Papiers et cartons. — Blanchiment, teintures, impressions et apprêts — Encres et crayons. — Tabacs, opiums et narcotiques divers.

MEMBRES DU JURY :

MM.

**DUMAS**, *président*, membre de la Commission impériale, des jurys des Expositions de Paris (1849) et de Londres (1851), sénateur, membre de l'Académie des Sciences, professeur de chimie à la Faculté des Sciences, membre du Conseil général d'agriculture, président de la Société d'encouragement. FRANCE.

**THOMAS GRAHAM**, F. R. S., *vice-président*, membre correspondant de l'Institut, l'un des vice-présidents et rapporteurs du jury en 1851. ANGLETERRE.

**BALARD**, membre des jurys des Expositions de Paris (1849) et de Londres (1851), membre de l'Académie des Sciences, professeur de chimie au Collége de France et à la Faculté des Sciences de Paris. FRANCE.

**PERSOZ**, membre des jurys des Expositions de Paris (1849) et de Londres (1851), professeur de teinture, blanchiment et apprêt au Conservatoire impérial des Arts-et-Métiers. FRANCE.

**FAULER**, membre des jurys des Expositions de Paris (1849) et de Londres (1851), ancien fabricant, membre de la Chambre de commerce de Paris. FRANCE.

**KUHLMANN**, membre correspondant de l'Académie des Sciences, fabricant de produits chimiques, président de la Chambre de commerce de Lille. FRANCE.

**DE CANSON** (Étienne), fabricant de papiers, à Annonay. FRANCE.

**WURTZ**, *secrétaire*, professeur de chimie à la Faculté de médecine de Paris. FRANCE.

**SCHLŒSING**, *secrétaire*, ancien élève de l'École polytechnique, inspecteur des manufactures de tabacs. FRANCE.

**PAUL THÉNARD.** FRANCE.

**WARREN DE LA RUE,** F. R. S., un des rapporteurs du jury en 1851. ANGLETERRE.

**STAS,** membre de la classe des Sciences de l'Académie royale de Belgique, professeur de chimie à l'École militaire. BELGIQUE.

**LE DOCTEUR VERDEIL,** chimiste. SUISSE.

**ÉMILE SEYBEL,** chimiste, membre de la Chambre de commerce de Vienne, membre du jury de Munich en 1854. AUTRICHE.

**SCHIRGES,** secrétaire de la Chambre de commerce de Mayence. GRAND-DUCHÉ DE HESSE.

**J. M. D'OLIVEIRA PIMENTAL,** député, professeur de chimie à l'École polytechnique de Lisbonne. PORTUGAL.

**FRÉDÉRIC LANG-GORES,** tanneur, à Malmedy. PRUSSE.

**STEINBACH** (Henry), fabricant de papiers, à Malmédy (Prusse-Rhénane). PRUSSE.

La première visite de S. A. I. le prince Napoléon aux produits de la dixième classe (*Arts chimiques*) a été une des plus intéressantes, non-seulement par la nature et la diversité des produits qu'elle renferme, mais aussi par les expériences curieuses qui ont été faites, séance tenante, par M. Dumas, l'illustre professeur de chimie à la Faculté des sciences.

La dixième classe comprend les *produits chimiques*, les *cuirs*, le *caoutchouc*, le *papier*, les *savons*, les *couleurs*, le *tabac*, etc. Au premier abord, cette classe n'a rien d'attrayant pour l'œil, rien qui frappe par la forme, le brillant des couleurs, l'harmonie des tons; elle n'a pas l'attrait d'une machine qu'un souffle de vapeur ou une masse d'eau va animer; elle n'a même pas l'apparence somptueuse des riches collections agricoles ou métallurgiques, qui promettent la richesse et la puissance aux nations.

Dans la dixième classe, on ne voit la matière ni à sa source ni à sa fin; elle est dans un état de transition qui n'annonce ni ce qu'elle a été ni ce qu'elle sera. Il faut toute la puissance d'une imagination exercée, d'un œil qui sait prévoir, pour deviner dans ces bocaux, sous ces cuirs, dans ces cristaux, ces huiles, ces couleurs, ces caoutchoucs, ces papiers, ces vernis, la source féconde, la source savante, la source inépuisable où chaque industrie viendra chercher des produits, des agents et des lumières !

La connaissance des méthodes que les sciences chimiques mettent en œuvre est plus récente encore que celle des lois physiques dont nous avons passé en revue les applications principales, et cependant les progrès des arts chimiques sont bien plus frappants depuis que la théorie a pu remplacer une routine aveugle.

On peut dire que le commencement de ce siècle a été pour la chimie le point de départ d'une ère nouvelle, dans laquelle les prodiges déjà accomplis ne permettent pas de mesurer ce que l'avenir nous réserve.

Au point de vue industriel, les progrès ont été immenses : les procédés de blanchiment par le chlore, la fabrication de la soude artificielle, la découverte des acides gras obtenus par saponification ou par distillation, ont été suivis d'améliorations importantes dans toutes les branches : la métallurgie, la teinture, l'art de l'impression, la galvanoplastie, la photographie; la fabrication de la gélatine, la fabrication des papiers, les procédés du tanneur et du corroyeur, ont obtenu de nouvelles ressources par l'emploi de nouveaux agents. Le caoutchouc s'est transformé sous l'action du soufre de manière à doter l'industrie d'une substance nouvelle, appliquée déjà dans de nombreuses industries ; toutes les découvertes du siècle, en un mot, reposent plus ou moins sur quelque application des vraies théories chimiques.

Au point de vue purement scientifique, la découverte d'un grand nombre de nouvelles combinaisons, l'isolement de plusieurs corps simples, particulièrement des métaux alcalins, la liquéfaction et la solidification de certains gaz, l'initiation plus complète du chimiste dans les secrets de la vie végétale et de la vie animale, ne sont en quelque sorte que des citations faites au hasard au milieu des faits si nombreux qui se sont dévoilés de la manière la plus inattendue.

Le Prince s'est arrêté d'abord devant la vitrine de M. Kuhlmann, membre du jury, qui a eu l'honneur d'entretenir Son Altesse Impériale des applications variées que reçoit aujourd'hui le silicate de potasse. Ce produit, que M. Kuhlmann fabrique sur une grande échelle, en calcinant dans un four du sable avec de la potasse, se dissout dans l'eau et constitue ce qu'on appelait autrefois la liqueur des cailloux. Il possède la singulière propriété de durcir en très-peu de temps les pierres calcaires les plus poreuses et les plus friables qui en sont imprégnées. Les échantillons que M. Kuhlmann a mis sous les yeux du Prince ne laissent aucun doute à cet égard. Ses procédés ont déjà reçu la sanction de l'expérience, tant en France qu'en Angleterre et en Allemagne, et sont appliqués dans ce moment au durcissement des statues du Louvre. On comprend toute l'importance qu'ils présentent au point de vue de la conservation des statues, des ornements d'architecture, des monuments et même des constructions en général. M. Kuhlmann a d'ailleurs appliqué le silicate de potasse à d'autres usages, notamment à la peinture à fresque, à la peinture sur verre et sur bois, et même à l'impression sur papier et sur étoffes.

M. Dumas avait fait préparer quelques expériences du plus grand intérêt: la liquéfaction du protoxyde d'azote, corps ordinairement gazeux, qui, en se volatilisant à l'air libre, produit un froid si intense que le mercure gèle, et qu'il devient possible de le marteler comme du plomb. Ce gaz jouissant de la propriété d'entretenir pur l'oxygène qu'il contient, il est vraiment curieux de voir un charbon enflammé nager à la surface du liquide à quelques millimètres de distance du mercure solidifié.

L'acide carbonique solide a de même été préparé devant

Son Altesse Impériale, ainsi que ce nouvel état du graphite, qui, après avoir été soumis à un traitement par les acides, jouit de cette propriété remarquable d'acquérir, en se pulvérisant, un volume plus que décuple de son volume primitif.

Naguère les marais salants ne donnaient qu'un seul produit : le sel marin. Les eaux au sein desquelles il avait pris naissance, celles que les chimistes appellent les eaux mères, étaient rejetées ; elles sont aujourd'hui conservées avec soin ; et, par des réactions que le froid de l'hiver peut seul opérer, elles livrent abondamment au commerce du sulfate de soude, si utile dans les arts ; du chlorure de magnésium d'où l'on tire, presque pour rien, un acide puissant, une base indispensable en médecine, et qui permet aux ciments de résister à l'action des eaux de la mer ; des sels de potasse qui, transformés en salpêtre, servent aujourd'hui à soutenir une noble cause, à défendre l'honneur de nos drapeaux[1].

Une habile observation a fait découvrir qu'à un certain degré de saturation l'eau de mer favorise la végétation d'une mousse verte et épaisse dont le germe ne s'éteint jamais. Aussitôt le chômage de l'hiver est utilisé, dans les marais salants, pour y produire cette mousse, et quand l'été revient, quand la fabrication du sel recommence, ce n'est plus sur un fond de vase, mais sur un tapis vert, épais, propre, imperméable, qu'elle s'opère. Plus d'infiltrations onéreuses alors, plus de sels salis par les immondices : tout à la fois le produit augmente en qualité et en quantité.

La médecine et la photographie réclament de l'iode et des iodures en très-grandes quantités : la mer est inépuisable. De nouvelles fabriques, heureuses rivales des anciennes, s'établissent sur des points très-divers, où elles vont porter le travail et l'aisance à des populations jusque-là malheureuses,

[1] M. Balard.

et l'iode et les iodures abondent à des prix modérés. Où cet élan s'arrêtera-t-il? Que la consommation le réclame, et le brome, ce corps si actif, si dense, si facile à transporter, viendra avec avantage remplacer le chlore dans beaucoup d'industries. C'est encore la mer qui fournit les matières premières ; c'est le génie français qui a su les y découvrir[1]!

L'acide sulfurique, cette arme puissante de l'industrie, était à un prix trop élevé ; le soufre, d'ailleurs, qui en forme la base, se tirait uniquement de Sicile ; de là un monopole nuisible à la fabrication ; aujourd'hui les pyrites, autrefois inutiles, sont recherchées avec soin ; de grandes fabriques les emploient exclusivement ; l'acide sulfurique, le soufre lui-même, sont au prix le plus réduit[2].

Depuis longtemps, le procédé Leblanc, dont la France regrette la fin si misérable[3], a passé nos frontières; nous n'avons plus le monopole de la soude artificielle : l'Angleterre, l'Autriche, la Prusse, la Belgique, le Portugal, la produisent en masses considérables; mais déjà de nouveaux Leblanc ont apparu, dignes émules du maître; leurs tentatives sont couronnées des plus heureux succès.

Cependant, à peine avons-nous fait quelques pas dans le domaine de la dixième classe, que déjà les applications surabondent! Voici :

L'acide chlorhydrique, d'où l'on extrait le chlore indispensable dans l'art du blanchiment ; l'acide nitrique, l'eau régale, ces dissolvants si puissants des métaux ;

Les savons, la richesse de Marseille, produits utiles, indispensables, et d'autant plus curieux, que leur marbrure indique l'honnêteté de leur fabrication ;

Les verres de toute nature, ces belles glaces, ces lustres

[1] Courtois a découvert l'iode, et Balard le brome.

[2] Pyrites cuivreuses de Chessy.

[3] Leblanc est mort dans la plus extrême misère.

éblouissants qui surprennent les visiteurs des grands palais;

Ces puissantes lunettes qui nous révèlent dans les cieux des mondes jusqu'ici ignorés;

Ces phares qui dans les nuits obscures guident nos navires près des côtes, dérivent tous des réactions du sel marin et de l'acide sulfurique.

Mais le temps presse, d'autres merveilles nous appellent.

Voilà le noir animal, cet auxiliaire actif qui a permis à l'Europe de dérober le plus riche produit aux contrées de l'équateur : le sucre! cette conquête éternelle de l'agriculture et de la science, que notre grand Empereur n'a pu que commencer et n'a pu finir!

Des gélatines si fines, si transparentes, qu'elles viennent remplacer la colle de poisson, si rare et si chère.

Les prussiates de potasse, d'où l'on tire des bleus rivaux de l'indigo, ainsi que l'agent le plus utile dans la dorure par voie humide.

Le phosphore, qu'un savant autrichien, de dangereux a rendu innocent : plus d'incendie alors par les allumettes phosphorées ; bien plus, il a cessé d'être un violent poison.

Plus loin, la Toscane nous offre son borax avec le spécimen de sa fabrication. « Vainement, a dit le Prince, on cherche le foyer de la chaudière; il est absent, il est resté là où la nature elle-même a pris soin de le fixer : c'est la flamme qui sort des flancs de l'Apennin, qui entretient cette éternelle chaudière. »

Voici les États de l'Église avec leurs pyramides d'alun.

C'est encore la dixième classe qui prête à ces étoffes presque sans valeur ces délicieuses couleurs tant et si justement admirées.

Ces brillantes paillettes aux reflets verts et métalliques, c'est le carthame pur : à côté sont des échantillons de soies teintes avec cette belle matière. La gamme en est riche et bien graduée : mais, par un phénomène très-fréquent, la couleur n'est plus verte, elle est du rose le plus pur et le plus tendre. C'est un chardon vulgaire qui donne ce précieux produit.

Ces riches violets sont fournis par un triste lichen, un lichen incolore : c'est l'orcine pure de notre Robiquet, mais qu'un procédé nouveau, ingénieux, inattendu, vient de faire passer des sphères abstraites de la science dans le domaine de l'industrie, produit précieux hier par son prix très-élevé, plus précieux encore aujourd'hui par son extrême bon marché.

Voici l'alizarine, 120 fois plus colorante que la plus riche racine de la garance, où Robiquet encore a su la découvrir. Ces étoffes de brocart, où l'or et l'argent surabondent, n'en contiennent pas un atome : un peu d'un sel grossier, un souffle d'un gaz fétide, et le prestige se produit[1]. L'urine elle-même engendre ces belles couleurs qui font pâlir le carmin le plus éclatant; l'illustre auteur de la murexide reste confondu de cette nouvelle audace de l'industrie[2].

Le soufre si nuisible a disparu du coke; un peu de sel marin ajouté à la houille suffit pour opérer cette merveilleuse action. Les fontes aussitôt deviennent plus pures, le fer augmente de force dans de singulières proportions.

La fumée du bois, celle de la houille, celle de la tourbe même ont été utilisées de cent manières différentes.

En effet, jetées dans un alambic, ces matières donnent le gaz pour éclairer nos villes, des goudrons propres à remplacer l'asphalte, dont les mines commencent à s'épuiser, des huiles volatiles inoxydables, puissants dissolvants de mille matières diverses, et qu'un illustre chimiste vient d'appliquer à l'art du dégraisseur, sans que jamais les étoffes les plus précieuses soient altérées par son contact; une cire propre à faire des bougies excellentes; la créosote, utile dans l'art de guérir et qui

[1] Calvert, en Angleterre.
[2] Liebig.

prévient toute fermentation putride; un alcool recherché par les arts; l'acide acétique avec lequel on constitue les vinaigres les plus délicats, les mordants pour la teinture les plus indispensables; des sels ammoniacaux enfin, pour lesquels naguère l'Europe payait un lourd tribut à l'Afrique. Un effort encore, et bientôt ces précieux produits, à l'égal du guano, viendront féconder l'agriculture.

Mais pourquoi faut-il que la mort n'ait pas attendu quelques semaines? pourquoi vient-elle de frapper l'inventeur de la distillation du bois, Mollerat, cet homme modeste qui, un jour, enfante une industrie tout entière, une industrie immense, et d'une manière si complète, que quarante ans d'épreuves n'y ont apporté aucun changement? Le monde eût applaudi à la récompense glorieuse que Son Altesse Impériale eût demandée pour cet honorable savant.

---

La deuxième visite de Son Altesse Impériale aux produits de la dixième classe n'a pas été moins intéressante que la première.

Un illustre savant disait dans un discours sur une de nos précédentes Expositions : *On peut mesurer la puissance d'une nation à la quantité de fer qu'elle consomme;* il aurait pu dire aussi : *On peut mesurer la puissance, la richesse, l'industrie, la science et le degré de civilisation d'un peuple à la quantité et à la nature des produits chimiques qu'il prépare.* Aussi ne doit-on pas être étonné de voir plus de deux mille exposants figurer dans la dixième classe.

Son Altesse Impériale a examiné en détail les produits de tous les pays représentés dans cette classe, depuis l'Angleterre, l'Autriche, la Prusse, etc., qui y ont une si large place, jusqu'à la Suède, au Portugal, aux États pontificaux, etc., qui ont tenu à y figurer, et qui tous y figurent par quelque produit remarquable.

Dans ces suifs et ces graisses à l'aspect dégoûtant, à l'odeur nauséabonde, qui soupçonnerait l'origine de ces blanches bougies qui prêtent à nos fêtes leur éblouissante clarté? C'est encore une des merveilleuses transformations que la science et l'industrie ont fait subir à la matière! Un grand chimiste [1], une des gloires de la France, par une opération des plus simples a su en retirer deux acides solides, inodores, aussi blancs que la neige, et qui constituent les bougies stéariques : un acide liquide, précieux pour les fabricants de draps et de savons; une substance liquide encore, sucrée et incolore, dont un jeune chimiste vient de dévoiler les propriétés, variées et remarquables [2].

Cependant l'industrie, sans de grandes dépenses, ne pouvait séparer complétement ces matières, et la bougie, bien souvent trop fusible, manquait de la dureté désirable, lorsque dernièrement un nouvel adepte de la science, à peine entré dans la carrière, découvrait dans l'huile de ricin un alcool nouveau et l'acide sébacique, qui donne aux bougies toutes les qualités qui leur manquaient encore. D'un seul coup il dotait l'industrie d'un agent jusqu'ici négligé, et ouvrait à notre colonie d'Afrique, où le ricin prospère, un nouveau débouché pour son agriculture [3].

Ces nombreux spécimens, d'un bleu éblouissant, sont l'outremer artificiel : il y a vingt-cinq ans, l'Europe consommait deux kilos d'outremer naturel, au prix de 10,000 fr.; il lui en faut aujourd'hui 2,500,000. Cette belle découverte est due à un Français [4].

[1] M. Chevreul. — [2] M. Berthelot. — [3] M. Bouis. — [4] M. Guimet

Les laques aux teintes si fugitives sont devenues solides; l'artiste peut désormais les employer sans crainte[1].

La céruse rivalise avec le blanc de zinc; les procédés les plus sûrs et les plus ingénieux garantissent les ouvriers de ses pernicieux effets, tout en rendant la fabrication plus facile et les produits plus beaux.

C'est toujours au moment de la plus grande détresse que l'on voit faire à l'homme les plus sublimes efforts[2].

A la fin du siècle dernier, la France, en guerre avec l'Europe entière, manquait si complétement de crayons, qu'elle n'en pouvait fournir aux besoins de ses armées. — Aussitôt Conté invente les crayons artificiels, ces heureux rivaux des crayons naturels.

Aujourd'hui les crayons naturels vont disparaître pour toujours; la matière leur manque; les mines du Cumberland ne leur fournissent plus ce précieux minéral, ces blocs de plombagine, où les Anglais n'avaient qu'à tailler pour faire les meilleurs crayons. Brokëdone, l'Anglais dont les sciences, les arts et l'industrie déplorent la fin récente et prématurée, imagine aussitôt de le reconstituer en comprimant dans le vide la poussière de plombagine assez fortement pour en créer de véritables pierres, semblables, si ce n'est supérieures, à celles dont les mines sont épuisées.

Cependant la poussière de plombagine fine va elle-même faire défaut, quand M. Brodies, dont la remarquable expérience a été faite devant Son Altesse Impériale, découvre la méthode d'épurer les mines les plus grossières, et assure ainsi, pour une longue suite de siècles, l'existence des crayons naturels.

Aujourd'hui l'invention de Brokëdone, passée dans le domaine de l'industrie, est représentée à l'Exposition par plusieurs fabricants, ainsi que celle de M. Brodies.

[1] Madame Gobert. — [2] M. Delaunay.

De tous côtés s'étalent les cuirs; industrie difficile et des plus importantes, puisque, pour la France seulement, 160 millions de francs représentent à peine le chiffre de leur fabrication : ici sont les cuirs tels qu'ils sortent des mains du tanneur : six mois, un an, deux ans et même jusqu'à trois ans représentent le temps qu'il faut pour les préparer. Que de recherches vaines la science a tentées pour abréger ces immenses délais ! et, faut-il l'avouer ? rien ne fait présager de meilleurs résultats. Le temps semble l'élément d'une bonne fabrication.

Là sont les cuirs vernis pour chaussures. Cette industrie, d'origine toute française, n'a pas encore vingt-cinq ans; Nys, simple ouvrier, en est le créateur.

Fréquemment on réclame des cuirs peu épais d'une grande dimension : conditions opposées, que jamais aucune peau ne remplit naturellement! On était donc contraint de perdre toute l'épaisseur surabondante. Aujourd'hui, à l'instar du bois, la scie refend les peaux et en utilise toutes les fractions [1].

Le Maroc n'est plus seul à préparer ces cuirs si fins et de couleurs si variées; l'Europe, non contente de lui en avoir dérobé les secrets, le laisse bien loin en arrière [2].

L'étendue des galeries où se déploient les papiers, le nombre des exposants, l'importance des fabriques, en indiquent assez l'immense consommation. La France, qui chaque jour en crée 100 kilomètres, se suffit avec peine; l'Angleterre, la Belgique, l'Allemagne, l'Autriche, la Prusse, l'Espagne, en font énormément.

C'est qu'en effet ce produit si vulgaire se lie étroitement au développement intellectuel des peuples; c'est le propagateur, c'est le commentateur de toute pensée humaine : c'est aussi le papier orné de mille dessins divers qui garnit l'intérieur des plus simples maisons et des somptueux palais.

[1] Plummer. — [2] Fauller.

Le lin, le chanvre, le coton, ne suffisent déjà plus; toutes les plantes textiles, la paille et les roseaux eux-mêmes y sont également employés; et sans les savants et dispendieux travaux d'une puissante compagnie, la compagnie des Indes, qui a fait explorer ses immenses possessions pour y rechercher toutes les matières propres à cette fabrication, nous en aurions manqué.

Voici la morphine, la quinine, la strychnine, la cinchonine, la codéine, enfin la collection des alcalis organiques; c'est l'Allemagne qui a la gloire d'avoir découvert le premier alcali; mais bientôt la France la suivit dans cette voie nouvelle. Pelletier et Caventou découvrirent la quinine, la quinine si utile, la quinine qui est devenue un élément essentiel de la vie; ici encore se montre le génie de l'homme.

L'arbre précieux qui la produit, le quinquina, allait manquer dans un délai rapproché : les calculs les plus sûrs avaient démontré que dans soixante-dix ans l'humanité aurait perdu cette précieuse écorce. Un chimiste[1] éclairé par une longue expérience n'hésita pas alors, et, malgré ses soixante ans passés, il osa braver le soleil des tropiques et les glaces du cap Horn pour aller rechercher des forêts inconnues : son voyage, couronné du plus heureux succès, est venu retarder le terme si fatal; mais, il faut bien le dire, le terme n'est que reculé. Heureusement de jeunes savants[2] déjà éminents, et bientôt illustres par leurs belles découvertes, ont déjà rassuré la médecine justement effrayée et lui ont fait concevoir l'espoir le plus fondé que le moment n'est pas loin où la science dotera l'humanité de quinine artificielle; plus de doute, alors plus de craintes sur l'avenir de ce précieux médicament.

L'opium n'est plus seulement aux Indes, il est en Europe, il est en France! déjà il s'en produit des quantités notables,

[1] Delondres. — [2] MM. Wurtz et Hoffmann.

que leur bonne qualité et leur prix peu élevé feront bien vite accroître. Une étude attentive a appris le moment, les moyens de le saisir sur le précieux pavot sans diminuer en rien l'huile qu'il doit produire [1].

C'est une nouvelle richesse pour notre agriculture; richesse d'autant plus précieuse, qu'une étroite surface, cultivée en pavots, entretiendra le travail et l'aisance dans une famille entière.

Ce métal si peu oxydable, si léger, si sonore, c'est l'aluminium; c'est l'Allemagne qui l'a dévoilé [2], la France qui l'a donné à la science [3], et son Empereur qui l'a rendu utile en encourageant, en facilitant à ses frais l'emploi de cette substance utile, surtout pour les classes pauvres. Le jour n'est pas éloigné où, le succès venant à couronner de si nobles efforts, l'Empereur Napoléon III aura assuré cette nouvelle richesse à l'humanité tout entière.

Le caoutchouc, ce bel arbre qui croît sur les rives du Gange, a envoyé sa gomme aux bords de la Tamise, où les Anglais [4] ont su l'épurer, la dissoudre, la transformer en vêtements impénétrables à l'eau, en plaques, en tuyaux, en fils très-déliés, en mille objets divers, utiles à la science, aux arts, à l'industrie.

Cependant, sous nos climats rigoureux, ces produits, déjà si précieux, perdaient leurs plus précieuses qualités, la souplesse et l'élasticité : ce fut en cet état que l'Amérique les reprit à son tour, pour nous les rendre bientôt aussi souples, aussi élastiques, en cessant d'être impressionnables aux froids [5].

Mais regardez ces meubles légers et cependant solides, ces girandoles de fleurs, ces statuettes aux formes si déliées, ces plaques couleur d'ébène de la dureté du fer, ces feuilles si minces, si souples et si solides, dont nos marins s'emparent pour doubler leurs navires, c'est encore du caoutchouc! c'est

[1] Aubergier. — [2] Wœlher. — [3] M. Deville. — [4] Mackintosh. — [5] M. Goodyear.

encore l'Amérique qui en a trouvé le secret : un peu de soufre, un peu de chaleur au degré convenable, suffisent pour opérer ces merveilleuses transformations! Ici c'est la gutta-percha, cette sœur du caoutchouc, avec lequel toutefois on ne doit pas la confondre; comme lui, elle se prête à mille formes, à mille usages variés.

Voyez ces vases de toutes sortes qui résistent aux chocs les plus violents, qui défient l'attaque des acides et des alcalis les plus énergiques; ces tuyaux aussi légers que l'eau, plus solides que le plomb : ils sont tous en gutta-percha.

Mais qu'est-ce que ce fil? son centre est de métal, son extérieur de gutta [1]. C'est le courrier fidèle qui donne à la pensée la vitesse de la foudre pour traverser les mers; c'est lui qui, tous les jours, nous dit les fatigues, les combats, les victoires de nos soldats; c'est lui qui vient d'annoncer le triomphe de la civilisation sur la barbarie : la prise de Sébastopol!

Au milieu de tant de merveilles, l'esprit se trouve saisi d'un orgueilleux vertige : il faut se rappeler que tout nous vient d'en haut, que tous ces prodiges de la science et des arts qui embellissent la vie de l'homme sont la récompense que Dieu, dans sa justice, accorde au travail assidu. Mais, de même qu'il a voulu que les siècles succédassent aux siècles, il a voulu aussi que les génies, comme un noble héritage, succédassent aux génies : Stahl, Scheel, Priestley, Cavendish, Lavoisier, Richter, Wendsell, Volta, Dalton, Davy, Wollaston, Berthollet, Bergmann, Vauquelin, Chaptal, Berzélius, Gay-Lussac, ce sont vos œuvres accumulées, c'est votre souffle inspirateur transmis de l'un à l'autre, ce sont les résultats de vos puissantes recherches, de vos savantes leçons.

[1] Wheatstone, Crampton.

# ONZIÈME VISITE

---

## CLASSE XI

### PRÉPARATION ET CONSERVATION DES SUBSTANCES ALIMENTAIRES.

GALERIES SUPÉRIEURE ET INFÉRIEURE DU QUAI, DE LA PILE 44 A LA PILE 63.
ID., PILES 1 A 13.

Farines, fécules et produits dérivés. — Sucres et matières sucrées de grande fabrication. — Boissons fermentées. — Conserves d'aliments, aliments fabriqués et condiments. — Aliments préparés avec le cacao, le café, le thé. — Produits de la confiserie et de la distillerie. — Appareils et procédés pour la préparation et la consommation des aliments (sauf renvoi aux classes VI et IX).

#### MEMBRES DU JURY :

MM.

**R. OWEN**, *président*, membre correspondant de l'Institut de France, un des présidents du jury en 1851. FRANCE.

**PAYEN**, *vice-président*, membre des jurys des Expositions de Paris (1849) et de Londres (1851), membre de l'Académie des Sciences, professeur au Conservatoire impérial des Arts-et-Métiers, membre du Conseil général d'agriculture, de la Société impériale d'agriculture et du Conseil de la Société d'encouragement. FRANCE.

**FOUCHÉ-LEPELLETIER**, député au Corps législatif, fabricant de produits chimiques.

**DARBLAY** jeune, député au Corps législatif, membre de la Chambre de commerce de Paris, vice-président de la Société d'encouragement, membre de la Société impériale d'agriculture; meunier à Corbeil. FRANCE.

**GRAR** (Numa), fabricant, raffineur de sucre à Valenciennes. FRANCE.

**JOEST** (Guillaume), fabricant de sucre à Cologne. PRUSSE.

**ROBERT** (Florent), fabricant à Sellowitz (Moravie), ancien membre de la Chambre de commerce de Vienne. AUTRICHE.

**CHARLES BALLING**, vice-président de la Société pour l'encouragement de l'industrie nationale, professeur de chimie à l'École polytechnique de Prague (Bohême). AUTRICHE.

**DOCTEUR WEIDENBUSH**, fabricant à Œdenwald. WURTEMBERG.

Ainsi que l'indique le titre de la catégorie qu'elle embrasse, la onzième classe contient deux parties bien distinctes : — la préparation, c'est-à-dire la mise à l'état de denrée immédiatement livrable au commerce et à la consommation, des produits tirés du règne végétal, qui, une fois fabriqués, peuvent attendre le bon plaisir du consommateur; et la conservation, c'est-à-dire l'application de certains procédés fournis par la science à des substances qui, sans cette opération, ne présenteraient aucune des qualités qui les rendent propres à l'alimentation, et qu'il est nécessaire, par conséquent, de préserver de toute altération.

La première catégorie comprend, on le devine, une quantité prodigieuse de produits tirés des céréales, des plantes féculentes, de la vigne, etc., et dont l'énumération serait aussi difficile que la description, la plupart d'entre eux étant enfermés dans des bouteilles, des pots, des bocaux ou des tonneaux. La seconde catégorie, moins variée, mais non moins intéressante, se compose surtout de légumes, de viandes, de condiments et de fruits conservés également dans des récipients quelconques.

Dans ces deux catégories, il faut, pour se faire une idée exacte de la valeur des produits, les apprécier non plus *de visu*, mais *de gustu*, quelquefois même, comme pour les farineux et les alcools, par exemple, avoir recours à l'analyse chimique, et c'est là l'œuvre patiente et spéciale du jury, à laquelle le Prince ne pouvait se livrer en une séance de plusieurs heures. Mais les produits qui ne demandaient qu'un examen attentif, mais les appareils de préparation, les collections intéressantes et les boissons faciles à apprécier, offraient encore un champ aussi vaste que curieux, où le Prince, aidé dans ses recherches par la savante et spéciale intelligence de M. Payen, qui n'a cessé de lui indiquer les merveilles contenues dans cette série de l'Exposition, a pu constater les progrès, l'initiative et la portée si caractéristique de toutes nos industries alimentaires.

Son Altesse Impériale s'est dirigée d'abord vers les appareils des boulangeries, des distilleries et des sucreries; elle a remarqué en première ligne l'ingénieux ustensile inventé par M. Roland, sous le nom d'aleuromètre, et dont M. Payen s'est empressé de démontrer expérimentalement l'application à l'essai des farines. L'extraction du gluten, cette industrie toute française, a fourni l'occasion de rappeler l'usage important que l'on fait aujourd'hui de cette substance, douée de remarquables propriétés nutritives.

Le gluten, naguère perdu dans l'opération destinée à extraire l'amidon des farines, se recueille maintenant intact et doué de toutes ses propriétés, grâce à l'appareil de M. Martin; on l'emploie à la préparation de l'excellente pâte à potages dite *gluten granulé*, qui se fabrique sur la plus large échelle à Grenelle, à Poitiers, à Toulouse, et dans plusieurs autres villes de France et d'Europe.

Grâce aux procédés dont nous parlons, cette extraction, qui jusqu'ici ne pouvait s'exercer dans l'intérieur des villes, s'y pratique maintenant sans danger pour la santé des ouvriers et pour la salubrité publique. Le gluten s'emploie, en outre, pour améliorer les farines, et, par suite, les pâtes dites d'*Italie*, dont la fabrication a fait de si rapides et de si larges progrès en France, par l'emploi du blé dur d'Auvergne chez plusieurs fabricants du Puy-de-Dôme, et des blés durs d'Algérie chez un fabricant de Lyon. Nos pâtes alimentaires sont aujourd'hui les premières de l'Europe. Ces faits ont été rappelés au moment où Son Altesse Impériale visitait les vitrines des industriels dont nous venons de parler, et notamment celle de M. Durand, de Toulouse, qui s'occupe avec succès de la panification du gluten, dans le but d'augmenter le pouvoir nutritif du pain, et d'améliorer le régime alimentaire, dans certains troubles des fonctions digestives où l'excès d'amidon pourrait devenir très-nuisible.

Le pétrisseur mécanique de M. Roland, employé dans la manutention des hospices civils; le pétrin analogue, mais d'un genre différent, et le four salubre d'un autre inventeur, employé dans plus de cent cinquante boulangeries de France et de l'étranger, ont aussi fixé l'attention de Son Altesse Impériale, qui est passée de là à l'inspection des appareils distillatoires et rectificateurs construits, d'après les systèmes de MM. Cellier, Blumenthal, Derosne et Dubrunfaut, par MM. Cail et Cie.

Un modèle des distilleries de betteraves introduites dans les fermes a fourni l'occasion d'apprécier ce système, qui permet d'enrichir nos exploitations agricoles en laissant dans les résidus de la macération des betteraves la plus grande partie des matières nutritives, moins le sucre transformé en alcool et en acide carbonique; le lavage des betteraves découpées en rubans, en y employant la vinasse au lieu d'eau, a résolu cet important problème, en même temps qu'il a supprimé tous les inconvénients de l'écoulement des vinasses dans les mares et fossés où elles se putréfiaient. Comme intérêt sanitaire, accroissement de la nourriture du bétail et production des engrais, cette méthode a une portée philanthropique immense. Aussi les agriculteurs l'ont-ils accueillie avec un tel empressement, et béni le nom de M. Champonnois, son auteur, avec un tel enthousiasme, que déjà cent deux établissements ruraux, employant les appareils de macération, fermentation et distillation qui la réalisent, représentent un traitement quotidien d'un million de racines, soit 150 millions de kilogrammes, pendant une campagne de cinq mois.

Un autre modèle de distillerie, suivant un des systèmes de M. Dubrunfaut, modifié par M. Le Play, fabricant de sucre et d'alcool; le système perfectionné à double râpe et à quadruple tamis de M. Huck, appliqué à l'extraction de la fécule, et plusieurs autres ustensiles et appareils des sucreries coloniales et indigènes, compris dans les attributions des deuxième et sixième classes, ont été longuement étudiés et chaleureusement encouragés par Son Altesse Impériale. Nous citerons entre autres les presses à cylindres et hydrauliques, les râpes à poussoirs mécaniques, les appareils méthodiques de lixiviation de la pulpe, système Schutzembach; les appareils à produire et insuffler l'acide carbonique dans le jus des betteraves déféqué par un excès de chaux, suivant le procédé Rousseau; les appareils évaporatoires par la vapeur à triple et quintuple effet, etc., etc., la plupart construits et perfectionnés par MM. J.-F. Cail, Jacques Cail, Cail et C^ie de Paris, Grenelle, Denain, Valenciennes et Bruxelles. Ces ingénieux appareils, qui utilisent si à propos les forces et les propriétés étudiées par la mécanique, la physique, la chimie et même la physiologie végétale, démontrent une fois de plus que les sciences n'ont rien de trop précis, et, comme le disait M. Payen, de trop délicat pour les besoins actuels des applications agricoles et manufacturières.

Des appareils aux produits il n'y a qu'un pas, qui, à peine franchi, nous met en présence de l'exposition remarquable du comité de Valenciennes et des groupes des sucreries de Magdebourg, terres classiques des cultures sarclées et de la fabrication perfectionnée du sucre indigène; puis des produits remarquables des raffineries de Grar de Valenciennes, de Bayvet de Paris, de Bernard de Lille; de la belle collection des sucres, alcools et produits chimiques extraits des betteraves et épurés dans la vaste usine de MM. Serret, Hamoir, Duquenne et C^ie; de la modeste exposition de M. Crespel Dellisse, d'Arras, ce Nestor de la sucrerie indigène, le seul des fabricants actuellement exerçant qui n'ait jamais, même dans les plus mauvais jours, interrompu ses travaux et désespéré, quand tant d'autres doutaient du succès définitif de la grande industrie devinée, encouragée et soutenue par le génie de Napoléon Ier; et enfin des produits significatifs, sucre brut et raffiné, alcool rectifié, eau-de-vie et liqueurs, charbon d'os et noir revivifié, présentés par M. Hette, démontrant les immenses ressources que peut trouver l'agriculture dans les industries annexées aux fermes, offrant le plus complet ensemble de professions et de manipulations solidaires et fécondes, destinées à transformer l'exploitation rurale la plus improductive en une source de richesses constantes, tout en doublant la production animale et végétale, et développant, en un mot, la fertilité du sol en garantissant sa puissance à venir.

Après les pâtes alimentaires, viennent successivement l'amidon, le gluten, le pain d'épice, le sagou, la glucose, les semoules, les fécules, les biscuits, les orges et le miel, les cafés, les thés, les chocolats, les nougats, les fruits confits, les dragées, la confiserie, les liqueurs de table, les gelées de pommes et autres, les caramels, les fruits au jus et à l'eau-de-vie, les sirops, les eaux distillées de rose et de fleur d'oranger, les pâtes sucrées, les pastilles, les marrons confits, etc., etc.

Puis les farines et fécules de manioc et d'arrow-root exposées par la Martinique et la Guadeloupe, les liqueurs, le rhum, les *pommes de Cythère*, les bananes, goyaves, ananas, pommes de liane, mangots, papayes, etc.; le tapioca, l'alcool et l'arak de la Réunion; les conserves de Californie, le thé du Brésil; le manioc de la Confédération Argentine, les sucres des Républiques de Costa-Rica, de Guatemala et de la Nouvelle-Grenade; les fruits secs et conservés de la Hongrie, les farines de la Lombardie; le sucre de betteraves raffiné de l'Autriche, les produits de mouture de la Moravie; la fécule, l'albumine et la dextrine de la Bohême; les liqueurs et essences de la Transylvanie; le miel du mont Hymette, dont le nom seul réveille le souvenir des plus beaux jours de la Grèce :

De Phidias j'encensai les merveilles,
De l'Ilissus, j'ai vu les bords fleurir;
J'ai sur l'Hymette éveillé les abeilles.
. . . . . . . . . . . . . . . . . . . . . .

Puis le biscuit de mer et les conserves des Pays-Bas, le sucre de pomme de terre du grand-duché de Hesse, le kirsch-wasser de la forêt Noire du grand-duché de Bade, les conserves de Bavière et de Belgique, le chocolat de l'Angleterre et de la Suisse, les légumes secs du Danemark; les figues, les prunes, le pain de munition et les olives d'Espagne; les biscuits pour la marine, les assaisonnements et sauces, les machines à hacher la viande de la Grande-Bretagne; les caroubes de Grèce, servant à nourrir les bestiaux; le sucre de Kolva (royaume hawaïen); le lait conservé des Villes Hanséatiques; le café, le chocolat et le sucre du Mexique, du grand-duché d'Oldenbourg, du Luxembourg, etc.; le thé de Java, la menthe en pastilles de Hollande, les pêches des États pontificaux, qui exposent aussi les vinaigres séculaires dits de Modène; les légumes secs, le sucre, l'alcool et les vinaigres de Prusse; les pâtes et vermicelles du Piémont; les essences, sirops et liqueurs de la Toscane; les dragées et farines du Wurtemberg; les huiles d'olive, l'alcool d'asphodèle de Maroc; les fruits confits, le maïs, les farines, les figues, les saucissons et le porc salé de Portugal; le sucre, le pain dur et les fécules de Suède; les œufs de poisson conservés et les poissons rouges confits de Tunis, etc., etc.; les précieuses essences de Tunis, qui, dans le pays même, coûtent 500 fr. l'once, et diverses variétés de dattes, qui ne comptent pas moins de quatre-vingts espèces; et enfin les céréales de toute espèce et de toute provenance, exposées sur une échelle si prodigieuse, qu'en fait de blé indigène seulement, la France seule compte plus de cent vingt espèces et de deux cents exposants. Cette seule indication donne une idée du reste, et toute l'étendue de ce livre suffirait à peine à une simple énumération.

Les produits agricoles et alimentaires acquièrent de jour en jour plus de valeur, et sont appelés à rendre de nouveaux et de plus longs services, à de plus grandes distances, à l'aide des procédés de conservation, les uns déjà consacrés par une pratique suffisante, les autres en cours d'expérimentation, mais tous représentés par des échantillons d'un très-vif intérêt.

En première ligne, il faut citer les conserves de légumes préparées d'après les moyens inventés par M. Masson, et mis en pratique sur un très-vaste champ d'affaires. Le magnifique étalage de ces précieux approvisionnements de notre armée et de notre marine, dans la glorieuse campagne qu'elles soutiennent en Crimée, ne pouvait manquer de recevoir de Son Altesse Impériale des témoignages d'autant plus expressifs que le Prince a vu par lui-même quels services et quelle commodité d'expédition était parvenue à réaliser cette utile industrie, qui n'a pas fourni aux armées alliées moins de quarante-deux millions de rations dans une campagne.

M. Masson est parvenu à loger, dans une caisse d'un mètre cube, de 30 à 33,000 rations de légumes inaltérables et antiscorbutiques, pouvant dans une tranchée être mis à l'abri des boulets et des bombes et assurer aux places fortes et assiégées une alimentation durable et abondante.

Parmi les produits animaux d'une longue conservation et d'une bonne renommée, on a signalé au Prince, dans cette visite, les fromages variés des comtés d'Angleterre, ceux de Hollande, de magnifiques Roquefort français de M. Gibelin, des Gruyère et des Parmesan.

Jusque dans ces derniers temps, on sait que les efforts de nos savants et de nos meilleurs praticiens avaient échoué ou n'avaient rencontré que des résultats peu importants dans le problème de la conservation du lait; l'addition du sucre et les moyens de concentration, utiles d'ailleurs, imaginés par M. de

Lignac, et à plus forte raison la dessiccation pratiquée en Angleterre, laissaient beaucoup encore à désirer, lorsque M. Mabru, par une simple et heureuse modification du procédé d'Appert, parvint à conserver le lait aussi frais que possible, et sans mélange. Son Altesse Impériale a parfaitement apprécié, sur le simple énoncé du fait, la valeur du résultat obtenu par l'inventeur.

C'est encore à l'aide d'un procédé inventé depuis plus de cinquante ans par notre compatriote Appert que l'on conserve avec succès la viande et une foule de préparations culinaires pour les besoins de la guerre, de la navigation et de l'économie domestique, dans les diverses contrées de l'Europe : aussi les départements français et étrangers de l'Exposition contiennent-ils une magnifique collection de ces conserves.

L'Angleterre a apporté de beaux produits; ses jambons d'York, qu'on mange crus ou cuits, sont d'une fraîcheur remarquable, et l'on croirait volontiers qu'ils proviennent d'une race porcine inconnue chez nous, tant leurs dimensions s'éloignent des nôtres. Les Anglais, grands consommateurs, ont fait pour l'élevage du bétail ce qu'ils font dans toutes leurs industries : ils fabriquent des animaux capables de leur fournir la plus grande somme de viande pour un poids donné de l'animal, élevé et traité au point de vue exclusif de l'alimentation humaine et n'ayant de valeur que le poids et la qualité de la viande qu'il fournit à la consommation. Aussi chaque race bovine ou porcine a-t-elle en Angleterre sa mission spéciale, pour ainsi dire, de reproduction, de travail ou de boucherie, et, si les espèces animales perdent au point de vue de la beauté, la population trouve dans le profit qu'elles lui rapportent une ample compensation aux regrets du naturaliste et de l'amateur.

La préparation des conserves de viandes en Amérique est un fait des plus importants au point de vue de l'alimentation de la plupart des populations de l'Europe, en ce que ces produits peuvent y venir en abondance et s'y vendre à des prix bien inférieurs à ceux de notre propre production. L'Exposition du Canada serait sous ce rapport très-remarquable, si le déplacement et le voyage n'avaient quelque peu altéré la qualité et l'aspect des produits exposés. Quoi qu'il en soit, les viandes conservées étrangères pèseront avant longtemps d'un grand poids sur les marchés de notre continent.

Chez nous-aussi, ainsi que nous l'avons déjà fait observer, l'on se préoccupe vivement de la conservation des viandes, et voilà que deux procédés apparaissent à l'Exposition avec des spécimens intéressants : d'une part, la conservation par l'acide sulfureux, qui serait parfaitement satisfaisante, n'était l'odeur particulière qui se maintient dans les substances soumises à ce traitement; d'autre part, il a été établi qu'en recouvrant simplement les viandes d'une couche de gélatine on pouvait les maintenir en bon état pendant un temps quelquefois considérable. Le fait est maintenant acquis dans une certaine mesure, mais les expériences faites en ce moment par l'administration de la guerre semblent prouver que le dernier mot n'est pas dit encore sur cette question d'une si émouvante actualité. L'emploi de la gélatine donne déjà des résultats ; mais, il faut bien le reconnaître, ces résultats ne sont pas encore tout ce qu'avait d'abord promis le procédé.

On le voit, les moyens principaux de conservation pour la viande, et en général pour les matières azotées, consistent principalement dans l'éloignement de toute action de l'air extérieur. Nous mentionnerions, si le temps nous le permettait, une grande quantité de ces conserves. C'est avec un véritable plaisir qu'on étudie les premiers essais des systèmes nouveaux, trop nouveaux peut-être pour qu'il soit possible d'avoir une opinion bien arrêtée à leur endroit, comme, par exemple, les échantillons véritablement surprenants que présente M. Lamy, de viandes de boucherie et de gibier conservées à l'état cru, en les maintenant en vases clos dans une atmosphère chargée de gaze acide sulfureux, ainsi que des viandes de boucherie parfaitement desséchées et enduites d'une couche sensiblement imperméable de gélatine.

Notons enfin le biscuit-bœuf, préparation animale et végétale, servant à la fois d'aliment sec et de base pour une excellente soupe grasse, qu'une simple addition d'eau chaude suffit à produire.

Pour ses procédés et ses produits de mouture, la France paraît conserver la priorité que lui avaient déjà reconnue les jurys des nations à l'Exposition universelle de Londres. Quelques-uns cependant de nos plus habiles fariniers, et notamment celui qui fait partie du jury de la onzième classe, se sont abstenus d'exposer. N'oublions pas, dans cette série de produits, les belles farines et les beaux blés du Canada.

C'est encore chez nous que se constatent les progrès les plus sensibles dans la fabrication des chocolats, sucreries, confiseries, liqueurs fines et biscuits.

La visite de Son Altesse Impériale s'est terminée par l'examen des produits vinicoles de toutes les nations. Inutile de constater que la France venait et devait venir en tête de ce concours. D'abord la collection des grands vins de notre illustre Gironde, envoyée par la Chambre de commerce de Bordeaux, et offrant les types les plus rares de ces crus immortels qui ont nom Château-Margaux et Château-Latour, isolés de tous les autres ; puis, dans une autre vitrine, Château-Laffite, Mouton, Léoville, Vivens-Durfort, Gruau-Laroze, Pichon-Longueville, Duru-Beau-Caillon, Cos-Destournel. Puis les vins de la Grange, Langon, Palmer, Dumirail, Dubignon, Ferrière, Saint-Pierre, Talbot, Duluc, Carnet, Château-Beycheville, Canet, Batailly, Saint-Julien, et enfin Grandpuy, Darmaillac, Saint-Estèphe, Château-Haut-Brion, Haut-Peyssac, Haut-Talence, Contet-Barsac, Mallet-Pregnac et Suidirant. Ces noms-là disent tout.

Les vins de la Côte-d'Or, aux crus si renommés, aux qualités si délicates et si honorées : Romanée-Conti, brillant comme le rubis, le bouquet et la finesse la plus incomparable ; Chambertin, si délicat ; Clos-Vougeot, si parfumé ; Mont-Rachet, si fin et si suave ; Musigny, Richebourg, Volnay, si légers et si spiritueux pourtant : puis Saint-Georges, Vosnes, Crasboudot ; des vins mousseux Œil de perdrix, Nuits et Nuits-Saint-Georges, Pomard, le plus moelleux des bourguignons ; Bonnemare, Morey, Clos des Violettes, Clos de la Perrière, Lambray et Grèves.

On a remarqué aussi les vins du Haut-Rhin et du Bas-Rhin, les vins de la Corse, de la Drôme, du Gers, du Gard, d'Indre-et-Loire, de Lot-et-Garonne, de l'Hérault, des Pyrénées-Orientales et de Vaucluse.

L'inspection s'est terminée par les vins de Champagne, connus du monde entier, spiritueux, vifs, d'un arome agréable, recherchés par l'Angleterre, l'Amérique, le Canada; expédiés en Californie, dans toutes les colonies américaines, en Belgique, en Hollande, en Allemagne, en Russie, en Autriche ; l'Orient même commence à les accueillir très-favorablement. Les Indes orientales les reçoivent directement. Il n'est pas jusqu'à l'Espagne et l'Italie qui ne demandent à notre Champagne ses vins petillants et mousseux.

L'industrie des vins de Champagne est éminemment nationale, et offre cette particularité qu'elle n'a besoin d'aucun secours pour exister et prospérer. Elle ne réclame ni protection des tarifs, ni subventions ; sans rivale dans le monde, elle ne redoute aucune concurrence. Cependant l'Allemagne, la Suisse, la Russie, et même les États-Unis, fabriquent une foule de vins mousseux; mais aucun d'eux ne possède la finesse, l'arome délicat que l'on savoure dans les produits de la Champagne ; aussi la vente n'a-t-elle cessé de s'étendre jusque dans les pays mêmes où la contrefaçon est le plus active. On évalue à 76,000 âmes la population qui vit du produit des vignes de la Champagne. La production monte annuellement de 12 à 14 millions de bouteilles d'une valeur d'environ 30 millions.

Les vins de l'Algérie présentent des qualités dignes d'intérêt : les vins rouges et blancs des récoltes de 1852 et 1854 sont d'une bonne nature, d'une finesse et d'un parfum qui les feront rechercher des gourmets.

Le Prince a aussi goûté des vins d'ananas de la Martinique, qui ont assez bien supporté le voyage et sont agréables à boire.

Son Altesse Impériale a vu aussi avec beaucoup d'intérêt la riche collection des vins d'Autriche et de Bohême, et admiré un curieux trophée pyramidal formé dans l'Annexe avec des bouteilles de tous ces vins. L'empire d'Autriche est très-riche en vins d'une très-bonne qualité et d'un prix peu élevé. La production en dépasse 22 millions et demi d'hectolitres, dont 15 millions d'hectolitres sont produits par la Hongrie, 1,273,500 hectolitres par les provinces vénitiennes, 1,132,000 hectolitres par la Lombardie et autant par la Basse-Autriche, 799,500 hectolitres par la Transylvanie, 754,000 par la Styrie, et 566,000 hectolitres par la Dalmatie.

Tokai, Menesch et Voeslau ont été les plus remarqués, ainsi que les vins rouges de Pastory, de Rutter Greenzinger et de Bude, le Voeslau grand-mousseux, le Gumpolds Kirchner, etc., le Ratz de 1834, le vin d'essence de Menesch (même année), celui de Czernosak et ceux de Lobsitz et Nessmeleyer.

Mais un vin qui mérite toujours sa grande réputation et que le Prince a désiré goûter, c'est celui de Chypre et le vin d'Olympe, exposés par l'Autriche. Le vin d'Olympe a un cachet particulier; c'était le vin des dieux.

Les vins des grands-duchés de Bade et de Hesse ont été fort remarqués aussi.

Le duché de Nassau a fait connaître les vins du Rhin, d'Hochheim de 1834, et du vin mousseux de très-bonne qualité.

La Prusse a du vin de Silésie (vin mousseux) apprécié par le jury.

L'Espagne a exposé d'excellents vins de Xérès et de Malvoisie, d'Alicante, de Pina et de Barcelone. Son Altesse Impériale a goûté du vin de Xérès d'une très-bonne qualité, et, dans le compartiment du Portugal, des vins de Porto d'une exquise finesse, qu'elle a proclamés les meilleurs qu'elle eût jamais dégustés, et dont elle a complimenté M. le commissaire d'Avila, en faisant remarquer que les vins de Porto que l'on boit en Angleterre sont plus chargés en alcool que ceux qui lui ont été présentés et qui se vendent en Portugal.

La Sardaigne a exposé des vins de Genta de Caluso et des bières excellentes. Le grand-duché de Toscane a présenté des échantillons de Brolio, de Malvoisie, de Pecciano et de Grappoli.

Sont venus ensuite les vins de la Suisse, vin de Lavaux, clos de Cully, de 1811, de 1848 et 1834:

Puis la Bavière avec son vin de Château-Mainberg;

Et la Grèce, où Son Altesse a dégusté les vins de Nuits et le vin muscat de Ténos.

Enfin l'Angleterre a pu faire apprécier une qualité de vin en quelque sorte inconnue dans nos contrées, d'un bouquet et d'une finesse que l'on peut comparer à nos meilleurs crus: c'est le vin d'Australie, exposé par M. Mac-Arthur, sous la dénomination de vin muscat et riesling. La Nouvelle-Galles du Sud a fait connaître également un vin rouge de 1852 d'une très-bonne qualité, des vins de Tomago, un vin imitant le Sauterne, du vin de gingembre et du vin de miel de 1847, parfait de qualité; mais on a surtout admiré pour leur excellent goût des vins de groseille, de framboise et de cassis, fabriqués dans la Terre de Van-Diemen. Pour clore cette exhibition charmante, l'Angleterre a offert au Prince son fameux vin de Constance, d'une réputation et d'un prix qui n'ont d'égales que sa rareté et sa saveur. On sait qu'un cep de Bourgogne, planté au Cap de

Bonne-Espérance, a donné naissance à ce roi des vins étrangers que son origine rend ainsi tributaire de la France, dont la souveraineté absolue n'est, en matière de vins, contestée par aucune puissance de l'univers.

# DOUZIÈME VISITE

CLASSE XII

## HYGIÈNE, PHARMACIE, MÉDECINE ET CHIRURGIE.

GALERIE SUPÉRIEURE DE L'ANNEXE, CÔTÉ DES CHAMPS-ÉLYSÉES. — GALERIE INFÉRIEURE, *passim.*

Hygiène publique et salubrité. — Hygiène privée. — Emploi hygiénique et médicinal des eaux, des vapeurs et des gaz. — Pharmacie. — Médecine et chirurgie. — Anatomie humaine et comparée. — Hygiène et médecine vétérinaires.

**MEMBRES DU JURY :**

MM.

**DOCTEUR F. ROYLE**, F. R. S., *président*, professeur au Collége Royal, membre du Jury en 1851. ANGLETERRE.

**RAYER**, *vice-président*, membre de l'Académie des sciences et de l'Académie impériale de médecine, médecin de l'hôpital de la Charité. FRANCE.

**NÉLATON**, professeur de clinique à la Faculté de médecine, chirurgien à l'Hôtel-Dieu. FRANCE.

**MÉLIER**, membre de l'Académie impériale de médecine et du Comité consultatif d'hygiène publique de la France. FRANCE.

**BUSSY**, membre de l'Académie des sciences et de l'Académie impériale de médecine, directeur de l'École de pharmacie. FRANCE.

**BOULEY** (Henri), professeur à l'École vétérinaire d'Alfort. FRANCE.

**TARDIEU** (Ambroise), *secrétaire*, professeur agrégé à la Faculté de médecine, membre du Comité consultatif d'hygiène de la France, médecin de l'hôpital de la Riboisière. FRANCE.

**DEMARQUAY**, docteur en médecine. FRANCE.

**SIR JOSEPH OLLIFFE**, médecin de l'ambassade anglaise, à Paris. ANGLETERRE.

**DOCTEUR DE VRY**, docteur ès-sciences physiques et mathématiques, professeur de chimie. PAYS-BAS.

**EDWIN CHADWICK** C. B. membre du Comité d'hygiène. ANGLETERRE.

La douzième classe de l'Exposition universelle (*Hygiène, pharmacie, médecine* et *chirurgie*) complétait le cercle des études si éminemment appropriées aux besoins les plus immédiats de l'humanité, dont les deux précédentes visites de S. A. I. le Prince Napoléon avaient inauguré l'examen. La santé publique, l'art de guérir, les moyens d'assainissement et d'aération des grands centres de population, la préparation des médicaments, les précautions contre les accidents et les incendies, le sauvetage des noyés, l'hydrothérapie et la propreté privée, la thérapeutique, la chirurgie, la médecine vétérinaire, sont représentés dans cette classe par des appareils et des collections d'instruments qui font le plus grand honneur au génie prévoyant de la bienfaisance dans les sociétés modernes.

On aurait pu croire à l'avance que l'examen de la douzième classe présenterait à Son Altesse Impériale moins d'intérêt qu'elle n'en avait trouvé dans ses visites précédentes : exclusivement consacrée à tout ce qui intéresse la santé des hommes et des animaux, cette division de la classification générale ne devait pas en effet se singulariser par l'éclat des produits; mais elle devait offrir, par son but lui-même, un sujet d'études intéressantes, dont l'importance n'a effectivement fait que grandir pendant l'examen détaillé auquel a pu se livrer Son Altesse Impériale.

Combien de questions importantes soulève l'hygiène des grandes villes! questions qui deviennent plus difficiles à mesure qu'elles s'adressent à des populations plus agglomérées. Malgré les améliorations dont Paris a été l'objet, depuis quelques années surtout, nous sommes bien loin encore de ces mesures générales et absolues qui sont déjà adoptées ailleurs. A Londres, les eaux ménagères ne coulent plus sur la voie publique, les fosses d'aisances sont supprimées, le nettoyage des égouts se fait par des moyens énergiques et rapides qui en assurent, autant que possible, l'assainissement; de vastes établissements filtrent l'eau de toute la ville, en ne livrant ce liquide à la circulation qu'après l'avoir dépouillé de toutes ses impuretés : au sortir des water-works, l'eau est conduite dans tous les quartiers de la capitale en quantités suffisantes pour satisfaire amplement à tous les besoins ; des lavoirs et des bains publics, bien ordonnés, proprement tenus, aident encore au bien-être général.

Nous entrons seulement dans la voie du progrès ; mais déjà, dans chacune de ces directions, quelques tentatives ont été faites, quoique leurs tendances ne se soient pas manifestées à l'Exposition. Les égouts, les systèmes de vidange, l'entretien des fosses d'aisances, sont l'objet de toute la sollicitude de l'édilité parisienne. Les procédés de désinfection des fosses sont devenus obligatoires, les appareils séparateurs se multiplient ; la vidange des matières liquides se fait par les égouts ; les matières solides sont transportées plus rapidement au dépotoir, qui, au moyen d'une pompe foulante, les envoie jusqu'au dépôt principal, à Bondy, par une canalisation souterraine.

Quelques-uns des appareils exposés sont remarquables par la précision avec laquelle ils effectuent la séparation ; d'autres sont munis de bascules qui interrompent les conduits par un joint hydraulique, jusqu'à ce que les nouvelles matières deviennent prépondérantes, et ouvrent d'elles-mêmes la soupape pour laisser en quelques instants écouler tous les produits. Ce système, appliqué aux égouts et aux fosses d'aisances, mérite la plus sérieuse attention. Ailleurs ce sont des voitures nouvelles qui, par le mouvement même des roues, font le vide dans leur intérieur pendant leur parcours, de manière qu'il suffit de les mettre en communication par un simple tube avec la fosse dont on veut opérer la vidange pour que la matière s'y précipite d'elle-même sous l'influence de la pression extérieure. Un instant suffit à cette opération, et aussitôt la voiture chargée repart pour répéter plusieurs fois dans une même nuit cette manœuvre.

L'administration se préoccupe depuis longtemps des moyens d'approvisionner d'eau potable et ménagère chaque individu et chaque famille. Paris, sous ce rapport, est moins bien partagé que Londres, par exemple, où chaque habitant reçoit, en moyenne 900 litres d'eau pour 1 penny, tandis que la capitale de la France ne donne guère que trois à quatre litres par jour et par individu. Mais, si la quantité appelle des modifications puissantes, il faut reconnaître que la qualité des eaux est de beaucoup supérieure chez nous, et que nos appareils de clarification, généralement compris sous la désignation de filtres, ne laissent plus rien à désirer. Son Altesse Impériale en a examiné plusieurs modèles qui, pour la commodité, le bon marché du prix de revient et la simplicité des procédés, ont mérité tous les éloges qu'elle leur a donnés.

Le chauffage intérieur des appartements et habitations était l'une des parties les plus intéressantes de la visite. La production de la chaleur, au point de vue hygiénique et alimentaire, avec les nombreux systèmes qui s'y rattachent pour préserver soit contre l'humidité, soit contre l'incendie, pour supprimer la fumée, les vapeurs nuisibles, les odeurs, pour prévenir les explosions, renouveler l'air des appartements, etc., etc., a inspiré à nos constructeurs une foule d'appareils ingénieux et élégants, mais qui, s'ils doivent être économiques dans leurs résultats, laissent encore beaucoup à désirer pour le bon marché de leurs prix de vente. Un foyer constitué par une double rangée de tubes de fonte serrés les uns contre les autres, à travers lesquels passe la fumée, et qui communiquent avec l'air extérieur, qui s'échauffe en les traversant, et qui est appelé à l'intérieur par le tirage du foyer, et des grilles d'appartement qui ont la propriété de brûler la fumée de la houille, ont paru le mieux réaliser le double problème de la ventilation unie à la production de la chaleur artificielle. Les grands systèmes de MM. Grouvelle et Duvoir, appliqués aux établissements hospitaliers et à quelques-unes des églises de Paris, semblent avoir inspiré, en outre, les tentatives qui se font sur quelques points pour chauffer toute une maison à la fois, et amener ainsi une économie considérable pour les propriétaires et les locataires.

L'espace nous manque pour mentionner les nombreux spécimens des inventions ou des perfectionnements préservatoires destinés à conjurer, dans les industries malsaines ou dangereuses, les causes et accidents qui compromettent la santé et la vie des ouvriers. Le meilleur de tous ces systèmes, c'est assurément l'énergique et patiente volonté des gouvernements à supprimer peu à peu certaines industries, ou plutôt à les modifier et à solliciter l'attention des savants sur les réformes qu'on y pourrait introduire. La France est le pays du monde où la philanthropie publique et privée seconde le plus puissamment en ce sens les recherches de la science, et tels ont été les progrès réalisés, que bien peu de professions, aujourd'hui, laissent à désirer quelque chose sous ce rapport. Nous avons déjà parlé, à propos de la métallurgie et des mines, des appareils destinés à prévenir les chutes et les explosions, et des divers systèmes de lampes de mineurs; Son Altesse Impériale a examiné de nouveau les systèmes de ventilation exposés par la France, l'Angleterre et la Belgique, et a recueilli avec beaucoup de satisfaction les remarques présentées par plusieurs industriels sur les procédés d'assainissement qu'ils ont mis avec succès en pratique dans leurs divers établissements.

C'est encore à cette catégorie d'applications éminemment utiles qu'appartiennent les procédés, découvertes et produits destinés à l'assainissement des logements d'ouvriers, œuvre presque sainte, à laquelle les conseils municipaux, les administrations de voirie, les conseils généraux et les commissions spéciales se sont voués avec tant d'ardeur depuis que le gouvernement en a pris lui-même la vigoureuse initiative. En même temps qu'on voit disparaître les maisons insalubres, justement condamnées pour leur manque d'air, de lumière et d'espace, les villes s'embellissent de larges rues, de promenades plantées d'arbres, de dégagements à la fois hygiéniques et pittoresques, et l'ingénieur, aussi bien que l'architecte, deviennent les auxiliaires intelligents et actifs de l'économiste et du médecin. Tout le monde gagne à cette réforme indispensable. L'Exposition nous offre, comme spécimen des recherches souvent heureuses qu'elle inspire, les briques creuses et tubulaires et les pierres artificielles, qui, en établissant des courants d'air dans l'épaisseur des murailles, préviennent l'humidité des habitations, puis les applications du stuc à l'enduit des parois murales et les appareils pour la purification du gaz d'éclairage.

Les pompes à incendie exposées par diverses nations ont aujourd'hui pour accessoires utiles des machines élévatoires fort remarquables, d'un transport facile et d'une construction qui leur permet, en cas d'incendie, d'élever à une hauteur considérable des hommes et des instruments de sauvetage. Les pompes de l'exposition étrangère sont disposées de manière à pouvoir être attelées, idée simple qui manque aux nôtres et qu'on voudrait voir appliquer, non dans les grandes villes, où les postes de secours étant très-nombreux et très-rapprochés des foyers d'incendie, le service à bras est plus rapide, mais dans les campagnes, où l'action du cheval apporterait des secours plus rapides.

L'Angleterre expose les modèles des canots de sauvetage magnifiquement organisés sur ses côtes, et dont la création, depuis trente ans, a déjà sauvé près de dix mille personnes. Rien de plus prévoyant et de plus compliqué que ces utiles inventions. Le Portugal exhibe un sac de sauvetage, consistant en un panier qu'on fait glisser le long des édifices incendiés, et qui ne vaut pas le sac de toile ou de cuir dont se servent si admirablement nos pompiers parisiens. La Prusse expose des costumes perfectionnés à l'usage de cette vaillante milice du salut des citoyens.

Le ministère de la guerre est représenté dans la galerie de la charronnerie par des voitures pour les blessés, un fourgon d'ambulance et une cantine d'ambulance volante, d'une construction, d'une légèreté et d'un aménagement excellents. Son Altesse Impériale, qui a pu, en Orient, apprécier les bienfaits et la commodité de ces intéressants moyens de transport, les a revus avec plaisir, et s'est arrêtée aussi devant de charmantes pharmacies portatives, munies de tout ce qui est nécessaire en campagne aux opérations chirurgicales, aux pansements et à la médication.

Les bains, d'eau ou de vapeur, cette partie si capitale de l'hygiène privée, ont donné lieu à beaucoup de créations nouvelles, parmi lesquelles on peut distinguer et citer les appareils des Pays-Bas et des Villes Hanséatiques pour bains, douches et aspersions, et les appareils destinés aux bains d'air comprimé ou raréfié d'exposants de Montpellier et de Lyon.

La consommation des eaux gazeuses peut être considérée comme un des grands faits hygiéniques de notre époque. Avec son développement, de nouveaux appareils se sont produits, tant pour la préparation industrielle des liquides que pour rendre leur consommation plus facile. On sait que ces liquides sont chargés, sous forte pression, d'un courant d'acide carbonique obtenu la plupart du temps avec de la craie convenablement préparée. Entre tous les beaux appareils représentant cette fabrication dans la galerie du bord de l'eau, les nombreux siphons de table, soit pour le transport, soit même pour la fabrication domestique des eaux gazeuses, méritent un grand intérêt. Il faut surtout exiger de ces derniers que les sels qui résultent de la préparation restent absolument distincts de la boisson préparée.

Parmi les productions pharmaceutiques, nous citerons les préparations de Vichy, comme eaux naturelles, tablettes et bonbons; l'opium français, obtenu dans nos départements du centre; le lactucarium ou extrait concentré de laitue; les poudres végétales, les aconits et ciguës, les huiles de ricin et de foie de morue. On comprendra que nous n'ayons pas la prétention d'énumérer ici ces collections journellement étudiées par les pharmaciens et les chimistes, et qui attirent peut-être trop peu l'attention générale.

Son Altesse Impériale, après avoir assisté aux curieuses expériences que M. Auzoux et son collaborateur, M. le docteur Lemercier, ont faites sur les modèles anatomiques du cheval, de l'homme, de l'abeille, de l'œil humain et de l'oreille, a félicité cet homme modeste, à qui les corps savants et les jurys ont déjà donné d'éclatantes récompenses, et qui est à la fois un savant de premier ordre et un artiste de génie.

Aucune industrie, depuis vingt ans, n'a fait de plus rapides progrès que la fabrication des instruments de chirurgie, dans laquelle la France, ici comme à Londres, marche au premier rang. Tantôt nos outils étonnent par leur ténuité, comme cette pince contenue dans une aiguille; tantôt par leur puissance, comme ces appareils qui permettent, sans accident et sans douleur trop vive, de briser dans l'intérieur de la vessie des calculs plus durs que la pierre, pour en extraire ensuite les fragments par un canal d'une extrême finesse. En même temps que l'arsenal se complète, la fabrication elle-même s'améliore, et les métaux employés semblent acquérir une permanence d'action que ne comportaient pas les anciens tranchants. L'électricité, qui franchit avec tant de facilité les distances, vient elle-même à l'aide du chirurgien, en se chargeant de porter une action énergique sur les organes que les autres instruments ne sauraient atteindre malgré leur délicatesse.

Les membres artificiels, dont quelques-uns remplacent à s'y méprendre plusieurs des mouvements des membres naturels, les yeux, les dentiers, occupent une place importante dans l'exposition de la chirurgie moderne. Ici, ce sont des cornets acoustiques déguisés dans une élégante coiffure, des ornements, des vases, dans le voisinage desquels les sons acquièrent une ampleur favorable à l'audition; plus loin, c'est un fauteuil de juge, qui constitue lui-même un grand appareil dans lequel des ornements sculptés reçoivent le son le moins intense pour le transmettre tout près de l'oreille dans des conditions bien plus satisfaisantes. Le lit à caisse d'eau, qui est exposé dans le Palais principal et la même galerie, appartient encore à notre sujet. Rien ne saurait être mieux imaginé pour reposer les membres blessés et satisfaire aux exigences d'une longue maladie.

Les appareils pour bains médicinaux ne présentent aucune particularité remarquable, si ce n'est peut-être une disposition fort étudiée pour mettre confortablement ce moyen hygiénique à la disposition des chevaux de race.

Le Prince a terminé sa visite par la revue du compartiment suédois, où il a remarqué une intéressante collection anatomique des crânes des différents peuples, moulés en plâtre, d'après les modèles arrangés à l'École royale de médecine de Stockholm par le professeur André Retzius; un modèle des appareils de gymnastique médicale et orthopédique, d'après les principes du professeur Ling, et enfin une collection fort intéressante de tous les produits pharmaceutiques de la Suède, composée par le docteur Hamberg, au nom de tous les médecins suédois.

# TREIZIÈME VISITE

---

## CLASSE XIII

### MARINE ET ART MILITAIRE.

ANNEXE, PILES 14 ET 15. — JARDIN ET GALERIE DE L'ANNEXE. — GALERIES CIRCULAIRES DE LA ROTONDE; TROPHÉES DANS LA GRANDE NEF.

Éléments principaux du matériel des constructions navales et de l'art de la navigation. — Appareils de natation, de sauvetage, d'exploration, etc. — Dessins et modèles des systèmes de constructions navales employés sur les rivières, les canaux et les lacs. — Dessins et modèles des systèmes de constructions navales employés pour le commerce et la pêche maritime. — Dessins et modèles des systèmes de constructions employés dans la marine militaire. — Génie militaire. — Matériel et équipages de guerre. — Équipement de troupes. — Armes et projectiles. — Pyrotechnie (sans dérogation aux prescriptions des articles 13 et 14 du règlement général).

#### MEMBRES DU JURY :

MM.

**BARON CHARLES DUPIN**, *président*, membre de la Commission impériale, des jurys des Expositions de Paris (1849) et de Londres (1851), sénateur, membre de l'Académie des sciences et de l'Académie des sciences morales et politiques, inspecteur général du génie maritime, professeur de géométrie appliquée au Conservatoire impérial des Arts-et-Métiers, secrétaire de la Société d'encouragement. FRANCE.

**LIEUTENANT GÉNÉRAL SIR JOHN BURGOYNE**, K. C. B., *vice-président*, inspecteur général des fortifications, un des vice-présidents du jury en 1851. ANGLETERRE.

**GÉNÉRAL NOIZET**, membre du Comité consultatif des fortifications. FRANCE.

**AMIRAL LEPRÉDOUR**, membre du Conseil d'amirauté. FRANCE.

**NESMES-DESMARETS**, colonel d'état-major. FRANCE.

**GUYOD**, colonel d'artillerie. FRANCE.

**DE LA RONCIÈRE-LENOURY**, *secrétaire*, capitaine de vaisseau, membre du Conseil d'amirauté. FRANCE.

**REECH**, directeur de l'École d'application du génie maritime. FRANCE.

**J. SCOTT RUSSELL**, F. R. S., ancien secrétaire de la Commission royale en 1851. ANGLETERRE.
**DELOBEL** (L. C. G.), lieutenant-colonel d'artillerie, directeur de l'École de pyrotechnie de Liége. BELGIQUE.
**PROVENZAL** (Joseph), consul à Bordeaux. GRÈCE.
**SCHMITZ** (Henri-Mathias), consul à Cologne, membre de la Chambre du commerce. PRUSSE.
**COLLIGNON** (A. H.), capitaine d'artillerie. BELGIQUE.

---

Sous le titre *Marine et art militaire,* la treizième classe embrasse l'ensemble des inventions qui ont été faites, des perfectionnements qui ont été apportés dans toutes les parties de l'art de la navigation et de l'art de la guerre, depuis le câble, la rame et la voile, jusqu'à l'hélice moderne et aux puissantes machines à vapeur; depuis les armes portatives des Colonies, le bâton, la massue, la flèche, le bouclier, etc., etc. : *arma antiqua, manus, ungues dentesque fuerunt, et item silvarum fragmina rami*, jusqu'aux armes perfectionnées pour la guerre et pour la chasse.

La treizième classe comprend dix sections; elle est représentée par un nombre considérable d'exposants appartenant à tous les gouvernements.

A ce titre, cette visite devait plus que toute autre intéresser S. A. I. le Prince Napoléon. Aussi a-t-elle été longue, instructive, attachante. M. l'amiral Leprédour, M. le colonel Desmarets, aide de camp du Prince; M. Reech, directeur de l'École d'application du génie maritime; M. Collignon, capitaine d'artillerie, et divers membres du jury ont donné successivement à S. A. I. des explications et des détails fort intéressants.

La treizième classe a dans la nef trois trophées importants qui attirent le plus les regards des visiteurs; deux appartiennent à la France, le troisième à l'Angleterre.

Les deux trophées des armes françaises sont consacrés, l'un

à la marine, l'autre aux armes de terre. Dessinés par M. Morel Fatio et par M. Penguilly-Lharidon, ils témoignent du goût parfait avec lequel nos officiers savent disposer ces objets, d'une forme assez artistique, pour former un ensemble très-satisfaisant. Le trophée de la marine est surtout remarquable par ses grosses pièces de fonte et ses grappins suspendus en forme de lustres; le trophée de la guerre, par un pendule balistique et un certain nombre de spécimens du canon de l'Empereur.

La marine impériale de France a pris une grande part au mouvement déterminé par l'Exposition universelle. Chacun de ses arsenaux a tenu à honneur d'y être représenté par quelque produit de ses fabrications.

Au premier rang se trouve la collection de bouches à feu envoyée par l'établissement impérial de Ruelle. Dans le nombre, on remarque l'obusier de 22 centimètres monté sur affût de côte; le canon de 50 et l'obusier de 27 centimètres, montés sur affûts marins. Ces trois bouches à feu, en fonte de fer, sont remarquables à la fois par la grosseur de leur calibre, par les soins apportés à leur fabrication et par la présence de tous les accessoires et ustensiles nécessaires à leur service, dont la parfaite disposition place notre artillerie navale à un rang si élevé.

Les machines à vapeur destinées à donner le mouvement à nos vaisseaux de ligne sont représentées à l'Exposition par deux types très-différents, qui constituent en quelque sorte le passé et le présent de la machine maritime. Dans le premier type, modèle de l'appareil de 960 chevaux du *Napoléon*, construit par l'établissement d'Indret, le mouvement des pistons est transmis à l'arbre de l'hélice par l'intermédiaire d'un engrenage.

Bien que ce système, autrefois très-goûté, ait aujourd'hui perdu de ses partisans à cause de son encombrement, on peut dire, à la louange de l'appareil du *Napoléon*, qu'il conduit depuis trois ans le plus rapide vaisseau qui flotte sur l'Océan. Dans le second type de machines, qui représente l'appareil de 900 chevaux de l'*Algésiras*, dû à M. l'ingénieur Dupuy de Lôme, le mouvement des pistons est transmis directement à l'arbre de l'hélice, disposition qui permet de rendre la machine plus compacte et plus légère. On peut considérer cette machine de l'*Algésiras*, que S. A. I. s'est rappelée avoir visitée en détail dans les ateliers de Toulon, comme présentant l'heureux assemblage des principaux et plus récents progrès de la machinerie maritime.

L'établissement d'Indret a exposé une hélice en bronze, de grandeur naturelle, destinée au vaisseau de 900 chevaux l'*Impérial*. Cette belle pièce de fonte, dont le poids dépasse 12,000 kilogrammes, a été coulée sur un modèle dû à M. Mangin, ingénieur de la marine. Bien que l'hélice Mangin soit à quatre ailes fixes, elle est *amovible* comme les hélices ordinaires à deux ailes, sur lesquelles elle présente l'avantage de n'exiger qu'un puits de largeur deux fois moindre. Un modèle d'hélice articulée, du système de M. l'ingénieur Sollier, envoyé par l'arsenal de Cherbourg, présente aussi l'avantage précédent. L'un et l'autre propulseur témoignent des efforts de nos ingénieurs pour concilier la présence des hélices avec les convenances de la navigation à voiles, mode de locomotion économique et favori des marins.

L'arsenal de Toulon a envoyé un modèle de l'installation des mortiers sur la bombarde le *Vautour*. Cette bombarde, qui fonctionne devant Sébastopol, est le premier bâtiment à vapeur sur lequel on ait remarqué l'établissement de ces puissantes bouches à feu. Grâce à l'élasticité du grillage en bois sur lequel reposent les mortiers, l'appareil à vapeur du *Vautour* supporte sans avaries de redoutables explosions, qui ne sont pas toujours sans danger pour des navires ordinaires, alors même qu'ils ne portent pas les organes délicats d'une machine à vapeur.

L'arsenal de Rochefort est représenté à l'Exposition par le modèle de l'appareil employé pour la mise à l'eau du vaisseau l'*Ulm*. Naguère encore, le peu de largeur de la Charente en face des cales de Rochefort conduisait à laisser l'étambot des vaisseaux porter, lors des lancements, contre les vases de la rive opposée. Dans le cas de l'*Ulm*, dont l'arrière est découpé par une cage à hélice, une pareille méthode eût présenté de graves dangers. Pour les éviter, on a établi sur les côtés du navire un système de cordages et de chaînes destinés à se rompre à l'instant et au point convenables, de manière à faire tourner le vaisseau sur lui-même pendant son mouvement et à le diriger dans le sens du chenal. Cette manœuvre hardie, exécutée sur une masse de 2,200 tonneaux en mouvement, a complétement réussi. C'est une nouvelle preuve de la perfection des méthodes employées pour la mise à l'eau des vaisseaux dans nos arsenaux.

Nous terminerons cette revue de l'exposition de la marine militaire en citant l'ancre et autres pièces de grosse forge envoyées par l'établissement de Guérigny; la machine à percer les doublages et le métier à filer envoyés par l'arsenal de Brest; la machine à fabriquer les drisses, dont l'auteur, M. le directeur des constructions navales, Reech, est membre du jury international, et diverses autres machines employées dans les travaux des ports.

Comme la marine impériale de France, la marine royale d'Angleterre se trouve représentée à l'Exposition universelle. L'Amirauté a envoyé une collection de proues et de poupes de bâtiments de guerre, parmi lesquelles nous avons rencontré plusieurs types bien connus de sir William Symonds. Ces modèles sont remarquables par l'élégance des formes, la légèreté des guibres et le soin avec lequel ont été distribués les sabords de chasse et de retraite.

Le ministère de la marine des Pays-Bas est également représenté par une collection de navires spéciaux aux ports de la

Hollande. Ce sont des bâtiments à varangue plate, canonnières, galiotes ou bombardes, disposés en vue de la navigation dans les mers de peu de fond. A ce titre ils appellent l'attention des ingénieurs maritimes, au moment où les flottes de l'Occident couvrent les eaux de la Baltique et de la mer d'Azof.

Comme la marine militaire, la marine commerciale est dignement représentée dans le Palais de l'Industrie. Au milieu des produits les plus splendides de l'art moderne, le spectateur charmé trouve encore le temps d'admirer le modèle élégant et très-complet du paquebot à hélice le *Danube*, exposé par la compagnie des Messageries impériales. Par une heureuse disposition, l'intérieur de ce bâtiment peut être découvert, et l'œil le plus étranger peut suivre la machine en mouvement et s'initier ainsi à tous les mystères de la navigation à hélice. On conçoit l'intérêt qu'il présentera pour l'enseignement du Conservatoire impérial des Arts-et-Métiers, auquel il a été donné par S. A. I. Les machines fonctionnent au moyen d'un contrepoids, et le visiteur peut se rendre compte sur ce modèle des dimensions relatives du bâtiment et de l'hélice.

L'emploi de l'hélice, comme appareil propulseur, se généralise de plus en plus : les formes varient dans certains détails, mais on paraît être d'accord maintenant pour limiter le nombre des ailes et même, jusqu'à un certain point, sur leur disposition générale. Les uns cependant affectionnent plus particulièrement celles dont le volume peut être momentanément réduit pour leur mise en place, les autres leur reprochent une complication qui peut nuire à leur solidité. Le magnifique modèle en bronze placé dans le jardin est, en quelque sorte, un moyen terme entre ces deux opinions contraires : les quatre ailes sont groupées deux à deux presque parallèlement, de manière à n'exiger pour descendre l'hélice qu'une cage fort étroite.

Le yacht de l'Empereur donne une idée fort exacte de ce

qu'est, dans son ensemble, un navire à hélice : muni de sa chaudière, de sa machine, de tout son aménagement intérieur, il est tout prêt à fonctionner, et fait le plus grand honneur aux deux industriels qui ont construit, l'un le bateau, l'autre la machine. Celle-ci présente une disposition remarquable qui se retrouve dans une grande machine qui sort des mêmes ateliers et qui est exposée dans l'Annexe, et dans un autre appareil de l'usine de Motala, en Suède. En renversant les cylindres et en les inclinant suivant la courbure de la coque, ces dispositions permettent d'utiliser mieux l'espace, et elles méritent d'être recommandées.

La seule machine qui, avec les deux précédentes, nous soit venue dans ses vraies dimensions, est celle destinée à la navigation fluviatile en Espagne : sortie d'un de nos ateliers les plus importants, cette machine se recommande à tous égards, et par le fini de l'exécution et par toutes les dispositions prises pour en atténuer le poids autant que possible.

Dans le grand trophée maritime élevé par les exposants anglais, nous avons remarqué les modèles de bâtiments bien connus, appartenant aux principales compagnies de navigation de la Grande-Bretagne. Ce sont le gigantesque *Himalaya*, le transatlantique *Persia*, le *Mauritius*, etc. Au milieu de ces modèles apparaît la barge d'apparat du lord maire de Londres, et l'élégante *fairy* qui porte la reine Victoria dans ses excursions autour de son triple royaume. Les noms de Marc, de Napier et de Peim brillent au premier rang parmi les exposants qui ont fourni les éléments du trophée maritime de l'Angleterre.

Les équipages de plongeur, qui sont placés tout auprès, excitent la curiosité générale. On sait que ces appareils doivent être imperméables, et que l'opérateur, qui se laisse descendre au fond des eaux, respire au moyen de l'air comprimé qui lui est incessamment envoyé d'en haut ; les gaz qui proviennent de sa respiration sont rejetés au dehors par un autre orifice;

quelques améliorations de détail donnent à ces appareils un haut degré de perfection.

Nous ne quitterons point la grande nef sans citer le gracieux modèle du *Franz-Joseph*, exposé par la compagnie de navigation du Danube. Nous citerons la collection des yachts de M. Fincham, auquel l'architecture navale est redevable de plusieurs ouvrages estimés. Enfin, au premier étage du Palais, des vitrines disposées avec art renferment les produits des chantiers féconds de Sunderland.

La plupart des modèles français se trouvent en dehors de l'édifice principal. On remarque parmi eux le yacht à vapeur de M. Guibert, de Nantes, et les modèles de construction, moitié fer et moitié bois, exposés par M. Arman et M. Guibert, de Bordeaux, ainsi qu'une foule d'autres échantillons de nos ports de commerce.

M. Arman, inventeur du système moitié fer et moitié bois, a exposé deux modèles de navire :

1° Une coque de clipper, c'est-à-dire d'un navire destiné à atteindre, avec l'aide de la voile, la plus grande vitesse possible. Ce modèle est la réduction du plan d'après lequel le constructeur a exécuté deux bâtiments bien connus, le *Maréchal-de-Turenne* et le *Grand-Condé*, dont les nombreuses traversées de l'Inde et de la mer du Sud ont constaté la supériorité de marche;

2° Un modèle de frégate de 60 bouches à feu, destinée à recevoir une machine à hélice de 500 chevaux de force.

Depuis cinq ans, au milieu des fortunes les plus diverses de la navigation, les navires bois et fer ont réalisé toutes les prévisions de leur auteur; quelques faits pourront en faire juger.

Le *Laromiguière*, malgré ses formes toutes spéciales, a fait ses preuves à la mer; deux fois il est monté devant Paris à l'étiage de la Seine, porteur de 6 et 700 tonneaux de marchandises prises à Bordeaux, et de là il a entrepris un voyage dans lequel, rivalisant de vitesse avec les plus puissants paquebots anglais, il a remis à Varna 600 tonneaux de vivres qu'il avait pris au Havre pour l'administration de la guerre.

C'est au retour de cette belle traversée, alors qu'il rapportait en France 500 soldats blessés de l'armée d'Orient, que ce navire fut jeté, par un pilote de la flotte ottomane, sur les rochers du cap Noir, en Asie, en face de Gallipoli. Là, le *Laromiguière*, tourmenté sur les roches par une violente tempête, demeura intact pendant soixante-douze heures; mais, grâce à la solidité de sa charpente et à son faible tirant d'eau, il fut tellement rapproché de la côte par les lames, qu'on put remettre à terre, saine et sauve, sa précieuse cargaison de 500 militaires blessés. Tous les efforts tentés, avec le concours de la marine impériale, n'ayant pu réussir à arracher le *Laromiguière* du banc de rochers sur lequel il était cloué, il fut abandonné aux assureurs et vendu comme épave; mais la coque du navire présentait encore un ensemble si satisfaisant, elle avait par sa résistance si bien protégé sa machine, que des spéculateurs anglais l'ont achetée, et que, par une opération des plus hardies, ils l'ont mise à flot et conduite dans la baie de Lampsaky, pour qu'elle y fût réparée. Ce sauvetage est un des faits les plus saillants de l'histoire des constructions bois et fer.

Chacun de ces modèles, français ou étrangers, mériterait une description spéciale que le manque d'espace nous empêche de donner. Réduits à des observations générales, nous constaterons ici que tous ces modèles témoignent plus ou moins de la nouvelle voie dans laquelle est entrée la construction navale. Comparativement aux anciens types, pour une largeur et un creux donnés, leurs coques sont beaucoup plus longues, leurs lignes d'eau beaucoup plus aiguës. Il résulte sans doute de l'adoption de ces nouvelles formes un accroissement dans le prix de revient des coques pour une capacité donnée; mais, comme la vitesse et les autres qualités nautiques des bâtiments se trouvent augmentées, le nombre de leurs traversées augmente aussi dans un temps donné, de telle sorte que, pour les armateurs, le résultat final reste à peu près le même. Ces navires rapides, auxquels on donne le nom de *clippers*, sont très-recherchés des passagers ménagers de leur temps et des négociants pressés de disposer de leurs marchandises.

Son Altesse Impériale a continué sa revue de la treizième classe par l'examen du modèle d'un bateau à vapeur, de la force colossale de 2,600 chevaux, en construction chez M. Scott Russell, à Milwall, près de Londres. Ce navire extraordinaire dépasse par ses dimensions tout ce que l'architecture navale ancienne ou moderne présente de plus gigantesque. Comparé aux vaisseaux de ligne, il a une longueur trois fois et demie plus grande, une largeur une fois et demie plus considérable et un tirant d'eau sensiblement égal. Le tout correspond à un déplacement au moins quintuple.

En faisant construire ce navire colossal, la Compagnie orientale, à laquelle il est destiné, a entendu appliquer sur une immense échelle un des principes les mieux établis de l'architecture navale. L'accroissement dans les dimensions des bâtiments de mer a pour conséquence incontestée d'augmenter leur capacité dans un plus grand rapport que n'augmentent leurs résistances, et, par suite, leurs frais de locomotion. Il résulte de là que les grands navires peuvent transporter plus économiquement et plus rapidement que les petits. De là provient cette tendance à accroître incessamment les dimensions des navires partout où le frêt présente un aliment suffisant.

Dans le cas particulier du bâtiment de la Compagnie orientale, un autre résultat a été recherché. Jusqu'à présent, les communications régulières entre l'Angleterre et ses colonies australiennes n'ont pas réussi, par l'obligation, pour les navires à vapeur, de se détourner de leur route et de relâcher en une foule de points pour remplacer le charbon consommé. Le bâtiment de M. Scott Russell ne sera pas soumis à cette fâcheuse sujétion. Son immense capacité lui permettra d'emporter avec lui, au départ d'Angleterre, tout le combustible nécessaire à la traversée d'Australie. On compte, par ce moyen, réduire de près de moitié la durée de son voyage.

L'avenir nous apprendra si les combinaisons techniques et commerciales sur lesquelles repose cette œuvre gigantesque ont tenu un compte suffisant de l'imprévu, dont le rôle est si grand dans les questions maritimes. Si le succès couronne les efforts de la Compagnie orientale et de ses ingénieurs, leur exemple ne pourra manquer d'être suivi, sinon dépassé.

De là surgiront sans doute de grands succès dans l'industrie des transports par mer. Mais ces progrès seront achetés par un bouleversement complet dans l'économie et la distribution des ports maritimes. Ces derniers, dans leur état actuel, sont presque tous impuissants à recevoir les colosses appelés désormais à sillonner l'Océan.

Son Altesse Impériale est passée ensuite à la partie la plus pittoresque peut-être de la treizième classe, les armes de guerre et de chasse.

Les trente-cinq années qui viennent de s'écouler ont été marquées par de grands perfectionnements introduits dans la construction et l'emploi des armes à feu portatives.

La platine à silex a disparu entièrement pour faire place à de nouveaux mécanismes, en général plus simples, qui agissent par percussion ou par friction sur des amorces de poudre fulminante.

Le chargement par la culasse, débarrassé au moyen d'une invention ingénieuse du plus grave de ses défauts, est appliqué aujourd'hui sur une grande échelle aux armes de chasse, et il est à peu près certain que les essais auxquels on se livre actuellement pour en universaliser l'application aux armes de guerre ne resteront pas longtemps infructueux. Quelques conceptions heureuses, complétées par des recherches savamment dirigées, ont procuré aux armes rayées en hélice une rapidité de chargement, une portée et une justesse de tir dont personne jusqu'à ce jour ne les avait crues susceptibles. Enfin, la fabrication s'est améliorée par le choix de matières premières d'une qualité supérieure et l'emploi plus étendu et plus judicieux des procédés mécaniques.

Pendant la même période de temps, l'artillerie se signalait par des travaux et des découvertes de la plus haute importance aux points de vue pratique et scientifique. Ainsi le matériel Gribeauval a fait place à un matériel nouveau dont la composition, le tracé et la construction répondent mieux à toutes les exigences du service. Des expériences faites avec méthode pour l'étude des effets de la poudre et l'établissement des principes du tir ont enrichi la science d'une foule d'observations nouvelles et de savantes théories qui à leur tour ont conduit à des résultats d'une haute importance pratique.

C'est ainsi que le tir en brèche contre des revêtements en maçonnerie peut s'exécuter aujourd'hui avec une immense économie de temps, de poudre et de projectiles; que les pièces de siége de gros calibre, qui étaient détériorées et mises hors de service par un tir de 200 coups à fortes charges, résistent aujourd'hui à 3 ou 4 mille coups, sans détérioration appréciable; c'est ainsi encore que la question de la conservation indéfinie des poudres de guerre, en les mettant à l'abri de ces explosions accidentelles qui causent parfois de si terribles ravages, peut être considérée comme résolue *complétement* au double point de vue de la philanthropie et de l'art militaire.

Nous devons ajouter que, dans quelques pays, les fusées de Shrapnells ont été portées à un degré de perfection qui rend ces redoutables projectiles d'un emploi désormais facile et assuré, à toutes les distances et dans toutes les circonstances de la guerre de campagne où l'on ne pouvait employer jusqu'à cette heure que le tir à boulet, et enfin que l'influence du mouvement de rotation des projectiles sur la trajectoire qu'ils décrivent, étudiée avec soin et avec méthode, a déjà permis de donner une justesse beaucoup plus grande au tir des mortiers.

Entrons maintenant dans quelques détails particuliers :

Son Altesse Impériale a commencé sa visite aux armes par l'exposition belge. La Belgique a exposé de nombreuses collections d'armes de toute espèce et de tout pays, armes d'exportation ou de commerce, armes de chasse, de luxe, de fantaisie, de guerre. Le Prince a examiné avec intérêt les armes de guerre fabriquées à Liége pour un grand nombre de gouvernements étrangers. Les fusils se chargeant par la culasse et entre autres le fusil à aiguille prussien ont attiré surtout son attention, ainsi que l'arme à glissière de Colette de Liége, le fusil Montigny, se chargeant par la culasse, en usage parmi les chasseurs en Belgique, et qui n'est pas connu en France.

Liége, un des centres de production les plus considérables de l'Europe, pour les petites armes, produit annuellement au delà d'un demi-million d'armes de toutes qualités et de toute nature, fort recherchées sur tous les marchés du globe, à cause de leur bonne exécution et de leur bon marché.

Les armes blanches de Sollingen (Zollverein) forment de nombreuses collections, remarquables par leurs prix, qui ont défié jusqu'à ce jour toute concurrence. Sollingen est pour les armes blanches ce que Liége est pour les petites armes à feu. Son Altesse Impériale a examiné le sabre de luxe très-riche et de bon goût, acheté par S. M. l'Empereur, un sabre à monture en acier fondu ciselée avec le plus grand art, et surtout les lames ordinaires pour l'armement des troupes, dont le prix est très-modéré, quoique la qualité en soit exquise. L'exposant prussien de cette belle industrie a donné à Son Altesse Impériale des détails sur des procédés de dorure particuliers qui sont le secret d'une famille d'ouvriers. Malgré tout cela, Sollingen est fort inférieur à Paris pour l'élégance et le bon goût des montures; pour avoir une bonne et belle arme blanche au plus bas prix possible, il faudrait, a dit le Prince, faire monter à Paris une lame de Sollingen.

L'Angleterre n'a qu'un très-petit nombre d'exposants, et pour les armes de chasse seulement. On retrouvera là les qualités de la fabrication anglaise : beauté sévère fort estimée des bons chasseurs, grand fini de tous les détails. Mais le prix est double de celui des armes de Paris, traitées dans le même goût et dans les mêmes conditions de perfection pour le travail et de justesse pour le tir.

Les armes se chargeant par la culasse exposées par trois industriels de Londres n'offrent aucune particularité remarquable. Birmingham, où l'on fabrique pour la guerre et la chasse une immense quantité d'armes qui jouissent d'une grande réputation, n'a pas exposé, lacune d'autant plus regrettable que le commerce d'armes proprement dit, ainsi que l'a fait remarquer S. A. I., n'est pas représenté à l'Exposition.

Non-seulement la France, et dans la France Paris, l'emporte sur tous ses concurrents par l'élégance des formes, le bon goût et l'ornementation; mais elle peut encore fournir des armes aussi parfaites qu'on le désire sous le rapport de la solidité, de la perfection du travail, et de la justesse du tir. Nous avons dans nos arquebusiers parisiens une foule d'hommes instruits, inventifs, connaissant aussi bien la théorie que la pratique de leur industrie, ne négligeant rien pour en maintenir et en accroître la haute réputation, employant les ciseleurs, les dessinateurs et les sculpteurs les plus distingués pour ornementer les armes de haut prix, qui deviennent ainsi de véritables objets d'art, dont Paris conservera longtemps le magnifique monopole. — Presque tous nos exposants sont brevetés pour des inventions ou des améliorations plus ou moins heureuses, relatives la plupart au mécanisme de l'arme ou à la cartouche des divers systèmes d'armes se chargeant par la culasse. — Au nombre de ces perfectionnements, la plupart déjà connus du Prince, figurent les armes du système Clerville, exposées par M. Thomas; les modifications et perfectionnements apportés aux pistolets tournants, par MM. Prélat, Devismes, Lefaucheux fils; les armes de prix, merveilles de goût et d'art, qu'exposent MM. Claudin, Gauvain, Caron, Lepage-Moutier, Lefaucheux, Perrin, Flobert, Brun, et enfin les splendides armes commandées par l'Empereur à M. Gastinne-Rennette, très-riches, de très-bon goût, d'un excellent usage comme armes de chasse, ce que l'on ne peut pas dire de la plupart des objets analogues destinés à ne jamais figurer que parmi des collections ou au milieu d'un musée.

Citons aussi les canons remarquables de M. Léopold-Bernard, de Paris; la remarquable exposition d'objets d'équipements militaires de M. Delachaussée, avec qui le Prince s'est entretenu fort longuement des différentes branches que sa fabrication embrasse, et du nombre de casques et de cuirasses que son établissement pourrait fournir annuellement à l'armée, etc.; — la collection de sabres et épées pour officiers et fonctionnaires, sabres et épées de luxe et de fantaisie remarquables par la perfection du travail et l'élégance des formes, de M. Delacour; les mécanismes de sûreté pour les armes de chasse inventés par MM. Briand, Guérin et Mag et Fontenau, et enfin les collections d'articles de chasse exposées par plusieurs fabricants de Paris.

Saint-Étienne est bien représenté à l'Exposition pour les armes de chasse dont les prix, à mérite égal, se rapprochent beaucoup de ceux de Liége. Les canons de fusil qu'exposent plusieurs fabricants de cette ville ont résisté à des épreuves extraordinaires et se font remarquer par la perfection du dressage.

L'Autriche a des armes de guerre et de commerce à très-bas prix et d'une bonne exécution, et une carabine de luxe exposée par M. Rinzi, de Milan, qui offre un admirable travail de ciselure. Le Prince a terminé sa visite par une revue du compartiment suédois, où il a remarqué deux canons, l'un conforme aux modèles officiels de l'artillerie suédoise, l'autre se chargeant par la culasse, entièrement semblable au type commandé par l'Empereur et qui a fonctionné en juillet dernier à Vincennes, en présence de S. A. I. Les fusils suédois sont aussi des armes fort remarquables; ceux de la marine se chargent par la culasse, se composent d'un petit nombre de pièces et se montent ou se démontent sans outils. Un appareil pour distiller l'eau de mer, s'adaptant aux fourneaux de cuisine, des câbles-chaînes de deux pouces de diamètre, et une ancre de vaisseau faite d'excellent fer de Danemark, remarquable par l'élégance de sa fabrication et la modicité de son prix de vente, ont complété à la fois la visite du Prince à l'exposition suédoise et à la treizième classe.

---

# QUATORZIÈME VISITE

---

## CLASSE XIV

### CONSTRUCTIONS CIVILES

ANNEXE, PILES 15 A 17 ET 1 A 13.

Matériaux de construction. — Arts divers se rattachant aux constructions. — Fondations. — Travaux relatifs à la navigation maritime. — Travaux relatifs à la navigation intérieure. — Routes et chemins de fer. — Ponts. — Distributions d'eau et de gaz. — Constructions spéciales.

**MEMBRES DU JURY :**

MM.

**MARY**, *président*, membre du jury de l'Exposition de Paris (1849), inspecteur général des ponts et chaussées, professeur de navigation à l'École impériale des Ponts et Chaussées. FRANCE.

**CH. MANBY**, *vice-président*, F. R. S., secrétaire de la Société des ingénieurs civils. ANGLETERRE.

**DE GISORS**, membre de l'Académie des Beaux-Arts, membre honoraire du Conseil général des bâtiments civils, architecte du Luxembourg. FRANCE.

**REYNAUD** (Léonce), ingénieur en chef (directeur) des ponts et chaussées, secrétaire de la Commission des phares, professeur d'architecture à l'École polytechnique et à l'École impériale des Ponts et Chaussées. FRANCE.

**DE LA GOURNERIE**, ingénieur des ponts et chaussées, professeur de géométrie descriptive appliquée à l'École polytechnique et au Conservatoire impérial des Arts-et-Métiers. FRANCE.

**JOLY**, constructeur à Argenteuil. FRANCE.

**GOURLIER**, inspecteur général, membre du Conseil des bâtiments civils. FRANCE.

**LOVE**, ingénieur civil. FRANCE.

**TRELAT**, professeur du cours de constructions civiles au Conservatoire impérial des Arts-et-Métiers, chargé de diriger le fonctionnement des machines en motion et de faire les expériences des machines exposées. FRANCE.

**DELESSE**, *secrétaire*, ingénieur des mines, chargé du service des carrières sous Paris, professeur suppléant de géologie à la Faculté des sciences de Paris. FRANCE.

**JOMARD**, membre de l'Institut. TURQUIE, ÉGYPTE

C'est par la quatorzième classe de l'Exposition universelle (*Constructions civiles*) que S. A. I. le Prince Napoléon a clos la première série de ses visites d'études à l'industrie des nations.

Les matériaux employés par l'architecte et l'ingénieur dans la construction des édifices de toute nature forment à l'Exposition une collection si abondante et si disséminée, qu'il faut littéralement parcourir toute l'étendue du Palais et de ses annexes, si l'on veut se faire une idée des immenses ressources que les métaux, les bois de toute provenance, les minéraux les plus variés et les compositions les plus ingénieuses, mettent à la disposition des constructeurs. On sait aussi combien la nature des matériaux influe sur le style des édifices et les tendances de l'architecture, sévère et grandiose dans les pays qui fournissent de larges pierres et de beaux marbres, -- gracieuse et pittoresque dans les contrées où dominent la brique et le bois, audacieuse et puissante partout où les progrès de l'industrie du fer permettent de franchir les distances, d'élever les toitures et de dominer les obstacles. Ce dernier caractère est peut-être ce qu'il y a de plus saillant dans la classe qui nous occupe aujourd'hui.

L'attention de Son Altesse Impériale s'est d'abord portée sur la magnifique exposition du ministère des travaux publics, exhibant les modèles proportionnels ou les dessins de la plupart des grandes constructions opérées, par les soins du gouvernement, dans ces dernières années. L'école des Ponts et Chaussées a exécuté la plus grande partie de cette collection remarquable représentant les types de ces monuments d'utilité générale que l'Europe nous envie pour leur importance d'abord, et ensuite pour le bon goût et l'élégance de leur forme, — barrages, gares de chemins de fer, écluses, aqueducs, phares, viaducs, ponts, canaux, cales, bassins, etc., parmi lesquels viennent en première ligne les travaux de M. Montricher pour la canalisation de la Durance, chef-d'œuvre d'art en même temps que d'économie, de solidité et de grandeur; le pont de Bercy et celui d'Asnières, nouveau titre de gloire de M. Eugène Flachat, et solution définitive du problème des ponts en métal, accompli pendant une année de travail sur un point où passent plus de cent trains par jour, sans avoir interrompu cette circulation, sans avoir été interrompu par elle; le pont de Tarascon de M. Martin; — l'écluse de la Monnaie sur la Seine, de M. Charles Poirée; — les barrages mobiles de M. l'inspecteur général Poirée père; le phare de Bréat, hardie et savante idée de M. Léonce Reynaud; le pont d'Arcole, de M. Oudry, et enfin les curieux travaux d'art que le canal de la Marne au Rhin et le chemin de fer de l'Est ont accumulés près de Liverdun, trois ponts, un pont-canal et un élégant tunnel réunis sur une superficie de moins de vingt hectares.

L'Angleterre expose son grand pont tubulaire, le *Britannia*, si universellement connu et qui est à coup sûr la plus gigantesque et la plus effrayante conception qu'ait rêvée l'audace humaine aux prises avec les obstacles des montagnes et les abîmes de l'Océan. Le génie de M. Stephenson a ouvert, par ce chef-d'œuvre, une voie féconde à la locomotion; le Canada, qui est comme une deuxième Angleterre pour l'initiative et la hardiesse, expose le modèle du pont de 2,744 mètres de long qui traverse le Saint-Laurent et relie les deux stations du chemin de fer de Québec et de Montréal.

On admire aussi dans l'exposition anglaise le modèle du port de Grimsby, exécuté en quelques années à l'embouchure de l'Humber, pour éviter aux navires l'entrée de la rivière jusqu'à Hull, substituer un port commode et sûr à un autre moins avantageux, diminuer les frais de transport et créer un point de repère central à trois ou quatre grandes lignes de chemins de fer, tout cela réalisé avec une splendeur de construction et des ressources d'aménagement incomparables. A côté, pour ainsi dire, de ce port destiné aux grands arrivages, tout un établissement de magasins et une gare de voyageurs communiquent par un plan incliné, qui se meut selon la nécessité des marées, avec un long ponton de déchargement, sur lequel descendent les waggons de voyageurs et de marchandises que des bateaux de transport prennent pour les passer sur l'autre rive. Enfin l'Angleterre expose une troisième construction maritime qui lui fait le plus grand honneur, le modèle du port construit à l'embouchure de la Wear en conquérant sur la mer un espace de plus de 500,000 mètres; les digues ont été faites avec les déblais de l'ancien port, et un phare de vingt mètres de hauteur a été amené d'une distance de plus de 100 mètres pour venir dominer la nouvelle enceinte enlevée au domaine des flots.

On voit enfin dans l'Annexe les modèles d'écluses et de barrages appliqués, dans le Canada, aux terribles eaux du Saint-Louis, du Niagara, du lac Ontario et du lac Érié, rendues désormais navigables sur une étendue de plus de six cents lieues. La Suède expose le plan en haut relief du cours de la grande rivière de Gotha et du canal de Trollhaita, taillé dans le roc vif, dont les écluses ont été construites par le colonel N. Éricsson, frère du célèbre ingénieur Éricsson, établi à New-York. Son Altesse Impériale s'est fait montrer aussi le modèle de la nouvelle écluse de Stockholm, située au centre de la capitale de la Suède et réunissant le grand lac de Mœlar à la mer Baltique, ouvrage important et considérable du même ingénieur.

De là, Son Altesse Impériale a été conduite par le jury aux spécimens de couvertures d'édifices en terre cuite, qui comprennent une grande variété de systèmes nouveaux et plusieurs solutions heureuses à l'aide desquelles la tuile, ce vieil et classique élément de nos toitures économiques, peut encore se maintenir malgré la concurrence que lui font les métaux. On a fait remarquer à Son Altesse Impériale que la lourdeur, qui était le grand inconvénient de la tuile, paraissait désormais éliminée par la substitution des pivots à feuillures aux simples recouvrements et par la fabrication courante qui en résultait. A côté des tuiles se présentait la brique creuse, un progrès de notre industrie, qui permet d'établir dans les constructions des séparations intérieures et des voûtes très-légères et très-économiques. Ce produit est surtout fabriqué en France, de même que les tuiles à feuillures; il s'y vulgarise tous les jours dans les applications et sert en même temps aux progrès de l'art, en ouvrant plus de liberté à la distribution des édifices et en réduisant le prix de ces distributions.

L'emploi des *scaphandres* dans les travaux hydrauliques a frappé l'esprit du Prince, qui avait déjà remarqué ces appareils dans l'une de ses visites précédentes, lorsqu'il examinait dans la douzième classe les moyens de sauvetage dont la marine dispose actuellement. Toutes les difficultés de fondations peuvent être abordées et résolues par ce moyen, qui donne à l'ouvrier la possibilité de travailler à de très-grandes profondeurs dans l'eau presque comme à l'air libre. Les pieux à vis, autre moyen de fondation, dû entièrement aux Anglais, comme le perfectionnement des scaphandres, a rendu infiniment plus faciles les travaux à la mer qui nécessitent une assiette isolée. Les phares et travaux des côtes ont reçu une extension très-grande par l'introduction de ces pieux dans les travaux du génie maritime.

Le jury a aussi conduit le président de la commission devant les différents produits de menuiserie, de serrurerie et de charpente qui entrent dans nos habitations. En sortant, le Prince a pu examiner l'un des produits les plus intéressants et les plus utiles, les fers à T que seule la France fabrique et emploie et qui entrent maintenant dans la construction des planchers en remplacement du bois.

Venaient enfin les différentes expositions des marbres et ardoises que la plupart des nations ont réunis au Palais de l'Industrie et à la tête desquels se placent spécialement les marbres de la France. L'Exposition universelle vient en effet de révéler dans notre sol l'existence de richesses minérales restées inconnues jusqu'ici. Depuis quelques années seulement, la Corse a vu s'élever des usines dans lesquelles on travaille les marbres exploités dans ses carrières. Il suffira de mentionner parmi les plus remarquables le marbre bleu turquin de Corte, le cipolin et surtout la serpentine de Bivinco, près de Bastia. Cette serpentine peut rivaliser avec les plus belles variétés de Gênes et de l'Italie, et les colonnes exposées au Palais de l'Industrie montrent quel rôle elle est appelée à jouer dans la décoration des monuments.

L'Algérie a retrouvé d'anciennes carrières situées près du pont de l'Isser dans la province d'Oran, qui furent d'abord exploitées sur une grande échelle par les Romains, et plus tard, à de rares intervalles, par les Turcs. On en extrait un calcaire fibreux, translucide et veiné, semblable à l'onyx. Parmi les marbres destinés aux petits objets d'ornements et à la décoration intérieure des appartements, il en est peu qui puissent rivaliser avec ce calcaire onyx.

Son Altesse Impériale a examiné en détail les beaux marbres des Pyrénées, des Alpes, du Languedoc, qui, pour la plupart, décorent les palais de Fontainebleau, du Louvre et de Versailles. L'achèvement du Louvre va sans doute donner un nouvel essor à l'exploitation de ces marbres, qui atteignent quelquefois à des prix trop élevés pour être accessibles aux fortunes particulières; plusieurs de ces carrières sont même restées inactives depuis Louis XIV, et, si nous voyons reparaître leurs marbres à l'Exposition universelle, il faut l'attribuer aux grands travaux de construction qui s'exécutent en ce moment à Paris et dans toute la France.

Les marbres de la Flandre française, du Boulonnois, ceux de

Sablé, du Mans et des bords de la Loire méritent au contraire d'être signalés pour leurs prix très-modestes, qui leur permettent de se répandre de plus en plus et d'accroître leur production d'année en année.

Les marbres de Belgique, qui coûtent moins cher encore, et qui alimentent surtout la consommation de Paris, ont attiré également l'attention de Son Altesse Impériale, ainsi que la belle collection des marbres et des matériaux de construction de la Toscane envoyée à l'Exposition par l'Institut technique de Florence. Cette collection comprend notamment toutes les Alpes apuennes, dont les flancs recèlent les marbres les plus beaux et les plus variés de l'Italie, si riche d'ailleurs en marbres de toute espèce; ainsi, dans les Alpes apuennes, on exploite à Carrare et à Serraveza le marbre statuaire, qui est employé dans le monde entier, le bleu turquin, le *bardiglio*, le *portor*, le *mischio*, la *brèche* dite *africaine*, et en outre des marbres jaunes ou rouges présentant les plus riches nuances.

Notons encore les marbres du Canada, des États Sardes et l'albâtre oriental envoyé par le pacha d'Égypte à la demande de M. Jomard; plusieurs marbres assez remarquables du Portugal et surtout ceux de la Grèce. Bien qu'ils soient presque entièrement oubliés maintenant, les marbres de la Grèce ont été très-recherchés dans l'antiquité. L'exposition grecque nous montre les marbres statuaires du Pentélique, du Ténare, de Paros, auxquels se sont substitués peu à peu les marbres de l'Italie. Elle nous montre aussi le beau marbre rouge antique, *rosso antiquo*, qui est toujours resté sans rival, ainsi que la *pierre* des Crocées, ou le *porphyre vert antique*, qui n'a jusqu'à présent été trouvé que dans la Grèce, et qui s'exploitait anciennement entre Sparte et Marathon.

L'usine d'Elsdalen, appartenant au roi de Suède, est connue et renommée depuis longtemps pour la perfection avec laquelle on y travaille les porphyres et les roches granitiques. Les produits que cette usine a envoyés à l'Exposition soutiennent dignement la haute réputation qu'elle s'est acquise et où elle demeure sans rivale.

Dans quelques usines de l'empire russe, les roches granitiques sont cependant travaillées d'une manière très-remarquable, il en est de même aussi en Angleterre, dont les colonnes de granit poli appartenant à lord Aberdeen ont attiré l'attention de Son Altesse Impériale.

Dans la Bretagne, dans le Limousin, dans le Cornouailles, en Écosse, en Suède, en Norwége et au Canada, le granit est d'ailleurs régulièrement employé comme pierre de construction.

Si nos monuments granitiques sont loin d'atteindre les dimensions colossales des monuments qui nous ont été laissés par l'Égypte, ils ne leurs sont inférieurs ni par le poli, ni par la netteté de la taille.

L'application récente du diamant noir au travail du granit sur le tour permet même d'espérer une perfection plus grande que celle à laquelle les Romains et les Égyptiens purent atteindre.

Il suffit en effet d'enchâsser un diamant noir à l'extrémité d'une forte tige de laiton, et de présenter le bord de ce diamant à une pièce de granit dégrossie, placée sur un tour et animée d'un mouvement de rotation, pour qu'elle se laisse tourner avec la plus grande facilité. Le diamant, beaucoup plus dur que le granit, l'enlève peu à peu et le découpe pour ainsi dire en petits copeaux, comme le ferait une pointe d'acier placée contre un morceau de bois. L'expérience a démontré de plus que, malgré sa grande fragilité, le diamant ne se brise pas dans cette opération, et que son poids ne change pas d'une manière sensible après qu'il a servi pendant plusieurs mois. Un progrès important vient donc d'être réalisé dans le travail du granit, et l'on peut espérer qu'il permettra d'employer non-seulement le granit, mais encore les pierres les plus dures à la décoration de nos monuments. Ce progrès est d'ailleurs dû à la découverte d'un minéral, le diamant noir, qui était resté inconnu jusque dans ces derniers temps.

Le Prince s'est encore occcupé de l'examen des pierres, des ardoises, des stucs, des tuiles, des briques, des asphaltes, des bitumes et en général des matériaux de construction.

Les ardoises, très-nombreuses à l'Exposition et venues pour ainsi dire de tous les points du monde, méritent en effet une attention toute spéciale. Pour la toiture, les ardoises se substituent à la tuile sur tous les points où elles peuvent être transportées facilement, mais, en outre, à l'état de schiste ardoisier, elles sont employées pour les cloisons et pour les dallages, notamment dans les gares de chemins de fer. Elles tendent chaque jour à se répandre et trouvent sans cesse de nouveaux usages dans les constructions. Les exploitants anglais ont les premiers frayé cette voie, dans laquelle ils sont suivis maintenant par quelques exploitants de France et d'Autriche. Au premier rang de cette industrie figure la Société des ardoisières d'Angers, qui exporte au loin les ardoises ainsi que le schiste ardoisier sous toutes les formes, et dont la production atteint à peu près 3,000,000 de francs.

Le Prince a pris aussi quelques notes sur la fabrication des ardoises émaillées qui ont été exposées par un habile industriel de Londres. Ces ardoises sont recouvertes d'un émail auquel on peut donner les couleurs les plus vives en y mêlant des oxydes métalliques : elles imitent à s'y méprendre le granit et les roches les plus recherchées, avec lesquelles elles peuvent rivaliser pour la décoration des appartements. Pour les émailler, on les soumet graduellement à l'action de la chaleur dans des fours spéciaux; leur dureté, leur inaltérabilité ainsi que leur résistance à l'écrasement deviennent alors beaucoup plus grandes qu'à l'état naturel.

Les chaux hydrauliques et les ciments envoyés en grand nombre à l'Exposition témoignent des progrès remarquables qui ont été faits dans leur fabrication et dans leur emploi pour les grands travaux publics. Les deux ponts construits si rapidement derrière l'Annexe et qui font partie de l'Exposition même, en sont d'ailleurs la preuve la plus irrécusable. Depuis longtemps les ciments de l'Angleterre, et notamment le ciment de Portland, jouissent d'une juste célébrité qui les a fait rechercher pour les grands travaux hydrauliques; mais plusieurs fabriques nouvelles, établies en France et en Allemagne, produisent maintenant des ciments qui sont appelés à rendre de grands services dans les constructions.

Le Prince s'est occupé d'une manière toute spéciale de l'importante question des ciments inaltérables à la mer. L'expérience des dernières années est venue démontrer que plusieurs ciments étaient lentement décomposés par l'action prolongée de l'eau de mer, qu'ils finissaient par se désagréger; que, par suite, l'avenir de certaines constructions maritimes, élevées à grands frais, se trouvait compromis. Tous les ingénieurs ont compris qu'il y avait là un danger imminent auquel il était urgent de parer, et aussitôt les recherches les plus actives ont été entreprises pour éclairer la question. L'Exposition nous offre plusieurs des solutions qu'ils ont proposées; les uns ont songé à remplacer les énormes blocs de ciment immergés à la mer par des blocs qui ont un volume de 10 mètres cubes et qui sont formés de silicates fondues dans des fours spéciaux à reverbère; les autres, conservant toujours les ciments, ont seulement cherché à modifier leur composition de manière à les rendre inaltérables. Un ingénieur, dont le nom se lie de la manière la plus intime à tous les progrès que l'on a faits en France dans la fabrication des chaux hydrauliques et des ciments, M. Vicat, ayant constaté que les ciments exposés à la mer perdaient insensiblement leur chaux, qui était éliminée par la magnésie, a proposé de supprimer complétement la chaux dans les ciments destinés à la mer. Il pense pouvoir préparer ces ciments en remplaçant la chaux par de la magnésie; il les obtiendrait, par exemple, en mélangeant l'arène résultant de la décomposition de roches dioritiques avec la magnésie préparée à l'acide du chlorure de magnésium, qui forme le résidu des marais salants.

Quelque ingénieuses que soient les solutions proposées jusqu'à présent et quelque autorité qui s'attache au nom de leurs inventeurs, il faut reconnaître qu'il leur manque encore la sanction du temps et d'une longue pratique; il importe en effet qu'elles soient expérimentées pendant un nombre d'années suffisant et surtout dans des mers différentes. Malgré le mérite des exposants qui ont envoyé des ciments à l'Exposition, l'expérience seule pourra nous éclairer complétement sur les ciments les plus propres à résister à l'eau de mer.

En résumé, l'exposition des matériaux de construction est l'une des plus remarquables, et, pendant sa visite, le Prince Napoléon lui a plus d'une fois rendu justice. Elle présente une énorme quantité de produits qui, malgré les difficultés inhérentes à leur transport, ont été envoyés de tous les points du globe; elle nous montre comment partout l'homme a su, pour s'abriter, tirer le meilleur parti possible des matériaux que la nature avait mis à sa portée, et elle nous a initiés à l'art de bâtir dans le monde entier, soit dans les contrées récentes comme l'Australie, soit dans celles qui, comme l'Inde, sont peuplées depuis la plus haute antiquité.

FIN DE LA PREMIÈRE PARTIE.

# VISITES ET ÉTUDES

DE

# S. A. I. LE PRINCE NAPOLÉON

## AU PALAIS DE L'INDUSTRIE.

DEUXIÈME PARTIE

---

# DÉCRETS ET DOCUMENTS OFFICIELS

## DISCOURS

PRONONCÉ PAR S. A. I. LE PRINCE NAPOLÉON
AU BANQUET QUE LUI ONT OFFERT MM. LES MEMBRES DU JURY INTERNATIONAL
(Jardin d'Hiver, 23 juillet 1855 [1].)

« Je remercie mes nobles amis, M. Dumas et lord Hertford, des paroles bienveillantes qu'ils viennent de prononcer au nom de l'illustre assemblée qui m'a invité à ce banquet. La plus grande part

[1] L'initiative de cette manifestation, à laquelle MM. les commissaires étrangers s'étaient empressés de s'associer, appartient à MM. les jurés étrangers. Plusieurs membres du conseil des présidents s'étaient chargés de l'organisation de la fête. C'étaient : pour l'Angleterre, lord Ashburton, le duc de Hamilton et Brandon ; pour la Belgique, M. Grenier-Lefèvre ; pour la Prusse, M. Diergardt ; pour l'Autriche, M. Hornbostel; pour la France, MM. Sallandrouze de Lamornaix et Natalis Rondot.
Les ministres, les présidents du Sénat, du Corps législatif et du Con-

de ces éloges doit revenir aux hommes éminents et dévoués qui m'ont aidé à organiser l'Exposition universelle.

« Je vous propose, messieurs, un toast : « A la prospérité des « peuples civilisés, représentés par les membres du jury interna- « tional et par MM. les commissaires des gouvernements étrangers. »

« Nous avons fait ce qui dépendait de nous pour vous recevoir tous, Français et étrangers, avec une sincère cordialité.

« En dehors de l'Exposition, nos illustres hôtes étrangers doivent avoir beaucoup vu, et sans doute un peu réfléch . Ce n'est pas en vain qu'ils seront venus étudier la France, son peuple et son gouvernement. J'espère qu'ils seront satisfaits de notre hospitalité.

« Notre gouvernement a donné une preuve de confiance dans sa force en montrant la France dans les graves circonstances où se trouve l'Europe ; c'est, messieurs, qu'il croit la France bonne à voir pour tous ! Notre pays combat à l'extérieur pour la justice et la civilisation ; il soutient une guerre, grande par la puissance de notre ennemi, difficile surtout par son éloignement et par la difficulté de l'atteindre.

« Sans s'effrayer de ce lourd fardeau, le gouvernement de l'Empereur a osé entreprendre une Exposition universelle. La France et

seil d'État, le maréchal Magnan, le préfet de la Seine et le préfet de police, les membres de la Commission impériale, les secrétaires de la Commission impériale et du jury, avaient été invités. M. Von-der-Heydt, ministre du commerce et des travaux publics de Prusse, qui a personnellement contribué à rendre l'exposition allemande si intéressante, avait été prié de prendre part au banquet.

Le Jardin d'Hiver était disposé pour cette fête et décoré avec le plus grand luxe. Cinq grandes tables, autour desquelles trois cent vingt convives sont venus s'asseoir, étaient dressées dans le jardin brillamment illuminé, au milieu de trophées tricolores, de drapeaux aux armes et aux couleurs de toutes les nations, d'écussons portant inscrits les noms les plus célèbres dans les sciences, les arts et l'industrie

On remarquait parmi les jurés MM. Arlès-Dufour, Caristie, Michel Chevalier, Cunin-Gridaine, Darblay jeune, Eugène Delacroix, Jean Dollfus, Dufrénoy, Dumas, le baron Ch. Dupin, Élie de Beaumont, Halévy, Hittorf, Ingres, le comte de Kergorlay, Kuhlmann, le prince de la Moskowa, Le Play, l'amiral Le Prédour, Mary, Mathieu, Mérimée, Mimerel, le général Morin, le comte de Nieuwerkerke, les généraux Piobert et Poncelet, Rayer, Regnault, Henri Scheffer, Schneider, Simart, de France; MM. le marquis de Hertford, sir David Brewster, sir Hooker, Fairbairn, Wheatstone, docteur Royle, Owen, Th. Graham, Cockerill, d'Angleterre; L. Forster, Helmersperger, le chevalier de Burg, le baron de Riese de tous les pays amis ont répondu à son appel. L'enseignement sérieux qu'atteste le succès obtenu, c'est de démontrer la force d'une démocratie organisée.

« En effet, nous sommes une nation de démocratie et d'égalité, par nos mœurs, nos institutions et surtout par notre but. Chez nous, l'employé devient ministre ; l'ouvrier, industriel ; le paysan, propriétaire ; le soldat, général ; le peuple entier se couronne en élevant au trône une dynastie de son choix.

« Le souverain comprend le génie de sa nation, et, grâce à cette union d'idées, de sentiments entre le peuple et son chef, malgré les obstacles, les calomnies et les rancunes individuelles des personnalités noyées dans le mouvement résurrectionnel de notre pays, la France voit couler avec douleur, mais sans faiblesse, le sang de ses généreux enfants ; elle donne directement et sans intermédiaires 1,500 millions en moins d'un an ; son commerce prend un essor extraordinaire ; ses revenus augmentent ; des travaux gigantesques embellissent la capitale et les villes de nos départements ; la France enfin tout entière apporte les produits de son travail et de son génie à l'Exposition universelle de l'industrie et des beaux-arts.

« Chaque peuple applique le progrès avec les formes politiques et

Stallbourg, d'Autriche ; de Dechen, Hartwich, Mevissen, Nellessen, de Prusse ; Ch. de Brouckère, Devaux, Laoureux, Delchaye, de Belgique ; Ramon de la Sagra, d'Espagne ; Suermondt, docteur de Vry, des Pays-Bas ; de Palmstedt, de Suède ; le commandeur Giulio, des États sardes ; le docteur Verdeil, de Suisse ; de Becg, de Bavière ; Doerner, de Wurtemberg ; le colonel Coxe, des États-Unis ; d'Oliveira Pimentel, de Portugal ; Caranza, de Turquie ; le chevalier Parlatore, de Toscane ; O'Brien, du Mexique, etc., etc.

Nous citerons au nombre des commissaires étrangers MM. Henry Cole, commissaire d'Angleterre ; le baron J. de Rothschild, commissaire général d'Autriche ; G. de Viebahn, commissaire en chef de Prusse ; le comte d'Avila, ministre d'État et commissaire de Portugal ; de Steinbeiss, commissaire de Wurtemberg ; Rainbeaux, commissaire de Belgique ; de Castellanos, commissaire d'Espagne ; le baron du Havelt, commissaire des États pontificaux ; A. Donon, commissaire de l'empire Ottoman ; le chevalier Corridi, commissaire de Toscane ; Dietz, commissaire de Bade, etc.

Deux toast ont été portés au dessert : le premier à l'Empereur, à l'Impératrice et à la famille impériale, par M. Dumas, membre de la commission impériale, ancien ministre de l'agriculture et du commerce ; le second, au prince Napoléon, par le marquis de Hertfort, président d'un des groupes du jury.

sociales qui lui sont propres; il est faux de vouloir trouver une formule universelle; l'important, c'est que l'on marche dans la voie de progrès vers le bien-être moral et matériel des masses. C'est à cela que l'on reconnaît, en dehors et au-dessus de vaines formes, la raison d'être des gouvernements, la grandeur des peuples.

« Que ceux qui ont vu la France avec impartialité réfléchissent et prononcent!

« Si je ne me trompe pas sur les suites de cette union internationale, un grand but moral aura été atteint, peut-être supérieur encore au résultat matériel. L'idée de la confédération des pays civilisés aura fait un grand pas, et la France aura l'insigne honneur d'y avoir contribué, sans égoïsme, sans idée de domination, mais uniquement pour le bien général, ainsi que cela ressort de ses instincts et de sa mission d'initiation.

« La confédération européenne pourra s'appuyer sur la gloire des champs de bataille, sur le commerce développé et facilité, sur l'application des découvertes modernes.

« Le monde civilisé ici représenté ne doit former qu'une grande famille dans l'avenir. Si j'ai pu contribuer dans une faible part à ce noble résultat, mon ambition et ma conscience sont satisfaites; et si j'étais assez heureux pour vous faire partager le sentiment si profond qui m'anime, pour trouver dans chacun de vous un travailleur et un défenseur de cette même idée, notre but serait bien avancé.

« Ce concours sera un point de départ fécond.

« Aux membres du jury international et à MM. les commissaires étrangers! »

---

# RÉORGANISATION DU JURY MIXTE INTERNATIONAL

---

## RAPPORT A L'EMPEREUR.

SIRE,

J'ai l'honneur de soumettre à Votre Majesté un décret portant régularisation de plusieurs mesures prises d'urgence, en dehors des prescriptions des décrets des 6 avril 1854 et 10 mai 1855, relatifs à l'Exposition universelle, mais conformément à leur esprit.

L'article 59 du décret du 6 avril 1854, qui détermine la composition du jury mixte international pour les produits de l'agriculture et de l'industrie, fixe d'une manière rigoureuse le nombre des membres dont chacun des vingt-sept jurys spéciaux doit être formé ; il divise, en outre, les personnes appelées à faire partie de chaque classe en *titulaires* et en *suppléants*.

Ces dispositions ont dû être modifiées dans la pratique.

En premier lieu, plusieurs gouvernements étrangers ont tenu à être spécialement représentés dans certaines classes du jury chargées de l'examen de produits d'une grande importance pour leurs nationaux, et il ne m'a été possible de satisfaire à ce désir et de me conformer ainsi à l'esprit libéral du décret de Votre Majesté, qu'en changeant la répartition des membres du jury par classe, et en augmentant leur nombre total.

En second lieu, la circonstance prévue qui devait amener les jurés suppléants à remplacer les titulaires s'est produite dans toutes les classes.

Il est facile de concevoir, en effet, que beaucoup de jurés titulaires, après avoir consacré un mois de temps et plus aux travaux de leur classe, aient eu besoin de s'absenter et que les suppléants aient dû les remplacer ; mais cette mutation ne pouvait annuler les travaux déjà faits, ni enlever aux titulaires absents la qualité de juré qu'ils devaient revendiquer à leur retour. Dans cette situation, la Commission impériale a trouvé plus équitable et plus simple, après avoir pourvu spécialement au remplacement d'un assez grand nombre de titulaires absents par des suppléants, de donner, par mesure générale, voix délibérative à tous les suppléants, d'en faire, par conséquent, des jurés titulaires au même titre que les autres, sans rayer de la liste les titulaires que leur santé ou des raisons impérieuses avaient rappelés dans leurs foyers, après avoir rendu de bons et utiles services.

L'article 1er du décret ci-joint régularise ces diverses mesures et arrête définitivement la liste des membres du jury international.

L'article 2 du décret change le nom donné aux récompenses. Cette modification est reconnue nécessaire pour éloigner toute confusion et toute comparaison entre les récompenses qui doivent être décernées à la suite de l'Exposition universelle de 1855, et celles qui ont été distribuées après chacune des expositions nationales faites, à l'exemple de la France, dans presque tous les pays industriels de l'Europe. La désignation de *grande médaille d'honneur* donnée à la médaille d'or exprime mieux l'idée d'une récompense exceptionnelle de très-haute valeur, réservée à de très-grands services, à une supériorité sans égale, à des découvertes d'une très-haute importance arrivées à l'état d'application générale, à un accroissement considérable d'utilité, à une très-sérieuse réduction de prix. Pour les grandes industries qui compteront plusieurs de leurs chefs ayant atteint la même perfection, je propose à Votre Majesté, au nom de la Commission impériale, d'admettre que la grande médaille d'honneur pourra être collective; mais ces cas devront être fort rares, et il n'y aura pas lieu d'accorder collectivement cette haute distinction toutes les fois que, dans la même industrie, il y aura un exposant supérieur aux premiers d'entre ses confrères, et méritant, à ce titre, la grande médaille d'honneur. Les noms donnés aux autres récompenses expriment ensuite les degrés divers de supériorité de goût ou de bonne fabrication et les efforts heureusement dirigés dans la voie du progrès, et les inventions bonnes en principe, mais encore trop récentes pour être placées en première ligne.

L'article 3 du décret formule les moyens les plus propres à assurer à tous les mérites et à tous les services industriels la juste récompense qui leur est due. Sachant combien la haute sollicitude de Votre Majesté s'attache avec la même bienveillance à tous les membres méritants de la grande famille agricole et industrielle, et l'importance qu'elle met à resserrer les liens qui doivent les unir, j'ai invité le jury à appliquer de la manière la plus large l'article 8 du décret du 10 mai 1855, recherchant, par tous les moyens d'information en son pouvoir, à connaître les noms des principaux agents de l'agriculture et de l'industrie, ouvriers, contre-maîtres, chefs de travaux, dessinateurs, chimistes, ingénieurs, directeurs, inventeurs, etc., afin que le travail intelligent, le talent modeste, le mérite sans fortune, soient distingués, récompensés, honorés aussi largement que possible, et de la même manière que la direction habile.

J'ai l'honneur de soumettre à Votre Majesté le décret suivant.

Veuillez agréer, Sire, l'hommage du profond et respectueux attachement avec lequel je suis,

De Votre Majesté,

Le très-dévoué cousin,

NAPOLÉON BONAPARTE.

NAPOLÉON,

Par la grâce de Dieu et la volonté nationale, Empereur des Français,

A tous présents et à venir, salut :

Vu l'article 59 du décret du 6 avril 1854 et les articles 1er et 8 du décret du 10 mai 1855 ;

Sur la proposition du président de la Commission impériale,

Avons décrété et décrétons ce qui suit :

Art. 1er. Le jury mixte international, section de l'agriculture et de l'industrie, est définitivement composé et réparti.

Art. 2. Les récompenses à décerner à la suite de l'Exposition universelle, par les vingt-sept premières classes du jury mixte international, sont les suivantes :

Grande médaille d'honneur ;

Médaille de première classe ;

Médaille de seconde classe ;

Mention honorable.

La grande médaille d'honneur pourra être exceptionnellement accordée d'une manière collective à des groupes industriels d'une grande importance, arrivés à un haut degré de perfection, lorsqu'aucun des exposants des mêmes articles, sans distinction de nationalité, n'aura été reconnu supérieur à ses confrères, et qu'il n'aura pas été décerné, par suite, dans la même industrie, de grande médaille d'honneur individuelle. Dans le cas de vote d'une grande médaille d'honneur collective, le rapport du jury désignera nominativement, s'il y a lieu, les exposants dont le mérite collectif aura valu à leur groupe cette haute distinction.

Art. 3. Les récompenses énoncées en l'article 2 ci-dessus seront également décernées par les vingt-sept premières classes du jury aux principaux agents de l'agriculture et de l'industrie : ouvriers, contremaîtres, dessinateurs, chimistes, ingénieurs, directeurs, inventeurs, etc., qui se seront distingués par leur coopération intelligente et utile.

Art. 4. Notre bien-aimé cousin, le prince Napoléon, président de la Commission impériale, notre ministre d'État, et notre ministre de l'agriculture, du commerce et des travaux publics, sont chargés, chacun en ce qui le concerne, de l'exécution du présent décret.

Fait au palais des Tuileries, le 5 octobre 1855.

NAPOLÉON.

# CIRCULAIRE

## DU PRINCE PRÉSIDENT DE LA COMMISSION IMPÉRIALE

POUR LA MORALISATION DES RÉCOMPENSES.

---

Paris, le 20 septembre 1855.

MONSIEUR LE PRÉSIDENT,

L'article 8 du décret du 8 mai 1855, sur lequel j'ai déjà appelé votre attention, témoigne du désir de S. M. l'Empereur de confondre dans les récompenses du travail, non-seulement les exposants les plus dignes, mais aussi les principaux agents de l'agriculture et de l'industrie, et surtout les ouvriers et les contre-maitres qui ont pris une part de quelque importance aux progrès des manufactures.

Le jury international doit être pénétré que ce qui importe dans cette circonstance, c'est de donner aux ouvriers la preuve que S. M. l'Empereur connait tout le prix de leur concours aux transformations et à l'avancement de l'industrie, et qu'elle est heureuse de faire la part de ceux d'entre eux qui exécutent avec talent et intelligence, aussi bien que celle des fabricants qui conçoivent et dirigent avec une habileté supérieure.

Que les membres du jury de votre classe ne négligent donc, monsieur le Président, aucune démarche, aucune recommandation personnelle, pour former et remplir aussi complétement que possible la liste des ouvriers qui ont mérité, par la bonté de leur travail, l'utilité et l'assiduité de leurs services, d'être récompensés en même temps et de la même manière que leurs chefs. Partout où il y a un mérite réel constaté, un progrès obtenu, une amélioration introduite, un bon exemple donné par un contre-maître ou un ouvrier, il y a pour le jury un nom à inscrire sur les listes d'honneur du travail, et je verrais avec plaisir que le jury trouvât le moyen de décerner ainsi aux ouvriers, même à ceux des non-exposants, autant de récompenses qu'aux chefs d'industrie dont les produits figurent à l'Exposition.

Je laisse à votre haute expérience, monsieur le Président, et au zèle éprouvé des membres du jury international, le choix des moyens d'information à employer pour satisfaire au désir de l'Empereur en donnant, comme je viens de l'indiquer, au grand concours de 1855, son caractère véritable par l'admission aux honneurs de cette grande solennité de l'élite des ouvriers et des principaux agents du travail, qui ont pris une part digne de remarque aux progrès de l'industrie.

Recevez, monsieur le Président, la nouvelle assurance de ma haute considération.

Le Président de la Commission Impériale et du Conseil des Présidents,

NAPOLÉON BONAPARTE.

# QUINZIÈME VISITE

---

## CLASSE XV

### INDUSTRIE DES ACIERS BRUTS ET OUVRÉS.

GALERIES CIRCULAIRES DE LA ROTONDE. — PALAIS PRINCIPAL, TRAVÉES DU REZ-DE-CHAUSSÉE ET DE LA GALERIE SUPÉRIEURE, DE 1 A 15, DE 17 A 21, DE 30 A 32 ET DE 24 A 30. — ANNEXE, PILES 1 A 15, 24 A 26 ET 26 A 35.

Fabrication des aciers marchands. — Fabrication d'aciers spéciaux. — Ressorts. — Objets de coutellerie. — Outils d'acier. — Fabrications diverses.

MEMBRES DU JURY :

MM.

**VON DECHEN**, *président*, directeur général des mines du Rhin. PRUSSE.

**MICHEL CHEVALIER**, *vice-président*, membre de la Commission impériale et du jury de l'Exposition de Paris (1849), conseiller d'État, ingénieur en chef des mines, professeur d'économie politique au Collége impérial de France, membre de l'Académie des sciences morales et politiques. FRANCE.

**FRÉMY**, professeur de chimie à l'École polytechnique et au Muséum d'histoire naturelle. FRANCE.

**GOLDEMBERG**, membre des jurys des Expositions de Paris (1849) et de Londres (1851), fabricant d'outils d'acier et de quincaillerie à Zornhoff (Bas-Rhin). FRANCE.

**LEBRUN**, inspecteur des écoles d'arts et métiers, ancien directeur d'usines. FRANCE.

**BARRESWILL**, *secrétaire*, commissaire-expert au ministère du commerce, de l'agriculture et des travaux publics. FRANCE.

**RIVOT**, *secrétaire adjoint*, professeur à l'École impériale des Mines. FRANCE.

**T. MOULSON**, fabricant à Sheffield. ANGLETERRE.

**ROBERT BECKER**, fabricant d'outils d'acier à Remscheid. PRUSSE.

**SELLA** (Quintino), ingénieur des mines, professeur à l'université de Turin. SARDAIGNE.

**DOCTEUR GUILLAUME SCHWARTZ**, directeur de la chancellerie du consulat général d'Autriche à Paris, secrétaire du ministère I. et R. du commerce et des travaux publics à Vienne, ancien secrétaire de la Chambre de commerce et de la Société industrielle de Vienne, membre des jurys des Expositions de Londres (1851) et de Leipzig (1850). AUTRICHE.

**PALMSTEDT**. SUÈDE ET NORWÉGE.

**J.-J. MÉCHI**, fabricant de coutellerie, membre du jury de l'Exposition de Londres (1851). ANGLETERRE.

S. A. I. le prince Napoléon a repris par la quinzième classe le cours de ses visites à l'Exposition universelle, interrompu au moment de son départ.

La première série de ces investigations avait eu, pour ainsi dire, son point d'arrêt naturel et logique dans la classe des constructions civiles. Là, en effet, s'arrêtait l'ensemble des arts qui se rattachent à la production des matières premières, et des forces mécaniques, physiques et chimiques, destinées à en opérer la transformation, et à l'approprier aux besoins de l'homme et aux nécessités de la civilisation. Ici, au contraire, la matière apparaît transformée, à l'état d'œuvre accomplie, de but atteint, d'usage satisfait, de forme définitive, de produit industriel en un mot. Les treize classes dont le Prince entreprend aujourd'hui l'examen ne nous la montreront plus autrement, si bien qu'on pourrait dire que, si les quatorze premières contenaient l'industrie qui crée et la science qui invente, les treize dernières renferment l'art qui perfectionne et le commerce qui vulgarise. Ici, par la même raison, l'Exposition revêt son caractère le plus français, s'il est permis de parler ainsi, le plus sympathique aux goûts élégants et aux instincts du beau qui distinguent si éminemment nos populations éclairées chez qui les questions d'utilité et de bien-être sont, un peu trop souvent peut-être, subordonnées à celles de perfection artistique et de mérite d'exécution.

Le fer, l'acier, le cuivre et l'or, — le coton, la laine et le chanvre, — le verre, la porcelaine, la pierre précieuse, — les bois de toute espèce, les matières animales, les agents naturels eux-mêmes, tels que la lumière et l'électricité, vont revenir sous nos yeux et solliciter une admiration nouvelle, non plus pour leur qualité, leur force, leurs propriétés mécaniques ou bienfaisantes, — mais pour la grâce de leur forme, le bon goût de leur dessin, la nouveauté de leur destination, la commodité de leur usage, le fini de leur aspect, l'imprévu de leur application, pour tout ce qui les rend capables, en un mot, de satisfaire aux besoins de la vie domestique dans les meilleures qualités d'économie, aux exigences du luxe (qui sont aussi des besoins relatifs) dans les plus hautes conditions de richesse et de splendeur, aux traditions de l'art, de l'éducation et de la gloire nationales et aux règles du bon goût, dont notre France est la terre classique.

Le système de classification officielle a réuni dans la quinzième classe tous les produits qui se rapportent à l'industrie de l'acier, depuis les aciers naturels, cémentés ou fondus, jusqu'aux innombrables instruments de travail ou objets d'économie et de consommation pour lesquels on les met en œuvre.

« L'acier, » dit M. Le Play dans son rapport à la Commission française de l'Exposition universelle de 1851, « diffère de tous les autres corps employés comme matière première dans l'industrie manufacturière, en ce qu'il offre, avec des apparences presque identiques, les nuances de qualité les plus extrêmes. Il en résulte que les quantités de travail qu'on juge avantageux d'appliquer à ce métal varient dans les mêmes proportions que celles qui, dans plusieurs autres branches d'activité, s'appliquent aux matières premières les plus précieuses ou les plus viles. Parmi les fabricants qui élaborent les aciers de diverses valeurs, il existe des différences aussi tranchées que celles qu'établit la nature même des choses entre les artistes et les ouvriers qui façonnent l'or ou le plomb, la soie la plus fine ou le chanvre le plus grossier.

« Un autre caractère distingue les produits d'acier de tous les autres : c'est qu'il n'existe aucun moyen d'apprécier sûrement, par l'examen d'un certain nombre d'objets, l'exellence d'une fabrication. La supériorité des fabricants placés à la tête de leur art ne peut être établie d'une manière irrécusable que par l'expérience même des consommateurs qui depuis longtemps font usage de leurs produits. De là une conséquence qu'il importe d'avoir présente à l'esprit dans toute étude sur les aciéries, c'est que la qualité de leurs produits ne peut se mesurer nettement que par le prix attribué par le commerce aux différentes marques de fabrique. La marque résume avec précision le résultat de l'expérience séculaire des consommateurs touchant le choix des matières premières, l'habileté des ouvriers, et surtout la moralité des chefs d'industrie. S'il n'y a encore en Europe qu'un petit nombre de fabricants d'aciers dont les produits, à apparence égale, se vendent plus cher que ceux de la majorité des producteurs, c'est qu'il existe peu d'organisations sociales où les propriétaires successifs d'une même fabrique aient assez de tenue et de probité pour repousser les faciles bénéfices qu'ils réaliseraient momentanément par l'avilissement des qualités garanties par une marque estimée. »

Les produits qu'embrasse la quinzième classe forment l'ensemble le plus riche et celui qui atteste les plus grands progrès.

La fabrication de l'acier se dégage peu à peu des mystères qui l'entouraient, et subit à son tour l'influence de la science vulgarisée. Les anciens procédés sont perfectionnés, de nouvelles méthodes introduites, et des données positives, rendues accessibles à tous, remplacent les pratiques transmises héréditairement dans le secret des ateliers.

L'un des faits les plus importants qu'aura constatés l'Exposition de 1855 sera, sans contredit, l'emploi du puddlage pour la production d'aciers communs à un prix peu supérieur à celui du fer.

La fonte obtenue des minerais de fer par le traitement dans les hauts fourneaux est un composé de fer et de carbone; ce dernier élément est ensuite éliminé par le nouveau traitement dans un four à réverbère que l'on appelle four à puddler. La masse introduite dans le four est modifiée dans sa composition par le contact de corps oxydants; elle perd le carbone dans une série de brassages, et arrive bientôt à l'état de *fer puddlé* brut.

L'acier étant, comme la fonte, un composé de fer et de carbone, mais dans lequel la proportion du carbone est beaucoup moindre, on comprend que, dans l'opération du puddlage, chaque particule de fonte puisse, avant de se convertir en fer malléable, passer par cet état intermédiaire qui constitue l'acier, et c'est, en effet, sur ce principe simple que repose la fabrication de l'*acier puddlé*.

La grande importance de cette nouvelle industrie consiste surtout en ce qu'elle livrera dorénavant une matière première à bon marché pour la fabrication des bandages de roues, des outils communs, et de cette multitude de pièces et de machines pour lesquelles le fer ordinaire n'offrait pas la dureté convenable. Mais dans la condition actuelle, il n'y a pas lieu d'espérer que l'acier puddlé puisse remplacer les aciers fins pour la fabrication des outils, des tranchants et de cette multitude d'objets de choix qui donnent une si grande variété à la classe quinzième. Les aciers proprement dits, *naturels, cémentés* ou *fondus*, formeront vraisemblablement pendant longtemps encore la matière première par excellence des nombreux ateliers qui s'adonnent à la fabrication de ces objets.

Jusqu'à ce jour du moins, les aciers puddlés, tout en ouvrant un champ nouveau à l'activité humaine, n'ont attaqué en rien la prospérité des établissements classiques voués à la production du fer à acier et des aciers fins de la Suède, de la Styrie, de la Carinthie, de la Westphalie, du Yorkskire, du bassin de la Loire, etc.

La connaissance des propriétés et des usages de ces aciers fins reste encore aujourd'hui la base des principales appréciations qui se rattachent aux industries de la quinzième classe.

Les *aciers naturels,* dit encore M. Le Play dans un de ses ouvrages, sont produits à peu près comme les fers ordinaires, par affinage au charbon de bois, au moyen de *fontes à acier* qui proviennent elles-mêmes de minerais d'une nature toute particulière. On fabrique, dans la plupart des groupes de forges de l'Europe, des aciers naturels de qualité inférieure destinés à la consommation locale. Deux centres de production, situés, l'un en Prusse, sur la rive droite du Rhin, l'autre dans les provinces autrichiennes des Alpes, jouissent depuis une époque fort reculée d'une haute célébrité. Jusqu'au milieu du siècle dernier, les aciéries du Rhin et des Alpes fournissaient seules aux nations commerçantes les qualités supérieures d'acier.

Les *aciers cémentés* proviennent de certains fers forgés, maintenus pendant plusieurs jours, au contact du charbon de bois, sous l'influence d'une haute température, dans de grandes caisses réfractaires hermétiquement closes.

Les *fers à acier*, c'est-à-dire les fers malléables éminemment propres à produire de l'acier par voie de cémentation, doivent, comme les aciers naturels, leurs propriétés caractéristiques aux minerais dont ils proviennent ; ils sont également préparés au moyen du charbon de bois, par des méthodes analogues à celles qui produisent le fer ordinaire.

Jusqu'à ce jour, les fers à acier de qualité supérieure n'ont été fournis que par certaines forges situées dans le nord de l'Europe, et particulièrement en Suède. Le principal groupe d'aciéries de cémentation situé dans le comté de Yorkshire, en Angleterre, s'est toujours appliqué, d'une manière spéciale, à élaborer les fers à acier du Nord ; vers le milieu du dernier siècle, il a commencé à lutter sur les marchés neutres avec les aciéries du Rhin et des Apes ; il est aujourd'hui parvenu au premier rang, aussi bien pour la quantité que pour la qualité des produits.

Les aciers naturels et cémentés ne peuvent guère être employés dans l'état où ils sortent des feux d'affinerie ou des caisses de cémentation. Les grosses barres d'acier naturel sont d'abord étirées en barres minces, au moyen du marteau ; celles-ci, réunies en grand nombre dans un seul paquet, sont réchauffées et étirées en barres qui prennent le nom d'*acier une fois corroyé*. Le même travail, répété une ou deux fois, produit les aciers *deux fois* et *trois fois corroyés*. Les bons aciers cémentés bruts, incomparablement plus homogènes que les aciers naturels, sont rarement corroyés ; on se contente ordinairement de les soumettre à un ou deux étirages successifs, selon la dimension que l'on veut donner aux barres d'acier : dans cet état, on les nomme *aciers cémentés étirés*.

Les aciers les plus purs et les plus homogènes se fabriquent par voie de fusion. Les meilleurs *aciers fondus* se préparent avec certains aciers cémentés, cassés en fragments et chauffés dans des creusets, à la plus haute température qui se produise dans les arts usuels. L'acier fondu, coulé en lingots, est ensuite étiré en barre, et c'est à cet état seulement qu'il est livré au commerce. Ce sont surtout les aciers fondus fabriqués en Yorkshire, avec les fers de Suède, qui ont établi, sur tous les marchés neutres, la supériorité des *aciers anglais*. Leur importance dans les aciéries va sans cesse croissant ; les trois quarts des aciers des fers cémentés en Yorkshire sont aujourd'hui convertis en aciers fondus.

Les aciers naturels sont particulièrement soudables et malléables ; ils conservent très-bien la propriété aciéreuse, malgré l'influence d'une série de chaudes successives. Ils conviennent donc spécialement à tous les usages dans lesquels ces propriétés sont mises en jeu, et ils peuvent être travaillés par les ouvriers les moins exercés. Les aciers cémentés, étirés, et surtout en aciers fondus, se distinguent par la pureté, l'homogénéité et la dureté ; élaborés par des ouvriers habiles, ils fournissent aux arts qui servent de base à la civilisation moderne des moyens d'action supérieurs à ceux qu'on peut tirer des aciers naturels et de tous les produits connus jusqu'à ce jour.

Les pays qui disposent des *minerais d'acier* s'en réservent ordinairement l'élaboration ; il serait d'ailleurs peu rationnel que les nations commerçantes recherchassent une matière première qui, dans le plus grand état de pureté, ne rend guère que 40 0/0 de produits utiles. Les *fontes à acier*, qui ne donnent que 75 0/0 d'acier brut, doivent également, dans une bonne distribution du travail, être affinées sur place. Il en est tout autrement des fers à acier, puisque ceux-ci rendent poids pour poids d'acier cémenté ; la propriété aciéreuse y étant concentrée dans le moindre poids de matière, le transport de celle-ci, depuis le lieu de production jusqu'à l'aciérie, n'entraîne aucun travail improductif. Le fer à acier est donc la matière première par excellence de toutes les contrées industrielles qui ne trouvent point le minerai d'acier dans leur propre sol. Cette idée simple et féconde, appliquée depuis deux siècles avec une admirable persévérance, a porté au premier rang les aciéries du Yorskhire ; elle a, en outre, puissamment contribué à fonder, durant cet intervalle, la suprématie industrielle et commerciale de la Grande-Bretagne.

Telles sont les matières premières, fort variées comme on voit, qui forment la base de l'industrie des aciers. Les produits industriels qu'on en obtient, les tôles, les fils, les ressorts, les objets de coutellerie, les outils tranchants, les armes blanches, les aiguilles, les hameçons, les plumes métalliques, les planches à gravures, les marteaux, les coins et poinçons, la bijouterie, d'acier, etc., offrent une variété incomparablement plus grande. De quelque côté qu'il se porte dans cette Exposition, le regard est émerveillé de la magnificence et de la variété des produits exposés ; jamais pareilles masses ne s'étaient, pour ainsi dire, donné rendez-vous dans un concours aussi puissamment composé ; jamais plus intelligentes et plus nombreuses applications n'avaient témoigné des ressources du génie industriel des temps modernes. Toute l'Europe, on peut le dire, figure, et dignement, à cette exhibition merveilleuse, où, depuis la locomotive jusqu'à l'aiguille, depuis la chaudière, la cloche, la bielle et la cisaille gigantesque, jusqu'aux plus humbles outils, jusqu'aux tranchants les plus subtils et les plus imperceptibles, chaque nation a tenu à honneur de prouver que la transformation industrielle des sociétés au dix-neuvième siècle a surtout pour symbole la puissance mécanique, qui tire de l'acier ses forces, ses ressources et ses prodiges.

En première ligne, parmi les innombrables applications de l'acier, viennent les gros objets, tels que les chaudières, les cloches, les canons, les tubes étirés et les bandages de roues.

Les chaudières exposées offrent d'incontestables avantages, résultant surtout du remplacement de la tôle de fer par celle d'acier. Le prix de cette tôle est, il est vrai, supérieur; mais par sa résistance infiniment plus considérable qui permet d'employer moins de matière, par son poids bien plus léger, — considération immense pour la marine, — par sa faculté à être emboutie et travaillée, on devine que l'économie est encore du côté de l'acier, et que l'emploi ne tardera pas à en être généralisé dans la fabrication des locomotives et machines à vapeur maritimes. MM. Petin et Gaudet exhibent de superbes spécimens de cette partie de l'industrie.

Les cloches en acier fondu sont une révolution complète dans la fabrication, au double point de vue du prix de revient qui est de moitié moindre de celui des cloches de bronze, et du son dont la qualité est plus belle et plus ample. On serait tenté d'y voir un avantage de plus, c'est que les cloches ne pourraient plus servir à faire des canons, si l'Exposition ne nous présentait des spécimens fort remarquables de canons en acier fondu. L'un d'eux, fabriqué en Prusse dans une usine du bassin de la Ruhr, par les mêmes procédés de forage et de tournage qu'on emploie pour les canons de bronze, et de plus martelé avec des outils extrêmement lourds, vient d'être essayé à

Vincennes et soumis, sans se rompre, à la prodigieuse expérience de cent quarante charges. Pour les canons, comme pour les chaudières, le mérite consiste dans une résistance égale pour un moindre poids.

Les bandages de roues pour waggons, les locomotives et machines, en acier naturel de l'Isère ; ceux en acier fondu de la Ruhr (Prusse) et de la Loire, dont un échantillon du poids de 700 kilogrammes pour un diamètre de 4 mètres a été obtenu sans soudure et d'un seul morceau ; les arbres, les essieux, les cylindres à laminer, etc., ont vivement attiré l'attention de Son Altesse Impériale pour l'homogénéité de la matière, sa ténacité, son grain blanc et fin, et surtout sa malléabilité, qui est si grande, qu'on voit chez l'un des industriels que nous venons de citer un copeau de 60 mètres de longueur enlevé au tour sur un cylindre, et une cuirasse aplatie sans gerçure, qui a résisté, malgré sa légèreté, à trois balles successivement tirées sur un même point de sa surface.

Les ressorts pour la carrosserie courante en aciers naturels ou de cémentation, et ceux en acier fondu pour les véhicules de chemins de fer, offrent à l'Exposition une série magnifique par le choix des formes, l'élasticité et la trempe.

L'acier fondu, étiré et laminé, forme une exposition des plus intéressantes. Une belle planche préparée pour la gravure, et de 1 mètre 78 centimètres sur 80 centimètres, permet de juger de la parfaite homogénéité de l'acier fondu,—qualité si indispensable pour l'obtention de belles gravures, et qui est mise en relief d'une façon si intelligente et si brillante dans l'étalage de la fabrication prussienne.

Pour obtenir de bon acier, il faut, comme nous l'avons déjà indiqué, avoir de bon fer, et le bon fer a jusqu'ici supposé le bon minerai. Lorsqu'on voit ces magnifiques minerais oxydulés de la Suède qui ressemblent plutôt à des produits chimiques épurés qu'à des produits naturels, on comprend que, pour ces produits-là du moins, les difficultés soient à moitié résolues. Mais voici qu'un novateur hardi propose de faire, *avec tous les minerais*, le meilleur fer et le meilleur acier. Le minerai est par lui converti *en poudre de fer* très-ténue, sans fusion, au moyen d'agents réductifs opérant à basses températures. De cette poudre l'ingénieux métallurgiste sépare, à l'aide de l'aimant, le fer pur ; puis enfin il convertit ce dernier en acier fondu, en le chauffant à une haute température au contact du goudron ou de tout autre liquide carburé. Ces procédés ingénieux ont excité au plus haut degré l'attention du Prince ; des expériences en grand ont déjà prouvé la vérité du fait ; la pratique des ateliers peut seule permettre de se prononcer sur leur valeur réelle. Mais si les espérances que l'auteur a fait concevoir se réalisent, l'industrie de l'acier subira une transformation complète.

En attendant, l'acier est toujours une matière précieuse; aussi s'occupe-t-on du moyen de le ménager. Le soudage de l'acier avec le fer par simple approche avec pression du marteau ou du laminoir a fait de tels progrès, qu'aujourd'hui le point de soudure défie l'œil le plus exercé.

Un nouveau procédé de fabrication du doublage d'acier mérite une mention toute spéciale. L'acier fondu est coulé sur le fer comme sur l'étain ou tout autre métal ; l'adhérence paraît complète.

Des spécimens de rails en acier sont exposés qui ont subi les épreuves les plus décisives ; il semblerait qu'ils sortent de l'atelier, et déjà les rails de fer employés concurremment avec eux sont tout à fait hors de service.

Passant à des applications plus générales et plus nombreuses, l'attention du Prince s'est d'abord portée vers la fabrication des limes. Il a admiré la régularité des tailles à la main, et vu des limes faites à la mécanique, à taille profonde, dont le tranchant est relevé comme dans la taille à la main. Depuis la grosse lime carrée jusqu'à la plus fine lime d'horlogerie, tout est en progrès dans cette belle industrie. La bonne qualité arrive avec le bon marché. Le Prince s'est arrêté devant une collection d'outils faits avec de vieilles limes; si la lime a bien résisté entre les mains de l'ouvrier, celui-ci est garanti de la qualité de l'acier, et il lui est avantageux d'en faire usage de nouveau pour la confection de ces mêmes outils. Ajoutons que le travail des retailleurs de limes est infiniment supérieur à ce qu'il était, et que les bonnes limes peuvent être retravaillées tant que le métal présente assez d'épaisseur et de résistance.

Nous ne saurions aborder la série si riche et si variée des outils tranchants et de la coutellerie sans faire un nouvel emprunt aux travaux de M. F. Le Play :

« Toutes les nations qui ont pris part à l'Exposition universelle, écrit l'auteur du rapport du 21e jury de 1851, fabriquent pour leur usage des objets de coutellerie et des outils tranchants appropriés aux habitudes de leurs populations; mais il n'existe qu'un petit nombre de districts manufacturiers qui exportent régulièrement leurs produits dans les pays étrangers. A vrai dire, on ne peut compter que trois centres d'industrie qui exploitent sur une grande échelle le commerce d'exportation : au premier rang se placent les districts de Sheffield, en Angleterre, et de Solingen, dans la Prusse rhénane, qui exportent en grand, l'un et l'autre, la coutellerie et tous les outils d'acier; il convient d'y joindre également la Styrie et la Carinthie, qui depuis une époque fort ancienne ont acquis, en ce qui concerne la fabrication des faux et des limes, une renommée universelle. La France n'a exporté jusqu'à ce jour qu'une valeur peu considérable en objets d'acier, mais elle les fabrique en quantités considérables pour les besoins de son industrie et pour ceux de l'économie domestique. Placée dans une situation intermédiaire entre les pays qui exploitent surtout le commerce d'exportation et ceux qui tirent des pays étrangers la majeure partie de leurs approvisionnements, elle se suffit presque complétement à elle-même, grâce à la perfection qu'elle a acquise dans la fabrication de la plupart des objets d'acier, et aussi à la faveur des prohibitions et des droits élevés imposés à l'entrée de plusieurs autres. Les États-Unis, divers États allemands, la Belgique, la Russie, la Suède, la Turquie, etc., se classent honorablement parmi les pays producteurs : néanmoins, de même que ceux qui ne sont point explicitement désignés dans cette énumération, ces pays reçoivent une quantité considérable d'outils et d'objets de coutellerie des deux principaux centres de production, c'est-à-dire de Sheffield et de Solingen. »

Ces considérations feront mieux comprendre le mérite et l'opulence de l'exposition actuelle des outils et de la coutellerie. L'espace nous manquerait pour énumérer seulement cette collection brillante et parfaite : scies sans fin et sans soudure, scies circulaires et gigantesques, outils d'acier pur ou chargés d'acier dont la soudure est invisible, articles de taillanderie, de ménage, instruments pour toutes les professions agricoles ou industrielles, artistiques ou scientifiques, depuis la cognée jusqu'au bistouri, depuis le cylindre colossal jusqu'au burin le plus délicat, qui facilitent le travail, le rendent plus parfait, plus rapide, plus agréable, si l'on peut s'exprimer ainsi. On a remarqué ces nécessaires composés d'outils dont le Prince a dit qu'il serait bien à désirer que tout ménage fût pourvu, un mobilier bien entretenu pouvant toujours se passer de grosses réparations et l'éducation intérieure des familles manquant souvent, en France, de la science « d'un clou mis à sa place. »

Le bon marché en matière d'outils, comme en toute chose, c'est la bonne qualité à un prix raisonnable ; le bas prix, quand la qualité fait défaut, n'est plus un avantage, mais une ruine, — et l'ouvrier perd à la fois son argent et le temps qui le lui procure.

La fabrication de l'est de la France, ainsi que la fabrication parisienne, les outils de Solingen, ceux de Sheffield, ceux d'Autriche et du Canada sont remarquables à tous égards. Les progrès réalisés dans la fabrication de l'acier ont commandé les progrès dans la confection des outils. Peut-être est-il à propos de dire que cet immense résultat date de la création des chemins de fer, qui ont nécessité la formation de nombreux ateliers dirigés par des hommes d'élite.

Quant à la coutellerie, on peut dire qu'elle est complète sous tous les rapports : les articles du meilleur goût et les plus soignés, des bijoux, des œuvres d'art, puis de la coutellerie à des prix vraiment surprenants : des ciseaux à 200 francs et des ciseaux à 10 centimes.

La coutellerie fermante a fait les plus grands progrès : les ressorts sont énergiques, sans dureté, les lames fortes, le poli très-beau, le tranchant excellent, l'ajustage des plus précis, même dans les qualités secondaires. Rien de plus parfait que ces couteaux de propreté qui, de même que le rasoir, ont un mouvement entièrement libre, et pourtant sont pourvus d'un ressort excellent. La coutellerie présente en ce genre de nombreux tours de force, des couteaux microscopiques ou d'une taille gigantesque, des assemblages d'une prodigieuse quantité de lames, des nécessaires formés d'un nombre infini d'outils, etc.

La ciselIerie offre les spécimens les plus variés : telle paire de ciseaux représente de 50 à 100 francs de main-d'œuvre, telle autre quelques centimes. Cette industrie repose encore, dans la plupart des centres de fabrication, sur le travail manuel exécuté dans de petits ateliers domestiques ; cependant on peut aussi admirer à l'Exposition d'excellents ciseaux obtenus dans de grands ateliers par estampage, au moyen du travail de puissantes machines.

Le couteau de table a reçu plusieurs améliorations. Il est devenu solide, élégant, et son prix s'est considérablement abaissé. Le Prince a surtout remarqué ces couteaux dont le manche en corne fondue est invariablement adhérent à la lame : c'est le *nec plus ultra* de la solidité et du bon marché dans la bonne qualité. D'habiles artistes en France, en Angleterre, en Allemagne, en Suède, en Autriche, mais, aux premiers rangs, ceux de Langres, de Paris et de Sheffield, ont montré à quel degré de perfection pouvait être porté le travail de la coutellerie. Une multitude d'esprits ingénieux ont mis en œuvre, pour l'avancement de leur art, les ressources empruntées à tous les autres métiers. Le travail des manches est des plus remarquables. Toute substance qui a le degré de consistance nécessaire a été expérimentée : le bois et la corne, puis la corne de cerf, les métaux, l'ivoire, le verre, la porcelaine, les pierres dures, l'aventurine, la nacre, l'écaille, le caoutchouc, le papier, etc., tout a été mis en œuvre avec plus ou moins de succès.

Les couteaux de service de table de S. M. l'Empereur montrent à quel point peut être porté le luxe uni au bon goût.

La coutellerie spéciale aux divers métiers a fait également des progrès notables. Chaque fabricant s'applique à rendre ses outils meilleurs et *plus à la main*. On peut citer les nouveaux ciseaux de tailleur, qui rendent le travail plus sûr et moins pénible.

Les rasoirs à 1 fr. la douzaine sont certainement à un bon marché extrême ; mais rasent-ils ? Ceux à 1 fr. la pièce sont aujourd'hui très-bons ; il n'excluent pas, toutefois, pour le consommateur soigneux, ceux que l'on paye 6 fr. Rien n'est plus capricieux que le rasoir : aussi n'est-il pas étonnant que, dans la fabrication la plus nette, on trouve des lames qui ne valent pas celles que produit une fabrication plus courante. Pourtant, toutes choses égales, un rasoir fait d'excellente matière a plus de chance d'être bon que celui qui est fait d'une matière moins soignée. Dans le but de faire bon à bon marché, on a imaginé deux moyens de n'employer que la quantité d'acier strictement nécessaire pour la confection du tranchant ; ces moyens, très-ingénieux, ont déjà produit des résultats satisfaisants, et l'on peut voir au prix de 1 fr. la pièce des rasoirs de bonne qualité. Les grands centres de production, Solingen, Sheffield, et en France Nogent, Paris, Thiers, Châtellerault, sont amplement représentés. Les États-Unis ont fait pour ainsi dire défaut : un seul exposant s'est présenté avec des couteaux de table d'une riche simplicité.

L'Autriche a eu les honneurs d'une attention toute particulière de Son Altesse Impériale ; parmi les branches diverses de l'industrie représentée par la XV^e^ classe, celles qui sont exploitées en Autriche sur une grande échelle semblent mériter le plus d'attention. La première qui se présente est la fabrication de faux et faucilles. 179 fabriques de faux ont produit 5,793,072 pièces, 1,026,661 faucilles et 227,393 hachoirs évalués à 5,793,072 fr. seulement. Leur qualité supérieure leur a fait trouver des débouchés dans toutes les parties du monde. La fabrication des casseroles, chaudrons et fourneaux compte 50 établissements, et fournit 540,618 kilogr. d'articles, évalués 505,062 fr. La fabrication du fil de métal est d'une plus grande importance, et se fait dans 100 établissements qui en produisent environ 4,435,786 kilog., d'une valeur de 2,692,692 fr.

Des fabriques moins grandes produisent d'autres articles, tels que limes, couteaux, haches, pelles, lames d'épée, canons de fusil et divers autres, jusqu'à la valeur de 12 millions de francs.

Cette longue et féconde visite s'est terminée par un examen des produits de la Toscane, appartenant à la même classe, et se composant de barres d'acier fondu, fabriquées avec la fonte brute de l'île d'Elbe, d'outils de sculpteur, de grappins et de chaînes pour la marine marchande, de mors creux, légers et pourtant fort solides, et enfin d'outils ingénieux pour l'horticulture.

# SEIZIÈME VISITE

## CLASSE XVI

### FABRICATION DES OUVRAGES EN MÉTAUX D'UN TRAVAIL ORDINAIRE.

GALERIES CIRCULAIRES DU PANORAMA, ET HANGARS DU JARDIN DE JONCTION.

PALAIS, TRAVÉES DU REZ-DE-CHAUSSÉE DE 15 A 35. — ANNEXE, PILES 49 A 53.

Élaboration des métaux et des alliages durs par voie de moulage (sauf renvoi à la classe I et aux groupes II à IV). — Fabrication des feuilles, des fils, des gros tubes, etc., des métaux et d'alliages durs. — Chaudronnerie, tôlerie, ferblanterie et élaborations diverses des feuilles de métaux et alliages durs. — Élaborations diverses des fils de métaux et alliages durs. — Grosse serrurerie, ferronnerie, taillanderie et clouterie. — Petite serrurerie et quincaillerie. — Élaborations du zinc. — Élaborations du plomb. — Élaborations de l'étain et des alliages blancs divers. — Élaborations industrielles des métaux précieux.

#### MEMBRES DU JURY.

MM.

**DOCTEUR VON STEINBEISS**, *président*, docteur ès sciences, conseiller supérieur de régence, ancien ingénieur et directeur des mines et usines à fer, membre du jury de l'Exposition de Londres (1851) et président à Munich (1854). WURTEMBERG.

**PELOUZE**, *vice-président*, membre de l'Académie des sciences, président de la commission des monnaies et médailles. FRANCE.

**WOLOWSKI**, membre des jurys des Expositions de Paris (1849) et de Londres (1851), professeur de législation industrielle au Conservatoire impérial des arts et métiers, membre de l'Académie des sciences morales et politiques. FRANCE.

**ESTIVANT**, ancien élève de l'École polytechnique, fabricant de métaux ouvrés à Givet (Ardennes). FRANCE.

**COULAUX**, fabricant d'armes et de quincaillerie à Klingenthal (Bas-Rhin). FRANCE.

**VICTOR PAILLARD**, fabricant de bronzes et fondeur. FRANCE.

**DIÉRICKX**, directeur de la Monnaie de Paris. FRANCE.

**DUMAS** (Ernest), directeur de la Monnaie de Rouen. FRANCE.

**W. BIRD**, vice-président du jury des métaux en 1851. ANGLETERRE.
**R.-W. WINFELDT**, manufacturier à Birmingham. ANGLETERRE.
**DE ROSSIUS-ORBAN**, *secrétaire*, vice-président de la chambre de commerce de Liége. BELGIQUE.
**CH. KARMARSH**, directeur de l'École royale de Hanovre, membre des jurys des Expositions de Londres (1851) et de Munich (1854). PRUSSE.
**JEAN MÜLLER**, propriétaire de forges à Kaschau. AUTRICHE.

---

La visite de S. A. I. le prince Napoléon à la seizième classe de l'Exposition universelle était à la fois le complément de la visite à la classe quinzième, et la préparation naturelle à l'étude des produits de la classe dix-septième, où les métaux précieux passent de l'état de produits ordinaires et de consommation à l'état d'objets d'art ou de luxe. Jamais classification ne fut plus logique et plus simple que celle qui est due aux travaux de la Commission impériale.

La classification officielle a compris dans cette division toute la fabrication des ouvrages en métaux d'un travail ordinaire; les métaux précieux prennent eux-mêmes place dans ce cadre lorsque les formes sous lesquelles ils apparaissent sont déterminées par leur emploi industriel ou scientifique, et non par une destination artistique.

Le fer et la fonte, dans toutes leurs applications, le cuivre, l'étain, le plomb, le zinc, le nickel, l'antimoine, isolés ou combinés par voie d'alliage ou de superposition, servent à fabriquer une foule d'objets pour les arts industriels ou pour l'usage domestique, et le nombre en est si considérable que c'est à peine si nous en pourrions citer les spécimens les plus remarquables. Mais ceux de nos lecteurs qui ont visité le palais de l'Industrie citent déjà les remarquables décorations pour jardins, kiosques, pavillons, siéges, grilles, ornements divers, statues et fontaines, qui abondent à chaque pas dans toute la vaste étendue de l'Exposition, et qui portent si haut les noms de plusieurs grandes maisons parisiennes, ceux de la compagnie anglaise de Coalbroakdale, d'une maison de Liége et de l'usine de Niederbronn, qui expose une grande quantité de poteries de fonte du plus vaste volume, des ornements très-variés et deux arbres creux du poids de 3,000 kilogrammes chacun. On sait que la fonte obtenue par la fusion des minerais de fer, livrée en masses brutes ou *gueuses* au commerce, sert à fabriquer ces ornements si multipliés aujourd'hui; mais ce que beaucoup de personnes ignorent, c'est que les modèles et les dessins de la France ont, pour la plupart, l'honneur d'inspirer les travaux de décoration en fonte qui se fabriquent à l'étranger. Et l'on peut ajouter que la pureté même des formes, qu'il est nécessaire d'obtenir pour que ces objets aient une valeur artistique quelconque, a contribué surtout aux perfectionnements qui ont élevé si haut l'art du fondeur en Europe.

Les détails des procédés de la fonderie sont très-peu représentés à l'Exposition : l'Angleterre et la France offrent cependant quelques exemples remarquables du moulage des roues d'engrenage; l'un des fabricants de cloches qui exposent a joint à ses produits toutes les pièces nécessaires pour indiquer comment il construit le moule et le noyau.

Tous les objets, cependant, ne se font pas en fonte de deuxième fusion. Ainsi, par exemple, ces poteries de fonte émaillée dans lesquelles la France et l'Allemagne excellent, ainsi encore ces ornements plats reproduits par le moulage en fonte de fer, et qui forment la spécialité d'une de nos plus importantes maisons de l'Alsace, sont exécutés directement avec le métal pris en fusion à la sortie des hauts fourneaux. On épargne ainsi les dépenses de combustible, de matériel et de main-d'œuvre que la seconde fusion entraîne. Mais la plupart des ateliers de moulage représentés à l'Exposition sont grevés de ces charges, soit qu'ils doivent s'éloigner des mines pour se rapprocher des consommateurs, soit qu'ils doivent employer des qualités de fonte qu'on ne peut obtenir que par le mélange de sortes produites en diverses localités.

L'usage des poteries de fonte dans l'économie domestique s'est beaucoup développé depuis que l'on est parvenu à couvrir le métal d'un émail qui peut supporter le feu ; l'Angleterre, l'Allemagne, la France et la Belgique ont exposé dans cette branche de très-beaux produits, quoique peut-être l'émail n'ait pas encore partout les qualités désirables.

La fonte malléable, une des conquêtes de ce siècle, fait chaque jour de nouveaux progrès : beaucoup de menus objets en fer, même quelques outils, peuvent être remplacés très-économiquement par cette fonte, en partie décarburée par la cémentation dans des corps oxydants, qui, dans certaines limites, cède à la torsion et se laisse travailler à la lime et au marteau.

Les robinets, les tubes et les tuyaux de conduite sont, parmi les objets en bronze et en laiton, ceux qui s'obtiennent plus particulièrement par la fusion : l'Exposition française montre combien nous sommes avancés dans la production de ces instruments, si utiles à la conduite et au bon aménagement des eaux ; mais les nombreuses études faites en Angleterre sur la question des bains et lavoirs publics, qui intéresse à un si haut point la population ouvrière, ont conduit à des formes plus rationnelles, sinon mieux exécutées.

Divers systèmes de suspension des cloches ont été présentés ; mais les produits les plus remarquables en ce genre consistent d'abord dans un procédé qui permet de réparer une cloche fêlée en la ramenant au ton primitif, et ensuite dans les essais exposés par la Prusse pour remplacer, dans la construction des cloches, le bronze par l'acier. Nous en avons dit quelques mots au compte rendu de la visite précédente. Les cloches présentées sont bien réussies et d'une sonorité dont se plaignent quelquefois les nombreux visiteurs de l'Annexe ; elles offrent une économie considérable dans le prix de la matière première.

C'est encore en Prusse, en Belgique et en France que nous trouverons les tôles les plus remarquables de fer, de cuivre, de zinc, et de différents alliages, et entre autres les plaques les plus puissantes et les feuilles les plus minces et les plus flexibles. La France expose en particulier des spécimens nombreux de fers enduits de zinc, de plomb, de cuivre, et des fers-blancs de la meilleure qualité.

Parmi les objets qui ont, à juste titre, attiré l'attention de Son Altesse Impériale, nous citerons particulièrement les tubes étirés, les estampages et les toiles métalliques. Ces trois genres de produits montrent en effet tout le parti que l'on peut tirer, par une étude convenable, des propriétés si remarquables des métaux usuels. Autrefois, pour fabriquer un tube, on enroulait sur un mandrin une feuille de métal dont on réunissait les deux bords par une soudure : on obtient maintenant des tubes de toutes longueurs en forçant le métal encore pâteux à traverser une filière, absolument comme agissent les pâtes d'Italie et les tuyaux de drainage dans les appareils qui les confectionnent. Mais ce procédé ne peut être appliqué qu'aux matières qui se fondent à une température peu élevée. Pour les autres, une plaque ronde et épaisse est d'abord emboutie en forme de godet de plus en plus profond ; et lorsque cette forme est suffisamment accusée, on passe le tout à la filière, sur un mandrin métallique, et l'on obtient un tube plus ou moins long, fermé ou ouvert à l'extrémité qui correspondait au centre de la plaque primitive. Les résultats obtenus dans cette industrie par l'un des plus ingénieux fabricants de notre capitale sont tout à fait remarquables. On sait d'ailleurs sous combien de formes diverses sont obtenus maintenant ces tubes en laiton qui servent aux décorations intérieures ou qui sont employés dans la lampisterie et les appareils à gaz.

La fabrication des estampés en laiton est, en Prusse et en Angleterre, une industrie considérable, fort bien représentée à l'Exposition : nos produits, en ce genre, sont plus étudiés dans leurs formes, et nous pouvons dire en toute assurance que nous n'avons plus rien à envier, sous ce rapport, aux autres pays.

Son Altesse Impériale a examiné aussi avec beaucoup d'attention une petite pendule en estampé, du prix de 28 fr., qui est tout à fait remarquable.

La Toscane, l'Angleterre et la France ont fourni les exemples les plus curieux de ce que l'industrie du repoussé peut exécuter aujourd'hui. Un casque en fer d'une seule pièce et divers objets en cuivre rouge sont les produits sur lesquels a été principalement appelée l'attention de la Commission et du jury.

La fabrication des tissus métalliques ne se borne plus à l'entrelacement simple des fils de la chaîne et de la trame; on fabrique maintenant de véritables étoffes métalliques façonnées qui peuvent être employées d'une manière fort avantageuse pour l'ornementation : certains tissus anglais doivent être mentionnés pour leur finesse exceptionnelle.

Les objets en fer qui constituent la serrurerie du bâtiment occupent une place considérable parmi les produits de la seizième classe. Les crémones remplacent presque partout les anciennes espagnolettes, et leurs formes se sont modifiées, chez plusieurs fabricants, d'une manière fort heureuse. L'Angleterre surtout offre un assortiment très-varié de petites pièces de serrurerie très-bien faites, très-bien polies, très-solidement assemblées, mais dont les formes s'écartent beaucoup des nôtres.

La serrurerie de précision est bien traitée, mais ne présente pas de particularité nouvelle bien intéressante : on pourrait en dire autant de tous les autres pays, et croire que toutes les combinaisons sont déjà épuisées. Cependant deux ou trois fabricants hors ligne témoignent encore de cet esprit de recherche qui a déjà tant produit en ce genre. Les explications données par l'un d'eux ont particulièrement attiré l'attention de Son Altesse Impériale.

Le zinc, dont nous aurons à reparler en rendant compte de la visite du Prince aux bronzes d'art, est représenté, tant comme échantillons que comme applications, presque exclusivement par la Société de la Vieille-Montagne, qui a deux expositions : l'une dans la galerie du quai, où elle apporte de très-beaux minerais provenant de Belgique, du grand-duché de Bade et de Prusse ; l'autre dans la nef du palais principal, où l'on voit des ornements estampés admirables, des statues tout entières, avant l'opération de la bronzerie galvanique qu'elles doivent subir ; des clous, des fils, des fragments de toiture et mille autres préparations destinées à remplacer le cuivre et même le fer dans une foule d'industries. Mais, de tous ces produits, le plus remarquable est, à coup sûr, la belle statue équestre de S. M. l'Empereur, placée à l'entrée du pavillon de l'Est, et dont l'auteur, M. Paillard, membre du jury, est au premier rang parmi nos fabricants de bronze.

Parmi les produits qui ont le plus spécialement attiré les regards de Son Altesse Impériale, nous citerons les coffres-forts de Berlin, de Magdebourg, de Vienne et de Paris. Les fabricants ont épuisé leur génie inventif pour mettre ces meubles importants à l'abri des incendies, des vols et des accidents de toute nature : l'un arrête le voleur, l'autre l'enferme dans une grille ; celui-ci agite une sonnette ou tire un coup de pistolet, celui-là reste intact au milieu du feu ; cet autre, d'une dimension à peine égale à celle d'un registre ordinaire, offre des mystères et des complications incalculables. Les coffres-forts prussiens offrent l'avantage d'un prix de revient excessivement bas.

Nous citerons aussi les vases en plomb de l'Autriche, les ustensiles chimiques en platine de la France et de l'Angleterre, les ors faux de la Bavière, les belles fontes mêlées d'argent de la fonderie royale de Berlin, les estampages d'Iserlohn, les cuivres découpés et les boutons de porte de Londres, les poteries émaillées du Danemark, les magnifiques produits de la tréfilerie de Belleville près Paris, les objets de nickel de Prusse, de Paris, de Sheffield et de Birmingham, la grosse serrurerie de Suède, les grosses chaînes forgées des grands pays maritimes, les boîtes pour conserver la poudre de guerre employées par la marine royale des Pays-Bas, et les gigantesques enclumes de Rouen. Le Prince, dans le cours de cette visite, a également arrêté d'une manière particulière son attention sur la fabrication des tubes à éther et à chloroforme, qui rappellent l'idée d'une des plus audacieuses tentatives de la science moderne, qui fera une révolution dans l'industrie, si elle se développe, par la substitution de ces deux vapeurs à la vapeur ordinaire dans les appareils de locomotion.

---

# DIX-SEPTIÈME VISITE

## CLASSE XVII

### ORFÉVRERIE, BIJOUTERIE, INDUSTRIE DES BRONZES D'ART.

PALAIS PRINCIPAL, REZ-DE-CHAUSSÉE (A GAUCHE, 18 A 30); GALERIES SUPÉRIEURES (A DROITE, 11 A 20). — ID., ID., COMPARTIMENTS ANGLAIS, PRUSSIEN, INDIEN ET ESPAGNOL — PANORAMA, ROTONDE. — NEF CENTRALE DU TRANSEPT ET PALIERS DES DIVERS ESCALIERS).

Procédés de l'orfévrerie, de la bijouterie, etc. — Taille et gravure des pierres employées en bijouterie. — Orfévrerie en métaux précieux. — Orfévrerie en métaux communs enduits ou plaqués de métaux précieux. — Joaillerie et bijouterie d'imitation. — Bijouterie de matières diverses. — Industrie des bronzes d'art.

#### MEMBRES DU JURY :

MM.

**MARQUIS DE HERTFORD**, *président*, K. G. ANGLETERRE.

**COMTE DE LABORDE**, *vice-président*, membre des jurys des Expositions de Paris (1849) et de Londres (1851), membre de l'Académie des inscriptions et belles-lettres. FRANCE.

**DUC DE CAMBACÉRÈS**, sénateur, grand maître des cérémonies. FRANCE.

**DEVÉRIA**, conservateur des estampes à la Bibliothèque impériale. FRANCE.

**LEDAGRE**, membre de la chambre de commerce de Paris, ancien président du tribunal de commerce de la Seine, bijoutier-orfévre. FRANCE.

**FOSSIN**, ancien joaillier de la couronne. FRANCE.

**J.-D. SUERMONDT**, membre de la Commission centrale. PAYS-BAS.

**NELLESSEN** (Charles), fabricant de drap, à Aix-la-Chapelle. PRUSSE.

**CARANZA** (Ernest), secrétaire de la Commission orientale. TURQUIE, ASIE.

**GEORGE HOSSAUER**, orfévre de Sa Majesté, à Berlin. PRUSSE.

---

La visite de S. A. I. le prince Napoléon aux produits de cette classe a été, on peut le dire, plutôt un hommage à l'art et au goût qui distinguent notre belle fabrication parisienne qu'à l'industrie proprement dite. Un autre intérêt non moins capital s'attachait à cette visite : dans l'orfévrerie, comme dans la bronzerie, il y a bien peu d'ouvriers qui ne soient presque des artistes, et il y a des artistes qui, de l'humble rang où les avait placés la destinée, se sont élevés, par un génie véritable, à la hauteur des maîtres, ont fait la fortune et la renommée des premières maisons de la capitale, et, stimulés par l'auguste volonté qui a décidé que justice serait rendue à tout le monde, par le zèle du Prince président de la Commission impériale et des jurys divers, à rechercher les auteurs des œuvres et les éléments réels du concours qui fixe les yeux du monde, — sont enfin sortis de leur obscurité et sont venus à l'Exposition comme de bons soldats vont à la bataille, armés de toutes pièces et certains du succès, qui manque rarement à la foi et au courage. L'épreuve a été décisive; la dernière circulaire du Prince va recevoir sa légitimation naturelle. Malgré le silence de quelques commerçants, le jury et la commission ont su ce qu'ils voulaient, ce qu'ils devaient savoir, et l'Exposition a été ramenée à son véritable caractère de concours loyal. Il n'y aura de partialité pour personne, mais pour tout le monde il y aura justice.

Il était impossible qu'une seule séance, même de près de cinq heures, suffît à examiner les produits si multiples de l'orfévrerie de commerce et d'art, de la joaillerie fine et d'imitation, du plaqué, du doublé, de l'argenture électro-chimique, des fabrications diverses d'acier, de jais, de corail, de pierres fausses, d'émaux, de camées, de mosaïques, de nielles, et avec eux les innombrables spécimens de la fonderie et de la ciselure en bronze, en zinc ou en métaux galvanisés, appliqués à tant de destinations et d'usages. Chacune des catégories adoptées par le système de classification officielle forme un ensemble si riche, si varié, si intéressant au double point de vue de l'art et de l'industrie, qu'une deuxième visite a été jugée nécessaire. Dans la première, le Prince a passé en revue les industries diverses qui ont trait à l'orfévrerie et à la joaillerie d'art, de luxe, de consommation courante ou d'imitation, dont les produits garnissent les trophées de la grande nef, le rez-de-chaussée et les galeries supérieures du palais principal et la rotonde du Panorama.

C'est par les produits étrangers que le Prince a commencé sa visite, en examinant les articles d'orfévrerie en métal dit *Britannia*, des manufactures anglaises de Sheffield et de Birmingham, dont la supériorité ne saurait être contestée, tant pour le bonheur de la forme usuelle que pour le bon marché du prix de vente.

Car, s'il est un mérite à reconnaître à nos voisins de l'autre côté du détroit, c'est surtout de ne jamais perdre de vue la destination de l'objet qu'ils fabriquent, et de commencer d'abord par lui donner soit l'ouverture convenable pour son usage, soit l'assiette nécessaire pour son aplomb; de sorte que ce qui est perdu par l'élégance se compense par le service pratique, et, la plupart du temps, par l'originalité d'une forme adoptée sous l'influence d'un bon sens qui ne les quitte jamais.

Le Prince ne pouvait traverser l'Angleterre sans donner un coup d'œil aux articles de plaqué, d'argenterie et de bronze, obtenus par les procédés galvaniques, qui occupent une place si distinguée dans la légende des produits anglais. Ces produits sont répandus dans les diverses parties du Palais et y brillent par des qualités de fini, d'exécution et de solidité, qui justifient leur exploitation sur une échelle presque colossale.

Quant à la bijouterie de luxe et à l'orfévrerie pure, rien ne saurait donner une idée de l'opulence et des richesses accumulées dans les quatre ou cinq vitrines anglaises du premier étage. On sait que le poids et la valeur intrinsèque ont une importance primordiale aux yeux des riches consommateurs de

la Grande-Bretagne, et c'est à cela peut-être qu'il faut attribuer la lourdeur, le manque de grâce et de dessin et la crudité un peu massive de la plupart de leurs pièces. Mais une réforme des plus heureuses se trahit déjà dans la fabrication artistique proprement dite, et cette réforme est toute à l'honneur de la France : les principales maisons de Londres se sont attaché nos meilleurs artistes en sculpture et en ciselure, et le goût parisien se révèle dans beaucoup de pièces exposées par l'Angleterre.

L'exposition autrichienne a d'abord appelé l'attention du Prince par les couverts en maillechort et en packfond de la manufacture de Berndorff, dont la fabrication se lie à l'exploitation des mines du pays et dont les formes ne seraient peut-être pas adoptées par le goût français, mais d'un véritable bon marché et d'un débit qui s'élève à des proportions remarquables, quelque chose comme cinq cents douzaines par jour.

L'exploitation des grenats d'Allemagne en graines enfilées et de ces mêmes grenats taillés à la manière des roses de Hollande pour parures, représente le plus gros bagage des bijoutiers autrichiens. Il est difficile de tirer un meilleur parti d'une pierre assez ingrate par elle-même et de montrer plus d'intelligence pour donner satisfaction à la mode d'un pays. Milan, Prague et Vienne envoient aussi quelques objets d'un travail remarquable ; mais l'Allemagne tout entière semble avoir fait défaut à la XVIIe classe.

La Prusse, chez qui on observe une séve très-vivace d'émulation, a exposé, entre autres œuvres remarquables, un magnifique album, dont la garniture, composée de vignettes et arabesques mêlées d'émaux, atteste un véritable mérite d'exécution; et un admirable bas-relief d'argent, fait en ronde bosse, obtenu par le dépôt galvanique, à l'aide de la gutta-percha. Le sujet représente la ville de Berlin, qui vient complimenter le prince et la princesse royale de Prusse à l'occasion de leur mariage. Si la Prusse n'a point inventé le procédé, elle a au moins le mérite de l'avoir employé avec une hardiesse inconnue, et d'avoir donné la mesure de ce que l'on peut oser pour la réduction et la reproduction des chefs-d'œuvre de l'art, sans s'adresser à la fonte, au repoussé ou à l'estampage.

Les ambres de Dantzick et de Berlin méritaient une station, dont ils ont eu l'honneur, ainsi que les belles statues en bronze du Méléagre antique et du feu roi de Prusse, cette dernière particulièrement remarquable par le damasquinage d'or et d'argent dont elle est enrichie.

Le grand duché d'Oldenbourg maintient sa spécialité pittoresque de gravures, de camées, d'intailles, de vases, de coupes, de calices, de garnitures et d'objets de toute espèce en jaspe, en agate, en cornaline, en sardoine, en onyx, en pierres dures dites cailloux du Rhin et agates d'Oberstein, dont les fabriques occupent un nombre de moulins et de bras littéralement fabuleux pour un pays de si peu d'étendue, et dont les produits, disséminés par les foires de Leipzig et de Francfort, sont connus de tout l'univers.

La Suisse exhibe de belles bijouteries, où l'horlogerie joue peut-être un trop grand rôle, car une montre miscroscopique est toujours invariablement enchâssée dans les bijoux même les plus petits; mais la Suisse est sans rivale dans ses gravures sur or pour tabatières et boîtiers de montres, où l'art de ses guillocheurs de Genève et de la Chaux-de-Fonds s'élève à une hauteur prodigieuse.

Le travail de la gravure et de la damasquine comme on le pratiquait au seizième siècle, ressuscité par l'art espagnol, a mérité les plus vives approbations de Son Altesse Impériale, qui s'est arrêtée aussi devant deux boucliers exposés par le Danemark, mais sortis d'un atelier français. Le Prince a terminé sa revue de l'orfévrerie étrangère par une visite aux somptueux produits de l'industrie du corail dans les États pontificaux et à

Naples. Dans ce même compartiment, les camées et les mosaïques de Rome justifient leur proverbiale renommée. On y remarque, entre autres merveilles, une vue du Campo-Vaccino qu'on dirait peinte à l'huile, et qui n'a pas demandé moins de dix ans de travail.

L'orfévrerie française a ensuite appelé l'attention de Son Altesse Impériale, qui a commencé par l'examen des deux grands autels exposés dans le transept. Ces deux importantes créations jettent un jour tout nouveau sur l'avenir de l'orfévrerie, dans ses applications au style décoratif de nos monuments religieux et civils. L'orfévrerie française s'était vue primée, aux précédentes expositions, par le bronze, qui, sous le couvert de sa dorure, arrivait à produire des pièces d'une dimension inabordable pour un métal aussi précieux que l'argent, et ne laissait qu'un bien faible rôle à jouer à l'orfévrerie massive. Mais celle-ci s'est imaginé à son tour d'envahir le domaine du bronze et de fabriquer, avec la supériorité d'ajusté, de montage et de maniement de marteau qui lui est propre, des objets d'orfévrerie en cuivre couvert de dorure ou d'argenture. Les autels que nous signalons sont la preuve de ce que l'on peut faire dans ce genre.

Les procédés dits de Ruolz n'ont pas peu contribué à faciliter l'entreprise de semblables œuvres, et c'est peut-être là le plus réel service qu'ils aient rendu à l'industrie. La démonstration de ce fait est établie par l'heureux emploi du cuivre doré, substitué au vermeil, auprès duquel il tient une place très-honorable dans les vitrines de nos meilleurs orfévres dits *d'église*, qui ont mis la décoration convenable des autels à la portée de nos plus humbles églises de village; et, par l'introduction du même genre de fabrication dans un service de grande dimension, commandé par le vice-roi d'Égypte, et qui n'est que du cuivre, figurant, sans être écrasé par eux, près de produits en argent au titre. On en peut dire autant du magnifique surtout de table exécuté, pour S. M. l'Empereur, par la maison Christoile. Cette œuvre importante, à laquelle ont contribué les principaux artistes de Paris, n'est pourtant que du métal ordinaire, sous l'éclatante couche d'argenture qui le couvre. Quelques maisons spéciales ont largement aidé au développement de cette orfévrerie, qui rivalise pour le goût de ses produits et le fini de son exécution avec ce que notre orfévrerie d'argent plein offre de plus remarquable.

L'espace nous manquerait pour indiquer, même avec la sèche nomenclature d'un appel nominal, les merveilles de toute sorte que le Prince a pu saluer et reconnaître au passage dans sa longue promenade à travers les vitrines de nos orfévres les plus populaires.

Le Prince a donné une attention toute spéciale aux merveilles de grâce, de goût et de richesse qu'entourent la bijouterie et l'orfévrerie françaises; Son Altesse n'a pu contempler sans une certaine émotion les productions incomparables qui composent l'œuvre de Froment-Meurice, cet artiste éminent mort à la veille d'une exposition qui lui eût rendu en honneur ce qu'il lui avait apporté en mérite.

Ainsi que l'avait déjà fait le jury, Son Altesse Impériale a établi une distinction très-marquée entre le talent auteur de tant de chefs-d'œuvre et la spéculation intelligente qui les vulgarise, entre l'artiste et le marchand, le créateur et le reproducteur, le maître et le copiste.

L'orfévrerie, dite *grosserie*, avait là pour représentants les chefs des plus anciennes maisons de Paris, prêts chacun à donner, sur sa spécialité, des explications reçues avec une bienveillance et une attention soutenues. Le plaqué français, précisément à cause de la concurrence redoutable que lui fait l'argenture, ne pouvait être négligé. Les chefs des fabriques en réputation de Paris, qui soutiennent courageusement cette concurrence, se sont chargés de démontrer triomphalement qu'ils ne la craignaient pas.

Depuis quelques années, les moyens mécaniques ont remplacé le marteau dans la fabrication des couverts, qui, aujourd'hui, sont estampés, frappés ou gravés de toutes pièces, au moyen de matrices plus ou moins susceptibles d'être reproduites avec facilité. Cette fabrication, des plus intéressantes, à cause de son importance, a vivement attaché Son Altesse Impériale, au point de vue du progrès, de l'excellence des produits, des moyens employés et de la réduction du prix de revient.

L'imitation des pierres précieuses est un problème que quelques-uns de nos fabricants parisiens ont résolu dans la perfection; et, comme ils ont le bon esprit de ne rien négliger dans la monture, l'exposition de la joaillerie d'imitation est presque aussi brillante que celle de la vraie joaillerie.

Après une inspection des produits innombrables de la bijouterie dite d'*imitation :* perles fausses, pierres fines et diamants imités, émaux des joyaux pour deuil, des joyaux d'acier, des filigranes, du doublé d'or, des bijoux dorés, des nielles, des damasquines, des dés à coudre, des mille fantaisies, enfin, du caprice de la mode, du luxe et de la splendeur à bon marché, dont quelques-unes, traitées sur une grande échelle, et avec les moyens économiques fournis par la mécanique et la chimie, finissent par constituer une industrie véritable, le Prince a terminé la première partie de sa visite par un coup d'œil donné à l'inappréciable collection des diamants de la Couronne, dont nous dirons, puisque l'occasion se présente, quelques mots destinés à rectifier une foule d'erreurs propagées dans le public.

C'est la première fois qu'a lieu en France une exposition pareille, et cette nouveauté suffirait seule à justifier l'empressement du public. Jusqu'à Napoléon III, les richesses lapidaires de la France restaient soigneusement cachées sous trois clefs déposées entre les mains de l'intendant général de la liste civile, du trésorier et du joaillier de la Couronne, et les diamants ne voyaient le jour qu'aux rares occasions où un souverain étranger visitait Paris. Il n'en est plus ainsi maintenant. L'Empereur, pensant que le public doit avoir au moins la vue d'une richesse nationale dont le souverain est dépositaire, ne s'est pas seulement contenté de les exposer aux yeux de tous dans la salle du Panorama ; Sa Majesté a fait remonter une grande partie des anciennes parures, et cette exposition, en dehors de l'attrait de richesses incomparables, offre encore le moyen de constater, par la comparaison du travail ancien et du travail moderne, le progrès incontestable que nous avons fait dans l'art d'enchâsser ces merveilles.

Sa Majesté a vu et approuvé elle-même tous les dessins que lui a présentés, à cet effet, l'habile et ingénieux M. Devin, joaillier, inspecteur des diamants de la Couronne.

La vitrine dans laquelle sont renfermés les diamants est octogone ; dans chacun des huit compartiments, sur un velours grenat, qui les fait admirablement ressortir, sont exposées les parures ; d'abord le Régent, monté sur la couronne impériale et dominant de toute la hauteur de ses 126 karats (un peu plus de 5 millions de francs) les autres pierreries qu'éclipsent sa grosseur et son éclat ; puis une garniture de robe, en forme de berthe, composée de feuilles de groseilles, au milieu de laquelle brille une magnifique pièce de corsage du même style. Cette parure, nouvellement remontée, se recommande par la simplicité du dessin. Quand des pierres sont aussi admirablement belles que celles qui composent la garniture qui nous occupe en ce moment, le travail de l'artiste doit être imperceptible, pour laisser les diamants briller de tout leur éclat. C'est ainsi que l'ont compris MM. Bapst, chargés de ce travail. Impossible, en effet, de voir comment tiennent ces chatons dans leurs cercles d'argent invisible.

Au-dessus se dessine une ceinture exécutée par M. Kramer, joaillier de l'Impératrice ; les nœuds en brillants qui la terminent sont mouvementés avec une grande vérité, et lui donnent un véritable cachet d'élégance; à côté, un bouquet de brillants, sorti des ateliers de M. Fester; à droite, le diadème que portait S. M. l'Impératrice le jour de l'inauguration de l'Exposition, monté d'après une idée de M. Devin, que M. Viette, chargé de l'exécution du travail, a très-habilement rendue. Des rubans s'entrelacent et laissent, pour ainsi dire, échapper comme des flammes d'un goût charmant. Le jour de l'inauguration, quand S. M. l'Impératrice fit le tour de la nef, le soleil vint frapper d'aplomb sur ce diadème, dont l'effet fut prodigieux.

Au-dessous de ce diadème est exposée la parure de saphirs exécutée en 1822 par MM. Bapst. Cette collection est admirable; le diadème surtout que portait S. M. l'Impératrice le jour de son mariage est éblouissant. En continuant, dans le même ordre, on trouve 1,500 chatons détachés rangés sur vingt-sept lignes; une coiffure nouvellement montée sur les dessins de M. Devin; le compartiment tout entier des ordres et décorations; l'épée en diamants, chef-d'œuvre de MM. Bapst, estimée 246,000 francs; — un éventail; — une splendide parure en rubis; — un peigne en brillants, qui est un chef-d'œuvre; — la parure de perles, dont la célébrité est historique, et qui n'a son égale nulle part.

Puis viennent les magnifiques bijoux particuliers de S. M. l'Impératrice, qui a voulu que ses richesses fussent confondues avec celles de l'État. Cette collection est admirable jusque dans les moindres pièces.

Viennent enfin la parure turquoise et la parure saphirs et rubis, remontées à nouveau par MM. Bapst, qui ont fait, de la première surtout, une merveille de distinction et de grâce.

Nous avons dit que le Régent valait 5 millions, et l'épée 246,000 fr. Un inventaire dressé en exécution de la loi du

2 mars 1832, par MM. Bapst et Lazare, portait les pierres précieuses de l'État au nombre de 64,812, pesant 18,751 karats 17/32, et ayant une valeur de 20,090,260 fr. 1 cent. Quelques pièces étaient ainsi estimées : une couronne (5,206 brillants, 146 roses et 39 saphirs), 14,702,708 fr. 80 cent; un glaive, avec 1,569 roses, 261,165 fr. 99 cent; une aigrette, avec 217 brillants, 273,119 fr. 37 cent.; un bouton de chapeau est évalué 240,700 fr.; une opale, 37,500 fr., et quatre parures de femme sont estimées : 1,165,163 fr., 293,758 fr. 59 cent., 283,816 fr. 9 cent., et 130,820 fr. 63 cent. Un collier en brilants vaut 133,900 fr.; des épis sont estimés 191,475 fr. 62 cent.

---

Sous le titre de bronzes d'art, la classification officielle comprend aussi l'industrie du zinc et du cuivre, traités soit par la fonte, soit par la galvanoplastie, — branche nouvelle appelée à la haute mission de populariser le bon goût et les bons modèles, et qui, si elle est sérieusement comprise et honnêtement traitée, rendra les plus grands services à la sculpture, à la plastique et à la décoration.

A elle seule, la section des bronzes est un champ d'appréciations presque aussi compliqué que l'orfévrerie et la bijouterie réunies. On sait combien c'est là une industrie française, ou plutôt parisienne, et si française et si parisienne que l'étranger n'y figure que pour trois ou quatre œuvres, qui ne sont que des reproductions, et qu'en France, sauf un département, Paris seul compte des fabriques, des artistes, des ouvriers et des industriels véritables. A première vue, comme après examen détaillé, l'impression générale que cette quantité d'objets de toute sorte laisse dans l'esprit de l'observateur et de l'industriel, c'est, on peut le dire, un étonnement profond devant tant de variété, une admiration réelle pour tant de patience dans l'exécution, une sympathie des plus vives pour tant d'émulation à bien faire. Les noms nouveaux abondent; les anciens se soutiennent, et si quelques imperfections se trahissent, si, comme partout, il faut faire la part du mauvais goût et de la promptitude, du moins ces imperfections sont si peu nombreuses et se perdent si complétement dans une masse uniformément progressive et magnifique, que l'on n'a plus le courage de blâmer, et que l'on reconnaît, comme l'a fait le jury, que cette merveilleuse industrie du bronze est une des gloires les plus incontestables de l'Exposition française.

Son Altesse Impériale l'a bien compris, et les témoignages de sympathie qu'elle a donnés à une foule d'œuvres remarquables provenaient autant d'une intelligence exquise du beau que du sentiment énergique de notre supériorité artistique.

On devine à quoi sont dues ces nombreuses et intéressantes améliorations : d'une part, la vulgarisation de l'étude du dessin, les procédés de réduction, les applications de la mécanique à la sculpture et les découvertes de l'électro-métallurgie ont répandu le goût et popularisé les meilleurs modèles de la statuaire antique et moderne; d'un autre côté, les artistes à qui la grande sculpture ne rapportait pas des profits aussi immédiats et aussi considérables que la pendule ou l'ameublement, se sont jetés, peut-être au détriment de l'art pur, mais à coup sûr au grand avantage de l'industrie et de la consommation courante, dans ce genre gracieux et facile de la statuette et de l'ornementation, qui les enrichit rapidement et leur procure une vogue dont il est difficile de se défendre. Les plus grands talents n'ont pas dédaigné ce genre de travail; depuis

Pradier, Feuchères et Cumberworth, morts illustres, jusqu'au groupe vivant de ces artistes infatigables, dont les modèles fourmillent dans le compartiment du bronze, on peut dire que tous les noms célèbres du dessin et de la statuaire figurent à l'Exposition de l'industrie, et plus d'un voit sa même œuvre, dont l'original en marbre ou en plâtre figure au palais des Beaux-Arts, briller en bronze ou en zinc galvanisé dans la vitrine de quelque fabricant de bronze du palais de l'Industrie.

Enfin, il faut faire la part des exigences commerciales et des demandes de l'exportation, qui ne sont pas toujours éprises des règles de l'art pur, mais qui, au contraire, sacrifient beaucoup aux modes, aux usages des différents pays pour qui la commission commande des objets souvent fort excentriques. Assurément, si les fabricants de bronze ne vendaient qu'aux artistes et aux amateurs de Paris, ils pourraient, comme on dit, ne faire que de l'art; mais malheureusement leur industrie ne vit pas d'admirations et de contemplations.

Ces réserves une fois admises, il n'y a plus qu'à louer. Toutes les concurrences qui se groupent dans cette exposition attestent un tel degré de fabrication ardemment progressive, même dans leurs produits les moins réussis, que rien n'est plus difficile que d'assigner les rangs, et qu'il semble que tout le monde marche sur la même ligne.

Le Prince s'est attaché surtout aux œuvres originales et actuelles de la fabrication du bronze proprement dite. S'il a donné un juste tribut d'éloges au goût et à l'intelligence des reproductions par les procédés Collas et Sauvage, il a réservé pour les maîtres de l'art contemporain ses approbations les plus chaudes et les plus laudatives. En première ligne venait l'homme que l'opinion de l'Europe a placé à la tête de nos sculpteurs, M. Barye, qui, bien qu'il s'intitule sur ses cartes : *fabricant de bronzes d'art*, avec une humilité qui sent son

Bernard Palissy se nommant *potier en rustiques figulines*, n'en est pas moins, par la magnificence de ses produits tout spéciaux et par le rang qu'il occupe dans la statuaire, tout à fait en dehors du cercle des fabricants ordinaires. Ces rayons, chargés de chefs-d'œuvre, eussent été mieux à l'Exposition des Beaux-Arts, leur vrai domaine, qu'à celle de l'Industrie, où ils brillent d'un éclat splendide, mais qui n'a rien de comparativement analogue aux œuvres dont ils sont entourés.

La véritable industrie, le bronze de luxe, d'ameublement et de cabinet, commence pour nous à la vitrine de ce fabricant illustre que ses succès ont mis hors de concours et fait nommer membre du jury, et qui, avec une équité digne de sa réputation, a voulu signaler lui-même au Prince les œuvres de ses confrères les plus méritants.

Dessinateur et ciseleur de premier ordre, M. Paillard a réuni autour de lui les meilleurs modeleurs de notre époque, et lui-même les a désignés au Prince : divers artistes ont dessiné ces groupes, cette Psyché style Gouttières au chiffre de S. M. l'Impératrice, ce bénitier, ces pendules ; quant à ces vases montés avec une perfection inouïe, quant à ces belles reproductions de Falconet et d'Allegrain achetées par S. M. l'Empereur, elles sont de M. Paillard lui-même.

Après une station devant les bronzes pour appareils d'éclairage et garnitures inférieures de cheminées dites *feux*, et une attention soutenue donnée aux travaux du zinc et de la galvanoplastie, Son Altesse Impériale a visité la copie du Persée de Benvenuto Cellini, envoyée par un artiste, de Florence ; ce chef-d'œuvre, reproduit d'une manière digne de lui, a pour pendant une surprenante merveille de fonderie, un *aloes fructescens*, coulé en bronze avec ses mille accidents de feuillage et de germination par le procédé dit *à la cire perdue*. Un fondeur de Paris a essayé de ressusciter cette industrie, qui lui a inspiré des chefs-d'œuvre dont le seul inconvénient est leur prix excessif. Un troisième industriel est allé plus loin encore : il reproduit en bronze, et à l'épaisseur voulue, les objets naturels du règne animal et végétal aussi bien que les modèles en toute substance, fabriquée et moulée. Si ce procédé, qui n'est représenté encore que par des essais, se vérifie, ce sera non-seulement une économie de 80 0/0 sur le temps et le prix de revient, mais encore une révolution complète dans l'art du fondeur.

L'Angleterre, représentée par la seule maison Elkington et Mason, la plus considérable des Trois Royaumes, expose de magnifiques bronzes de reproduction, soit ciselés, soit obtenus par cet immense bain métallique qui a cuivré les fontaines du Crystal-Palace de Sydenham, grandes comme celles de notre place de la Concorde.

Les États pontificaux ont une belle copie en bronze doré de la colonne Trajane.

On voit à l'extrémité sud-est de la grande nef de grandes décorations mauresques en zinc, formant candélabres et jardinières. La Prusse joint à cet envoi quelques bonnes statuettes de bronze, les beaux cerfs, d'après Rauch, et deux ou trois copies en zinc de statues antiques, sans oublier la belle statue en bronze damasquiné du roi Frédéric III, dont nous avons dit un mot dans notre précédent article.

Dans la XVIIe classe, la Prusse compte aussi une industrie dont elle a conservé le monopole ; nous voulons parler des fontes de Berlin, découpées comme de la dentelle et presque aussi légères, qu'on n'a jamais su faire ailleurs avec une telle perfection. En voyant ces réseaux si délicats, on a peine à comprendre que la fonte puisse devenir assez fluide pour s'infiltrer dans les vides, en quelque sorte microscopiques, que doit offrir le moule dans lequel on coule ces charmantes productions.

La galvanoplastie est une des plus belles conquêtes de la

science moderne. On sait qu'en ce qui concerne son application au traitement du cuivre, il suffit de placer l'objet sur lequel on opère dans une dissolution de sulfate de cuivre, et de mettre en communication avec les deux pôles d'une pile à faible intensité le liquide et le modèle. Le sulfate de cuivre se trouve décomposé peu à peu, et le cuivre va se porter sur le moule métallique en particules insaisissables qui recouvrent successivement toute sa surface, et qui se superposent ensuite jusqu'à former une épaisseur suffisante. Lorsque l'objet sur lequel on veut mouler n'est pas métallique, il faut en métalliser la surface, afin qu'elle soit conductrice de l'électricité ; sans cela, le dépôt se ferait irrégulièrement et par place, en présentant une sorte d'herborisation grossière.

Lorsqu'au lieu d'un creux on veut obtenir une pièce en tout semblable au modèle, il faut, pour opérer entièrement par la galvanoplastie, prendre d'abord une première empreinte et mouler ensuite sur celle-là. Mais la gutta-percha est venue permettre d'éviter cette double opération. C'est en cette matière que l'on obtient ordinairement le creux, et c'est sur elle que l'on effectue le seul dépôt métallique. On peut dire que c'est à partir de l'emploi de la gutta-percha dans la galvanoplastie que cette industrie a pris les développements que nous constatons aujourd'hui. Le double moulage métallique ne pouvait en effet s'appliquer qu'aux objets présentant de la malléabilité sur toute leur surface; mais, pour peu qu'il y eût eu quelque partie refoulée, l'empreinte se serait attachée au moule de manière à ne pouvoir plus s'en séparer sans déchirure.

La gutta-percha jouit de cette propriété, qu'à une certaine température elle peut se déformer notablement pour reprendre ensuite sa forme primitive, et cette propriété est maintenant mise à profit pour obtenir d'une seule pièce les objets les plus tourmentés. La belle ronde des Willis, qui fait partie de l'exposition du grand-duché de Hesse, peut donner une idée des difficultés que l'on sait vaincre maintenant.

Toutefois, la lenteur avec laquelle les dépôts galvaniques se forment était un obstacle réel à la fabrication. L'un de nos orfévres les plus distingués, M. Christofle, au lieu d'attendre que le dépôt ait acquis une épaisseur suffisante, termine l'opération aussitôt que la couche est assez résistante pour pouvoir se démouler, et il coule alors dans la pellicule de cuivre qu'il a obtenue un alliage plus fusible, qui donne à la pièce la résistance nécessaire.

C'est par un procédé analogue que l'on recouvre d'un certain métal les objets fondus en un métal différent : par exemple, le zinc, que l'on bronze ou que l'on recouvre de cuivre. La dorure et l'argenture galvaniques reposent encore, malgré de grandes différences dans l'exécution, sur le même principe.

L'emploi du zinc et de l'étain pour la fabrication des imitations de bronze a pris, depuis quelques années, une extension considérable. Le bas prix du zinc a beaucoup multiplié les applications, et il est plusieurs de ses imitations qui, sous le rapport du goût et de la forme, ne laissent absolument rien à désirer.

L'étain est beaucoup plus cher, et l'on ne voit pas, au premier aperçu, l'avantage qu'il peut présenter pour ces sortes d'imitations. On ne l'emploie que pour les objets qui se fondent en coquilles, c'est-à-dire dans des moules métalliques. En ciselant avec un grand soin la coquille, on peut obtenir directement des objets qui n'ont pas besoin d'être ciselés, si ce n'est pour effacer les lignes disjointes. Mais ce n'est pas le seul avantage que présente l'étain dans ces circonstances ; une pellicule de ce métal se fige aussitôt qu'il est versé dans le moule, et, en reversant ce qui n'est pas figé encore, on parvient à n'employer qu'une très-petite quantité de matière, comparativement à celle qu'il serait nécessaire de dépenser avec une substance moins fusible. Ces objets en étain sont souvent fort délicatement réussis, mais ils présentent rarement une solidité suffisante.

Cette seconde visite de S. A. I. le prince Napoléon à la dix-septième classe a été, comme on le voit, aussi intéressante que la première, et plus instructive encore peut-être au point de vue des procédés nouveaux.

---

# DIX-HUITIÈME VISITE

## CLASSE XVIII

### INDUSTRIES DE LA VERRERIE ET DE LA CÉRAMIQUE.

PALAIS PRINCIPAL, REZ-DE-CHAUSSÉE. FRANCE, ANGLETERRE, AUTRICHE ET PRUSSE. — TROPHÉES DU TRANSSEPT. ROTONDE.

Procédés généraux de la verrerie et de la céramique. — Verre à vitres et à glaces. — Verre à bouteilles et verre de gobeletterie. — Cristal. — Verres, cristaux et émaux divers pour pièces d'optique; objets d'ornements, etc. — Poteries communes et terres cuites. — Faïences. — Poteries-grès. — Porcelaines. — Objets de céramique et de verrerie, ayant spécialement une valeur artistique (sauf renvoi aux classes XXVIII et XXIX.)

#### MEMBRES DU JURY :

MM.

**REGNAULT**, *président*, membre de la Commission impériale et de l'Académie des Sciences, ingénieur en chef des mines, administrateur de la manufacture impériale de Sèvres, professeur de chimie à l'École polytechnique, professeur de physique au Collège impérial de France. FRANCE.

**CH. DE BROUCKÈRE**, *vice-président*, membre de la Chambre des représentants, bourgmestre de la ville de Bruxelles. BELGIQUE.

**PÉLIGOT**, *secrétaire*, membre des jurys des Expositions de Paris (1849) et de Londres (1851), membre de l'Académie des Sciences, vérificateur des essais de la Monnaie de Paris, professeur de chimie appliquée aux arts au Conservatoire impérial des Arts et Métiers, secrétaire adjoint de la Société d'encouragement. FRANCE.

**BOUGON**, membre du jury de l'Exposition de Paris (1849), ancien fabricant de porcelaine. FRANCE.

**SAINT-CLAIRE DEVILLE** (Henri), maître de conférences pour la chimie à l'École normale supérieure, professeur suppléant de chimie à la Faculté des Sciences de Paris. FRANCE.

**VITAL-ROUX**, chef des ateliers à la manufacture impériale de Sèvres. FRANCE.

**SALVETAT**, chef des travaux chimiques à la manufacture impériale de Sèvres, membre du conseil de la Société d'encouragement, professeur à l'École centrale des arts et manufactures. FRANCE.

**DE CAUMONT**, membre correspondant de l'Institut. FRANCE.
**DOCTEUR HOFFMANN**, un des rapporteurs du jury en 1851. ANGLETERRE.
**WEBB**, manufacturier. ANGLETERRE.
**PFEIFFER** (Joseph), négociant à Gablonz (Bohême). AUTRICHE.
**DOCTEUR E. VON BAUMHAUER**, professeur à Amsterdam. PAYS-BAS.
**CH. PRACHT**, fabricant à Wiesbaden. PRUSSE.
**HERMANN BITTER**, conseiller de régence à Minden. PRUSSE.

La visite de S A. I. le prince Napoléon aux produits de la dix-huitième classe n'a pas été, comme la précédente, un hommage exclusivement rendu à notre industrie nationale. Ici, malgré l'incontestable supériorité de la France, presque toutes les nations étrangères se présentent avec des exhibitions remarquables, aussi bien au point de vue de l'art le plus élevé qu'au point de vue de l'utilité la plus courante ou du bon marché le plus rationnel; et, comme la France, toutes offrent dans leur fabrication des améliorations intelligentes, des tentatives hardies et des succès souvent fort éclatants.

Comme objets d'utilité, comme objets de luxe, la verrerie a fourni des produits d'une variété, d'une originalité, d'une splendeur, d'une magnificence inouïes. Les progrès qu'elle réalise chaque jour ajoutent aux ressources que de tout temps elle a prêtées à la science et à l'industrie. L'art de faire les glaces, celui de travailler le cristal, de colorer le verre, etc., répondent à des besoins de bien-être matériel et de luxe qui se répandent de plus en plus dans les masses. On sait que la France, après avoir emprunté à Venise la fabrication des glaces soufflées, a inventé les glaces coulées, pour lesquelles elle est restée sans rivale ; que, pour la verrerie de table et d'ameublement, aucun peuple ne lui conteste sa supériorité, et qu'il n'y a lutte que dans l'industrie des verres à bouteilles et des verres à vitres.

Quant à la céramique, on peut dire, sans entrer dans aucune dissertation historique, que c'est un art aussi vieux que le monde. La poterie antique, soit qu'elle revête des formes vasculaires pour l'utilité des familles, soit qu'elle idéalise ses types pour la reproduction des mythes et des emblèmes religieux, n'est pas autre chose, et le nom l'indique d'ailleurs, que la céramique telle qu'on l'entend aujourd'hui, aux procédés et aux formes près, bien entendu. De tout temps aussi, il y a eu du verre; mais les temps modernes seuls comptent pour quelque chose, comme progrès et comme valeur, dans l'histoire de ces deux industries. La Renaissance dota l'Italie des premières faïences; les rapports maritimes créèrent les porcelaines en Europe, où la France et la Saxe supplantèrent, avant toutes les autres nations, la Chine et le Japon : Sèvres, qui n'est pas seulement un musée et une école, mais qui est aussi une tradition et un dépôt historique, peut être considéré comme le creuset universel qui a alimenté de porcelaines tout l'univers civilisé.

On connaît la variété infinie que présentent à l'Exposition de 1855 les objets façonnés en terre cuite pour les services de la table ou pour les usages domestiques, depuis les vases en terre grossière, à peine ébauchés sur un tour rapide et informe, jusqu'à ces pièces blanches et transparentes que les Chinois nous ont appris à faire ; depuis les poteries à textures, à glaçures variées, jusqu'à ces porcelaines si gracieuses de formes, si riches de dessins, si délicates d'exécution, qu'on admire dans les vitrines du palais de l'Industrie.

La verrerie est représentée à l'Exposition universelle de Paris par la France, l'Angleterre, la Belgique, l'Allemagne et l'Autriche.

La France y déploie, avec toute la splendeur possible, les plus grands échantillons connus dans l'art de faire des glaces.

A côté des glaces si belles de Saint-Gobain, de Cirey et de Montluçon, qui témoignent de progrès importants dans la fabrication française, se placent les produits de la Belgique, ceux d'Aix-la-Chapelle, manufacture en quelque sorte à son début. (La glace de Manheim est arrivée brisée au palais de l'Industrie.)

L'Angleterre a fait défaut, au risque d'abandonner la supériorité aux fabriques rivales.

Les miroirs de Nuremberg, représentant le produit à bon marché, tiennent aussi vaillamment leur place, et forment un contraste utile à étudier.

Il est évident, ainsi que l'a fait remarquer le Prince, qu'entre ces produits extrêmes, les grandes glaces avec toute leur perfection, c'est-à-dire belle teinte, poli, inaltérabilité et planimétrie, et les miroirs de Nuremberg, avec leur forme simple et primitive, viendront se placer un jour des produits intermédiaires comme exécution et comme prix. La concurrence étrangère et quelques modifications apportées aux tarifs actuels de nos douanes amèneront bientôt ce résultat.

Après la fabrication des glaces, voici la fabrication des cristaux avec les magnifiques expositions de Baccarat, Saint-Louis et Clichy. Ces trois représentants de la cristallerie française ont exposé des pièces d'un fini et d'une richesse incomparables. Les magnifiques cristaux de Bohême, les produits si remarquables exposés par les puissances allemandes, n'ont point atteint, chacun le reconnaît, à ce degré de perfection et de splendeur.

Pour la cristallerie ordinaire, si l'on excepte quelques objets d'un goût assez équivoque, l'Angleterre, la patrie du cristal, a également refusé d'entrer en lice.

Aussi, les objets de cristallerie anglaise qui figurent à l'Exposition sont-ils loin de donner une idée exacte de la valeur réelle de cette industrie en Angleterre.

La lustrerie, représentée par les candélabres et par le lustre de Baccarat, est arrivée à la hauteur d'un art particulier ; ce ne sont plus simplement des arrangements irréfléchis de pièces de cristal taillées sans méthode, c'est un système où tout est calculé pour décomposer la lumière, doubler les reflets et ajouter à son prisme éclatant de nouveaux rayons et un nouvel éclat.

L'Angleterre a placé dans la nef un candélabre de Birmingham remarquable sous plusieurs rapports; la disposition des tuyaux pour la distribution du gaz et la répartition de la lumière est habilement combinée. — Mais, au point de vue du goût, de la forme, de l'aspect général, il est bien loin d'égaler celui de Baccarat. — Et cependant il y a à peine quinze ans, Birmingham avait seule le monopole de la lustrerie.

Les services de table exposés par Saint-Louis, Baccarat et Clichy réalisent aussi ce qu'on pourrait rêver de plus riche, de plus élégant : les pièces d'ornementation, garnitures de cheminée, vases en opale ou en couleurs, présentent une variété, un luxe, une magnificence à éblouir les yeux et l'esprit. Les couleurs de la fabrication de Clichy surtout sont d'une pureté et d'une réussite parfaites. Ces résultats constatent une fois de plus les progrès que la chimie entraîne avec elle toutes les fois qu'elle pénètre dans le domaine de l'industrie.

L'application de la science à la fabrication du verre a conduit cette manufacture, qui est établie dans des conditions particulières aux portes de Paris, à la création d'un produit nouveau d'une blancheur éclatante, d'une dureté remarquable : c'est le verre à base de zinc, ou borasilicate de zinc, appelé à de grands débouchés lorsque l'acide borique aura perdu la valeur exagérée à laquelle le maintient un monopole désastreux. Son Altesse Impériale a vivement engagé les directeurs de cette manufacture à persévérer dans cette voie, qui va doter les sciences de précision de puissants moyens d'investigation; de verres d'une composition nouvelle, contenant, à la place de la chaux ou de l'oxyde de plomb, d'autres bases, comme l'oxyde de zinc, la magnésie, la baryte, jouissant de propriétés optiques que la physique utilisera bientôt. Déjà les verres d'optique fabriqués à Clichy sont recherchés par les savants et par les opérateurs.

Les verres de Bohême, si estimés, occupent dans la nef une place digne de leur vieille renommée.

Deux magnifiques vases rouges ont attiré l'attention du Prince. Ces vases, d'une forme antique, sont d'une teinte tellement riche, qu'on se demande avec étonnement comment on peut obtenir cette vivacité et cette limpidité.

Les craquelés en verre incolore et surtout en verre coloré présentent des effets bizarres qui ont obtenu un succès de vogue à l'Exposition de 1855.

Le craquelé est d'origine toute moderne. Ce genre particulier appartient en propre à la Bohême. Il lui a permis de reproduire avec un rare bonheur d'exécution les fines arabesques que le givre dépose dans les nuits d'hiver sur les vitres d'une chambre chauffée à une douce température, et dans lesquelles la lumière se joue avec des reflets irisés.

Les verres dépolis qui avaient déjà figuré à l'Exposition de Londres ont un inconvénient, quelque remarquables que soient la coloration et la grandeur des pièces, celui d'enlever le mérite que leur donne la vitrification.

Nous rapprocherons cette fabrication allemande de la gobeletterie française, qui fait des progrès notables. Mais nous ne voudrions pas quitter le cristal sans faire ressortir les mérites de la décoration en couleurs. Cette industrie, créée en France il y a quinze ans tout au plus, a donné le plus grand essor à la fabrication du cristal dit *opale*, qui rivalise avec les porcelaines, et dont l'ameublement de luxe a déjà tiré parti en réalisant au moins deux tiers d'économie.

La gobeletterie en général a profité avec intelligence de tous les progrès que le cristal et le verre de Bohême ont réalisés dans ces dernières années. Pureté de formes, variété de colorations, netteté de nuances, la gobeletterie, dans tous les pays, a rendu ce service considérable qu'elle a permis de placer sur la table du pauvre des verres imitant le cristal et d'une forme plus artistique.

Le verre à vitres est l'une des fabrications les plus intéressantes. Le luxe et les améliorations hygiéniques que réclament nos habitations ont imposé à cette industrie l'obligation de sortir de la routine. Une belle et bonne coloration, une planimétrie convenable, un bon marché en rapport avec la dimension des vitres recommandent plusieurs centres importants de fabrication. La production anglaise, la production de la Belgique, celles de diverses parties de la France, en concentrant ces industries dans des localités où le combustible minéral est en abondance, satisfont encore à peine aux exigences d'une consommation qui se développe sans cesse. Les conditions nouvelles dans lesquelles cette fabrication se présente actuellement en Angleterre modifieront sous peu la concurrence que les produits anglais peuvent faire aux produits belges. La qualité et la blancheur de ces derniers leur assureront sans doute encore pour longtemps le goût et le choix du consommateur élégant.

Les globes, les manchons, les appareils de pharmacie et de chimie qu'on fabrique principalement en Autriche avec des qualités supérieures, tiennent bien leur place dans l'Exposition française; ces produits nous mènent naturellement à la fabrication des bouteilles. Cette fabrication se développe surtout dans les pays vignobles. La France devait donc, sous ce rapport, offrir une grande variété; ses produits sont bons. Toutes les autres contrées qui ont exposé ont présenté des produits bien faits, de couleurs diverses, en rapport avec les usages et les habitudes du pays.

Ce serait être injuste que de ne pas dire quelques mots d'une industrie qui prend tous les jours une plus grande extension et qui force le fabricant de verres à vitres à multiplier ses productions : nous voulons parler des vitraux peints. Tant que le peintre verrier s'est borné à la restauration des anciens vitraux, son œuvre dut être très-restreinte. Appliqué à la confection de fenêtres des nouveaux édifices religieux, l'art moderne a développé le goût du vitrail de couleur.

Aujourd'hui l'art des vitraux peints pénètre dans nos habitations ordinaires, et les prix assez bas auxquels le commerce les établit lui donneront bientôt des débouchés nouveaux : les salons, les boudoirs présenteront à l'œil ébloui ces mille teintes éclatantes que le soleil faisait rayonner exclusivement autrefois dans l'immensité de nos monuments gothiques.

Ces résultats n'ont été possibles, ils ne sont devenus pratiques qu'avec les efforts des fabricants qui ont étudié la confection des verres de couleur; qu'avec les découvertes de la chimie moderne, qui, épurant toutes les matières minérales, transformant en industrie les spéculations du laboratoire, donnant la vie aux conceptions de nos savants modernes, ont mis à la portée de toutes les bourses ces oxydes métalliques dont le prix naguère encore était fabuleux.

L'art de la gravure suffisait autrefois à la taille des cristaux et des verres de Bohême; mais depuis que le développement des arts chimiques a mis à la disposition des peintres verriers une abondance presque fabuleuse d'acide fluorhydrique, qui n'était jadis qu'une pure curiosité de cabinet et de laboratoire, la gravure des verres doublés et peints a été pour ainsi dire transformée au triple point de vue de la quantité des produits, de leur perfection artistique et de la nouveauté des procédés.

Les recherches d'Ebelmen sont connues de tout le monde; elles ont ouvert un champ immense à l'industrie, pour qui la nature n'a plus de secrets. Pas une pierre précieuse ou rare dont le verrier ne reproduise aujourd'hui les facettes, la teinte et le rayonnement. Quelques grammes de sable et de nitre, quelques atomes de matières terreuses fixes mêlés à des fondants volatils, suffisent à reproduire, sous forme de cristaux parfaitement réguliers, tels que la nature elle-même les enfante, le rubis, le corindon, le péridot, le saphir, l'aventurine, la topaze, l'améthyste et l'émeraude.

La synthèse scientifique, cette méthode qui n'existe si souvent qu'à l'état d'induction, devient ici un agent actif, une source de production réelle et vivante. L'oxyde de plomb donne le moyen d'imiter le diamant et de le colorer, à volonté, par son mélange avec divers oxydes métalliques, en jaune, en vert, en violet ou en bleu. L'exposition de quelques-uns de nos joailliers d'imitation montre quel immense parti l'industrie a tiré de ces ingénieuses inventions, sérieuses comme la science et charmantes comme l'art.

Nous voici arrivés à la céramique proprement dite, contenant, outre les porcelaines dures et tendres, blanches ou décorées, les terres cuites, les briques, les carreaux, les faïences communes et fines et les grès courants ou artistiques.

Toutes ces industries ont centuplé, on peut le dire, depuis le commencement du siècle. L'abaissement des prix de vente a suivi la même progression que le perfectionnement des formes et des couleurs, le choix des modèles et la variété des applications. La France, qui a la double gloire de fournir la meilleure des matières premières, le kaolin de Limoges, et de posséder l'école du bon goût et de la fabrication dans sa magnifique manufacture de Sèvres, compte aussi, parmi ses gloires industrielles, les premiers fabricants de porcelaine et de faïence, et nous pouvons opposer aux illustrations retentissantes et légitimes de l'Angleterre et de la Prusse des noms qui ne redoutent aucune concurrence en Europe.

L'Angleterre, avec sa colossale exportation d'environ 25 millions par an, a brillamment orné la surface considérable qui lui était accordée. Rien de plus complet et de plus curieux que cette immense fabrication céramique représentée par les poteries communes, les grès, les porcelaines dures et les cailloutages des grandes fabriques du Staffordshire, du Middlesex et du Shropshire.

L'Autriche a répondu à l'appel de la France par l'envoi des produits d'un grand nombre de fabriques particulières.

L'Espagne et le Portugal ont prouvé par des échantillons de poteries qu'ils cherchaient à s'affranchir du monopole étranger.

La Prusse étale dans la nef plusieurs pièces importantes et très-remarquables de porcelaines fabriquées par la manufacture royale de Berlin et quelques fabricants particuliers.

Les provinces Rhénanes ont prouvé par la variété de leurs produits qu'elles sont dans une voie constante de progrès et d'améliorations bien capables d'introduire bientôt, même dans les campagnes, des poteries plus saines, plus durables et mieux fabriquées que celles qu'on a mises jusqu'à ce jour à la portée du petit consommateur.

La Belgique, qui achète les matières premières de ses porcelaines en France, trouve dans les riches dépôts d'argile qu'elle renferme les éléments nécessaires à une fabrication établie sur une grande échelle, et se relie par les duchés du Luxembourg et les provinces Rhénanes à notre fabrication française de Sarreguemines.

Il n'est pas enfin jusqu'à la régence de Tunis et à l'Égypte qui n'exhibent de remarquables poteries. Nous ne parlons pas de la Chine et de l'Inde; car leurs produits ne sont que des raretés coûteuses et charmantes, et non de l'industrie.

Les Colonies anglaises présentent, comme à Londres, des objets remarquables sous le rapport du goût, imités par plusieurs industries avec le plus grand succès et produits originaux d'une industrie déjà riche quoique jeune encore.

La France et l'Angleterre, qui s'étaient déjà mesurées sur le terrain de l'Exposition de Londres, se sont encore cette fois rencontrées, et l'une et l'autre ont fait d'immenses efforts pour se présenter aussi brillamment que possible.

Les porcelaines tendres françaises fabriquées à Saint-Amand-les-Eaux, près Valenciennes, et continuant les anciens succès du vieux Sèvres, luttent avantageusement dans l'exposition de tous les décorateurs de Paris avec les porcelaines tendres anglaises. Quant à Sèvres, établissement modèle digne du pouvoir qui le subventionne, il n'y a qu'un mot à en dire : c'est une des gloires de la France. Ses productions, répandues dans tout l'univers civilisé, sont reproduites à l'envi, non-seulement chez nous, mais même à l'étranger. Les essais que la munificence impériale lui permet de répéter chaque jour étendront le cercle de son action bienfaitrice, qui ne se bornera plus à la porcelaine seule, bien qu'elle soit la plus parfaite des poteries. La faïence et les terres cuites qu'elle expose serviront de modèles artistiques, comme ses émaux, ses vitraux et ses porcelaines, inspiration féconde, infaillible et toujours nouvelle des fabriques particulières.

Les terres cuites appliquées à l'ornementation extérieure se développent de jour en jour. L'Autriche, la France sur plusieurs points de son territoire, l'Angleterre et la Belgique se livrent à cette fabrication, qui doit fournir, à des prix modérés, des décorations durables. La grande nef en contient des échantillons remarquables.

Quelques localités privilégiées de la nature présentent, avec les conditions d'une exploitation facile, d'excellentes argiles réfractaires. Au nombre, et peut-être en première ligne, s'offre la Belgique, qui a placé dans un espace assez étendu des briques réfractaires, des creusets de verrerie, des cornues à distiller le zinc et la houille, etc.

Les poteries communes à vernis plombifère, d'un usage dangereux, tendent à disparaître. Les fabricants français principalement exposent, pour l'usage des classes laborieuses et peu aisées, des poteries à couvertes terreuses, salubres et d'un prix très-modéré.

La faïence commune, à base stannifère, devient elle-même de plus en plus rare; elle disparaît avec les moyens de transport plus faciles devant les cailloutages, dont les qualités s'améliorent, et dont la valeur commerciale s'abaissera devant une sage concurrence. La faïence commune conservera toutefois sa raison d'être dans l'établissement de certains produits d'art et dans quelques applications spéciales, comme carreaux de revêtement, panneaux décorés, poêles de chauffage, etc.

A ces divers points de vue, les fabrications remarquables de l'Angleterre, de la France, de la Toscane, ont vivement fixé l'attention de S. A. I. le prince Napoléon.

Les imitations de Bernard Palissy, en terre cuite ou même en porcelaine, exécutées en France et en Angleterre; prouvent, par la vogue avec laquelle on les accueille, que le sentiment artistique se propage dans les deux pays.

Les cailloutages français ont été mis en présence des fabrications similaires des autres nations : quant aux qualités, ces produits, fabriqués généralement d'après les procédés anglais et partout avec des méthodes analogues, ont offert une grande ressemblance; et si, pour les poteries qui s'adressent à des classes assez aisées, les cailloutages anglais paraissent plus estimés, c'est qu'il y a préjugé ou manque de connaissance chez le consommateur. D'ailleurs, la prohibition pèse de tout son poids sur les productions étrangères, et la différence des prix, à qualités égales, tient à l'intermédiaire entre le fabricant et le consommateur. Or l'avantage est en faveur du fabricant français.

La levée de la prohibition, d'après ces faits, ne semblerait donc pas préjudiciable à nos manufacturiers. Cette conclusion est et reste vraie pour les produits d'une certaine valeur commerciale; mais elle doit être modifiée quand il s'agit des poteries de qualité inférieure. La quantité de combustible consommé pour cuire une poterie de deuxième qualité étant la même que celle nécessaire à cuire la poterie de première qualité, et le combustible étant de moindre valeur en Angleterre qu'en France, on comprend que l'avantage du fabricant anglais sur le fabricant français sera d'autant plus considérable que la poterie sera d'une valeur commerciale plus petite. Un droit à l'entrée, assez élevé concilierait alors l'intérêt du consommateur et celui du fabricant.

Les porcelaines dures et tendres sont fabriquées sur une très-grande échelle en France, en Angleterre et en Allemagne. En Angleterre, on ne fait de porcelaine dure que pour les instruments de chimie; en Allemagne, au contraire, on ne fait pas de porcelaine tendre; on ne fabrique que de la porcelaine dure. On donne ce nom à la porcelaine faite à l'instar de la porcelaine de Chine, avec du kaolin comme matière argileuse, et du feldspath comme matière fusible, donnant au produit sa transparence translucide. En France, on fabrique simultanément toutes les porcelaines, dures et tendres.

La manufacture de Saint-Amand fabrique la porcelaine tendre qui fit autrefois la réputation du vieux Sèvres. On peut voir dans l'exposition de Sèvres les pièces remarquables qui résultent de la reprise de cette fabrication à Sèvres même, sous la direction de M. Regnault, administrateur de cet établissement.

Les porcelaines tendres anglaises à base de phosphate de chaux, dont on trouve le type dans la fabrication de tout le Royaume-Uni, sont aujourd'hui très-répandues. Elles présentent de nombreuses variétés qui satisfont aux exigences des classes riches ou aisées. On trouve abondamment dans l'exposition de M. Minton des échantillons de ces poteries, dont la substance vitreuse et très-fusible se rapproche de notre porcelaine tendre française, et qui joignent au mérite d'une fabrication assez rapide celui d'une décoration très-brillante. Pour la porcelaine anglaise ordinaire, elle est reproduite souvent comme forme et comme dessin dans plusieurs des fabriques françaises, telles que Creil et Montereau, Sarreguemines et Bordeaux.

La porcelaine dure représente en Allemagne et en France la véritable poterie des classes aisées. Une bonne fabrication répond dans les deux pays aux besoins du consommateur, et permet même pour la France une exportation considérable. La cuisson à la houille, qui ajoute aux bénéfices du fabricant, a conduit l'Allemagne et conduira bientôt la France à une diminution du prix de vente que la concurrence abaisse tous les jours. Autrefois concentrée dans le Limousin et dans Paris, cette fabrication s'éloigne aujourd'hui du centre de l'exploitation des kaolins pour se rapprocher des gîtes de combustibles minéraux.

La découverte de gisements importants de terres à porcelaine concourt à donner une plus grande extension à cette industrie, qui se répand aujourd'hui dans plusieurs départements. Elle se développe à l'exposition française sur une étendue considérable, et dénote chez plusieurs exposants la ferme intention de maintenir à l'étranger la réputation que le bon goût nous a conquise depuis longtemps déjà.

Mais c'est Sèvres surtout qui représente dignement l'industrie céramique française.

La dimension surprenante des pièces, les formes nouvelles, qui toutes appartiennent à l'établissement, les couleurs de grand feu préparées dans des conditions toutes particulières, sont autant de titres à l'attention des observateurs. Sèvres a joint depuis deux ans à peine à sa fabrication ordinaire celle de la porcelaine tendre et celle des faïences et des terres cuites. A son début, elle livre déjà à l'imitation une quantité considérable de nouveaux modèles.

Les essais faits, depuis quelques années, de cuivre et de fer émaillés, ont conduit à l'émaillage sur or et sur platine, et la magnificence des pièces exposées donne une idée de la hardiesse de l'entreprise et du succès des opérations.

Mais Sèvres, quoique exclusivement artistique, n'a pas négligé l'industrie pure : une série considérable de pièces en blanc, avec simple filet d'or, met sous les yeux du public la fabrication courante, celle à laquelle les décorateurs de Paris demandent une grande partie de leurs plus belles pièces; et en regard de cette exposition véritablement commerciale, cette collection si riche et si variée de figurines, de coupes, de vases, etc., montre aux moins crédules les ressources que le musée céramique de Sèvres fournit journellement aux arts plastiques, et l'impulsion salutaire qu'il imprime au goût français.

Quant aux noms des artistes et des décorateurs qui ont contribué à cette exposition unique, on sait qu'ils sont les plus distingués de France, et que la sculpture, le dessin, la peinture et l'ornementation ont à Sèvres leurs représentants les plus illustres et les plus aimés du public.

Son Altesse Impériale, après une longue station devant toutes ces merveilles, s'est dirigée vers la curieuse exposition du grand-duché de Toscane, où les essais de majoliques et d'anciennes faïences de M. Freppa, de Florence, ont vivement fixé son attention.

Nous ne pouvons mieux terminer ce chapitre qu'en citant le fragment suivant de madame George Sand, sur les majoliques de Florence.

. . . . . . . . . . . . . . . . . . . . . . .

. . . . . . . . . . . . . . . . . . . . . . .

« L'art céramique, depuis les temps les plus reculés, avait doté l'Italie de modèles admirables, en matières simples et solides, toujours à la disposition de l'homme, les marbres et les métaux. Mais l'art du potier, à force de dégénérer, s'était perdu, et ses produits charmants, aux formes élégantes et aux inaltérables couleurs, ne furent plus que des monuments du passé. Pesaro en conserva cependant les procédés sous la domination des Goths ; mais là, comme ailleurs, la poterie, au temps des luttes lombardes, ne fut plus qu'une industrie grossière et du pure utilité domestique.

« Vers la fin du moyen âge, l'art se réveille. Sur cette belle terre d'Italie, l'artiste n'a qu'à regarder autour de lui ou à creuser sous ses pieds. Il retrouve l'œuvre de ses pères, souvent mutilée, il est vrai, mais encore si belle dans ses fragments épars, qu'il admire, s'émeut, comprend, répudie les formes convenues du style byzantin, et peu à peu identifie les tendances de son inspiration à celles du génie de l'antiquité.

« L'industrie du potier se réveilla, chercha ses anciens procédés et ses anciens matériaux, et, ne les retrouvant pas, en découvrit de plus précieux et de plus variés. La peinture avait composé sa palette nouvelle, elle avait trouvé l'usage de la gamme complète des couleurs. La céramique avait à profiter de ce progrès; mais il fallait, pour colorier la terre cuite, des procédés totalement inconnus aux anciens, qui n'avaient su employer que deux ou trois tons toujours les mêmes, le noir, le roux et le brun.

« Ces procédés furent trouvés beaucoup plus lentement et péniblement que ceux de la peinture sur bois et sur toile, car il fallait deviner la chimie, et, par des séries d'expériences, arriver à s'assurer de l'action du feu sur les matières employées.

« Ici commence l'histoire de la faïence, que nous appellerons maiolique, puisque tel est son vrai nom en Italie, et que celui qui a prévalu chez nous est impropre.

« Il n'est ni juste ni exact d'attribuer le renouvellement et le perfectionnement de cette industrie à la ville de Faenza, Faenza n'étant ni le berceau ni le centre exclusif de sa renaissance.

Plusieurs villes d'Italie, Pesaro, Gubbio, Urbino, Castel-Durante, Pise, Cafaggiolo, Foligno, Spello, et tant d'autres encore, pourraient réclamer leur part de gloire, car il s'agit bien moins d'une date d'ancienneté dans l'établissement des diverses fabriques, que d'une date de perfectionnement dans la fabrication.

« Chose étrange à dire en passant! cette renaissance si peu éloignée de nous est déjà voilée d'incertitudes; chaque jour, les savants amateurs découvrent sur les maioliques éparses dans les musées ou dans le commerce les témoignages de l'existence de fabriques excellentes, que l'on ne sait plus où placer sur la carte d'Italie.

« Quant à l'origine du mot *Maiolica*, il est peut-être aussi impropre que celui de *Faenza;* mais il a pour lui l'ancienneté et la vraisemblance. C'est de Majorque, où ils vainquirent les Maures, que les Pisans rapportèrent ces grands bassins émaillés de diverses couleurs, qu'ils incrustèrent comme ornements dans les façades de leurs églises, et qui furent imités ensuite dans un goût tout oriental. Une colonie mauresque vint aussi s'établir dans les États de l'Église, et y fabriqua des terres cuites dont le style se répandit dans toute l'Italie.

« Maiolique est donc un terme générique appliqué dans le principe à un goût, à un style; et cette désignation en fait d'art est toujours préférable à celle que l'on tire d'une localité incertaine ou contestable. Maiolique dans ce sens signifierait, à juste titre, industrie d'origine mauresque, tandis que faïence signifie objet fabriqué à Faenza, ce qui, dans la plupart des cas, est une erreur dont témoigne la marque patente de l'objet.

« Mais ce n'était pas assez d'être peintres; les *vasiers* (car ce mot italien de *vasajo* exprime mieux que notre vulgaire mot de *potier* l'exercice d'un art si noble), les vasiers avaient été entraînés, comme les anciens, par le goût général, à devenir statuaires et à faire un bel emploi des figures d'hommes et d'animaux en relief et en ronde bosse. Ce fut donc un art complet, exigeant de nombreuses connaissances et de nombreuses aptitudes : science des matériaux à employer, et qui furent cherchés avec ardeur dans le lit de certains torrents, dans le bassin de certains lacs, dans les cendres volcaniques de certaines montagnes, science de la cuisson, ingrate et difficile à régler par épreuves successives sur le degré différent de susceptibilité des couleurs, science du modeleur devant s'appliquer à la nature morte et à la nature vivante, à l'interprétation des formes et des mouvements, non pour arriver à une exactitude sans effet, mais à ce caractère, à cette grâce et à cette vérité de sentiment qui caractérisent leur emploi heureux dans l'ornementation ; science du dessin, par conséquent, et de la couleur en peinture, traités l'un et l'autre d'une manière spéciale, c'est-à-dire avec une certaine sobriété et un certain éclat qui ne prétendent pas à reproduire les effets de la peinture sur toile, mais à en obtenir d'autres particuliers au genre maiolique.

« Un homme de savoir et d'imagination, M. Giovanni Freppa, était en voie de faire sa fortune dans le commerce des objets d'art. Une passion plus vive et plus belle s'empara de lui et le décida à sacrifier une partie de cette fortune à la découverte des mystérieux procédés qu'aucune manufacture ne songeait à retrouver. Il étudia le précieux manuscrit de Piccol Passo, ilustre *vasajo* du seizième siècle ; les ouvrages de Montanari, de Mazza, de Passeri, etc. Il n'y trouva rien d'absolu.

« Les maîtres jaloux avaient gardé leurs secrets particuliers. Les manufactures, également jalouses de leur monopole, n'en avaient pas transmis la tradition. Les auteurs savants donnaient des indications contradictoires. Passeri en était aux *on dit* et aux commentaires. Son livre naïf et charmant pourrait se résumer par cette triste conclusion : Nous ne retrouverons pas l'art de faire la maiolique, et il n'est pas probable que nous trouvions celui de faire la porcelaine.

« En fait d'industrie, la foi, quand elle n'est pas une affaire de certitude, est rarement partagée. M. Freppa sut pourtant appuyer la sienne sur des appréciations si logiques, et montra tant de discernement dans le labyrinthe où les assertions contradictoires des auteurs spéciaux engageaient son esprit, qu'il put être secondé. Il s'adressa à l'excellente fabrique du marquis Ginori, à Doccia, près Florence.

« Il fit part de ses idées à M. Giusto Giusti, chimiste de cette fabrique, qui travailla avec amour à suivre ses indications ; il trouva dans le peintre Francesco Giusti un expérimentateur habile des procédés aperçus par lui ; et après six années de recherches, de persévérance et de sacrifices ; après avoir surmonté d'immenses difficultés faute d'officine exclusivement consacrée à ces essais ; après avoir recommencé patiemment les épreuves les plus compliquées, la vérité se dégagea enfin patente et absolue ; les procédés, tous les procédés furent trouvés.

« M. Freppa avait en lui-même le foyer d'inspiration, la chose qui ne se donne pas, mais qui s'impose, le goût ! Son esprit, ses yeux étaient pour ainsi dire nourris des plus précieux échantillons de ce goût de la Renaissance, et son riche musée, sans cesse alimenté par le passage plus ou moins rapide des objets d'art de toutes les époques, était devenu pour lui un sujet d'incessantes méditations. Artiste, il fit des artistes. Il fit faire des dessins d'après les maîtres anciens ; il sut diriger leurs travaux, et, inspirant aux autres la conscience du beau qu'il portait en lui, il arriva à faire confectionner des ouvrages qui trompèrent complétement l'œil des connaisseurs les plus exercés.

« Pour certains produits, il arriva même à la similitude, puisqu'il retrouva d'anciens moules qui avaient servi à la maiolique en bas-relief, véritables trésors qui gisaient oubliés dans la poussière des greniers, et dont il se servit avec un plein succès. Ces mignons bas-reliefs, représentant des scènes mythologiques à nombreux personnages dans une petite plaque coloriée d'une manière ravissante, sont d'un emploi exquis dans les meubles et coffrets de chêne sculpté, à la manière de nos incrustations de vieux Sèvres dans les bois de rose.

« Il est donc impossible de reconnaître une maiolique que M. Freppa peut livrer aujourd'hui pour 200 fr., parce qu'elle sort de la fabrique de Doccia, d'une toute semblable, mais de fabrication ancienne, qu'il est forcé de vendre 2,000 fr., parce qu'elle n'est venue dans ses mains qu'à grand prix. Je me trompe, il y a une manière de les distinguer l'une de l'autre. L'ancienne est écornée, usée ou recollée; mais, pour peu qu'on y tienne, M. Freppa appelle un ouvrier adroit, le charge d'entailler le contour de la maiolique neuve, de limer les saillies, voire de la briser et de la recoller en autant de morceaux qu'on voudra pour qu'elle ait meilleur air et passe pour avoir été payée un prix fou.

« L'exposition toscane, ouverte aujourd'hui au palais de l'Industrie, offre aux regards plusieurs échantillons de la fabrique de Doccia, exécutés sous la direction ou sur les dessins de M. Freppa. Nous ignorons s'il s'y trouve des spécimens du fameux émail irisé. Nous en avons vu dans son musée à Florence, et nous les avons comparés avec ceux de la Renaissance sans pouvoir les en distinguer. Mais, en artiste plus qu'en industriel, M. Freppa, faisant déjà bon marché de cette découverte, pleurée par le bon Passeri et consorts, a appelé notre attention sur des compositions d'un ordre très-élevé et d'une beauté remarquable.

« Il a dû envoyer à l'Exposition de Paris deux très-grands vases de forme ovoïde, anses à chimères historiées de peintures d'après les fresques d'Andrea del Sarto ; — une grande jatte à pied, forme trilobe, trois anses à têtes de monstres, entrelacs en relief à l'extérieur, ceinture à l'intérieur ; le *Jugement de Paris*, d'après Jules Romain. Plusieurs autres vases et plateaux, coupes, drageoirs, buires, assiettes ornées à sujets, arabesques, grotesques, dans le style des diverses villes de la Romagne; enfin un très-grand bassin, contour orné de petits Amours sur fond noir; au centre, grand sujet d'après Jules Romain : « *Son fatti i doni al popolo romano,* » etc.

---

# DIX-NEUVIÈME VISITE

CLASSE XIX.

## INDUSTRIE DES COTONS.

PALAIS PRINCIPAL, REZ-DE-CHAUSSÉE ET GALERIES SUPÉRIEURES, TOUTE LA PARTIE NORD-EST ET NORD-OUEST, DANS CHACUN DES COMPARTIMENTS DE LA FRANCE, DE L'ANGLETERRE, DE L'AUTRICHE, DE LA BELGIQUE, DE LA PRUSSE ET DE LA SUISSE.

Matériel de l'industrie des cotons (sauf renvoi aux classes VII et X). — Cotons bruts, préparés et filés. — Tissus de coton pur, unis. — Tissus de coton pur, façonnés. — Tissus de coton pur, pour usages spéciaux, tirés à poil, etc. — Tissus de coton pur, légers. — Tissus de coton pur, fabriqués avec des fils de couleur. — Tissus de coton pur, imprimés. — Velours de coton. — Tissus de coton mélangé d'autres matières. — Rubanerie de coton pur ou mélangé.

### MEMBRES DU JURY.

MM.

**T. BAZLEY**, *président*, président de la chambre de commerce à Manchester, commissaire royal en 1851. ANGLETERRE.

**MIMEREL**, *vice-président*, membre de la Commission impériale, membre des jurys des Expositions de Paris (1849) et de Londres (1851), sénateur. FRANCE.

**DOLFUS** (Jean), membre de la Commission impériale, filateur et fabricant à Mulhouse. FRANCE.

**BARBET**, membre du jury de l'Exposition de Paris (1849), fabricant à Rouen. FRANCE.

**SELLIÈRES** (Ernest), *secrétaire*, filateur, fabricant à Senones. FRANCE.

**LUCY-SÉDILLOT**, ancien négociant, membre de la chambre de commerce de Paris, juge au tribunal de commerce de la Seine. FRANCE.

**WALTER CRUM**, F. R. S., manufacturier à Glasgow. ANGLETERRE.

**FORTAMPS** (F.), filateur de coton à Bruxelles. BELGIQUE.

**KOLLER** (Jacques), commissionnaire. SUISSE.

**FERDINAND HERZOG**, fabricant à Reichemberg (Bohême). AUTRICHE.

**JEAN RENAUD**, négociant. SUISSE.

**CHARLES BORKENSTEIN**, négociant à Vienne. AUTRICHE.

**MAX-TROST**, fabricant à Louisenthal, près Mulhein. PRUSSE.

Le groupe si important des tissus contient cinq classes de produits, dont la première (*Industrie des cotons*) a été l'objet de la dix-neuvième visite de S. A. I. le prince Napoléon. L'industrie textile n'a jamais été représentée avec plus d'ensemble, de grandeur et de magnificence, que dans les cinq sections de ce groupe, comprenant les trois cinquièmes de la population manufacturière de l'Europe et les plus considérables ressources commerciales de trois grandes nations, la France, l'Angleterre et les États-Unis. Un autre intérêt, non moins considérable. s'attachait à cette exploration du Prince : ce sont les industries diverses comprises dans les catégories des cotons, des laines, des soies et des chanvres, qui ont été la cause et le prétexte de la grande question douanière qui s'agite en ce moment, et qui aura pour objet, d'élargir plus encore, s'il est possible, les liens d'union et de sympathie qui tendent à rapprocher les peuples et à faire du commerce l'agent le plus puissant de la civilisation.

Nous avons, lors du compte rendu de la visite du Prince aux machines relatives à l'industrie des tissus, essayé d'établir par des chiffres officiels la situation respective des nations exposantes, l'état statistique de la production et les perfectionnements apportés à la fabrication de chacune des branches manufacturières que nous retrouvons aujourd'hui sous nos yeux, non plus sous forme de préparation et de germe, mais converties en marchandises, en objets de consommation, en étoffes de toute valeur et de toute couleur, variées comme l'imagination qui les dessine et comme les besoins qui les réclament, depuis le luxe le plus fastueux jusqu'à l'économie la plus austère, depuis la fantaisie de l'opulence et le caprice de la mode jusqu'aux exigences de la pauvreté et aux commandes de la bienfaisance publique.

Pour suivre, autant que possible, une marche logique et complète à travers une quantité si prodigieuse de produits, nous

nous arrêterons d'abord, comme l'a fait le Prince, aux tissus de coton pur, vulgairement appelés *blancs*, façonnés ou unis, et nous terminerons notre revue par l'examen des cotons mélangés à d'autres substances et des cotons imprimés ou teints.

Son Altesse Impériale a d'abord visité l'exposition de l'Angleterre, qui a précédé toutes les autres nations de l'Europe dans la fabrication des cotons et qui y conserve le premier rang, quoiqu'il lui soit plus disputé qu'autrefois, et surtout par la France. Preston, Glasgow, mais surtout Manchester, offrent la réunion de tout ce que le coton peut produire de plus varié et de mieux confectionné. Les nombreux types de cette fabuleuse production, où les éléments du bon marché sont poursuivis par tous les moyens les plus habiles, ont tour à tour passé sous les yeux de Son Altesse Impériale, qui a admiré du calicot de 80 centimètres de largeur au prix de 17 centimes le mètre, et des tissus brillantés, même largeur, à 29 centimes. Le Prince a pu se convaincre, en examinant cet assemblage des produits cotonniers de Manchester, du parti que des fabricants habiles savent tirer d'une matière qui, manutentionnée avec intelligence sous mille formes différentes, sert également aux besoins de la consommation du pauvre et du riche.

Les cotons filés, dont le mérite est moins saisissable à la simple inspection, alors que les ingénieux métiers qui les produisent excitent au contraire dans l'Annexe un si vif intérêt; les tissus simples destinés à la teinture, à l'impression ou à la consommation de blanc, consommation si large et si variée, qui comprend mille qualités, genres et prix divers, depuis le calicot le plus ordinaire jusqu'aux piqués, basins, percales, mousselines et jaconas, soit unis, soit façonnés, les plus fins et les plus coûteux, et enfin les *toiles* peintes et tissus légers, blancs ou imprimés, remarquables surtout par leurs bas prix et leur masse énorme, qui, au sortir de certaines usines, se répand sur le marché public au nombre de plus de mille pièces par jour.

Une remarque générale, qui n'a pas échappé à Son Altesse Impériale, lui a été soumise à propos des habiles procédés d'apprêtage d'étoffes de l'industrie anglaise, qui, au moyen de matières minérales bien combinées, incrustées pour ainsi dire dans le tissu par de puissantes machines, parviennent à lui donner une souplesse et une force au moins apparente qu'il ne tirerait pas de lui-même.

En parcourant ensuite les expositions de l'Autriche, de la Prusse, de la Saxe, du Wurtemberg, de la Belgique, etc., Son Altesse Impériale a aussi remarqué des spécimens intéressants de nombreux tissus similaires aux précédents, produits d'industries moins avancées, où le tissage à bras, à raison du prix de la main-d'œuvre, lutte encore, en général, sans trop de désavantage, au moins pour les consommations locales, avec les autres nations chez qui le tissage mécanique, perfectionné tous les jours, propage des procédés plus sûrs et plus accélérés.

En Autriche, des fils teints en rouge dit *Andrinople;* en Prusse, les calmucks, lamas et castors de Gladbach, chaudes et fortes étoffes, tirées à poil et imprimées, avec leur bas prix si prodigieux de 40 c. à 70 c. le mètre, ont particulièrement captivé son attention.

La Suisse, avec des éléments de main-d'œuvre aussi avantageux, l'intelligence, l'économie et l'habileté de ses fabricants, apparaît ensuite et soutient sa vieille renommée, dont Zurich, Saint-Gall et Appenzell sont les plus brillants exemples. Mais ici Son Altesse Impériale a dû faire une excursion inévitable sur le domaine de la vingt-troisième classe. Un classement, toujours difficile lorsqu'il s'agit de produits qui se rapprochent les uns des autres, a placé dans cette classe et dans la dix-neuvième les stores et rideaux brodés en coton sur mousseline et tulle, qu'une commission mixte, prise dans ces deux classes du jury, a dû examiner.

Cette industrie, magnifique par ses produits destinés à une

consommation de luxe, si précieuse dans les pays de montagnes qu'elle vivifie en procurant du travail à des milliers d'ouvrières inoccupées sans elle, fleurit principalement en Suisse et à Tarare.

Les deux expositions étalent côte à côte leurs splendides échantillons : ceux de la Suisse, plus attrayants par l'éclat des efforts qu'ils accusent ; ceux de Tarare, toujours élégants et mieux appropriés au goût français, dont ils s'inspirent.

C'est par cette dernière fabrique que Son Altesse Impériale abordait le terrain français. Après les rideaux brodés dont il vient d'être question, elle a examiné avec un vif intérêt la vitrine où quatre-vingts fabricants de Tarare ont rassemblé les types de ces mousselines claires et mi-claires, de ces tarlatanes diaphanes dont la perfection ne craint aucune rivalité, et dont l'échelle de prix, pour de grandes largeurs de 1 mètre 50 cent. au moins, va depuis 25 centimes jusqu'à 18 fr. le mètre ; enfin les mêmes tissus teints, façonnés ou lainés, pour robes, avec les dispositions les plus gracieuses.

Rouen venait ensuite, Rouen qu'on a appelé à juste titre la manufacture du pauvre, avec ses cotonnades, ses calicots, ses toiles de coton et ses indiennes si solides, dont les magnifiques filatures et tissages mécaniques qui couvrent la Normandie lui fournissent les éléments. Nommer tout ce qui a provoqué les questions de Son Altesse Impériale serait difficile ; on peut citer toutefois l'examen particulier qu'elle a fait des toiles à voiles et à tentes en coton, récent et curieux essai industriel, dont deux importantes fabriques de Rouen ont exposé les types.

L'industrie cotonnière se retrouve partout, même dans les villes où elle ne forme pas le noyau de productions, et partout elle se montre en France avec un cachet de perfection relative.

Son Altesse a donc dû rechercher dans des quartiers éloignés du cours de sa tournée une magnifique exposition de piqués pour gilets, de Rouen ; les mêmes articles exposés avec un mérite presque égal par des fabricants de Roubaix, Tourcoing et Lille, et les cotons filés de cette dernière ville, où la filature des hauts numéros compte des représentants si distingués. Disséminés sur plusieurs points, les beaux produits de ces manufactures ont aussi attiré ses regards et provoqué ses remarques.

Saint-Quentin, l'industrieuse cité où jadis le fil, plus tard le coton, occupaient tous les bras, a considérablement développé ses cadres de fabrication en y faisant entrer la laine ; toutefois le coton y occupe toujours une large et belle part. Son Altesse a visité les produits variés de cette seule classe. Elle a particulièrement remarqué dans les expositions de deux des principales maisons de cette ville, chez l'une, entre autres produits, de grands stores de mousseline brochée à double maillon, produits d'un métier Jacquart à la mécanique, récente et difficile application de ce système ; chez l'autre, une belle série de nansouques et de jaconas fins, tissés mécaniquement avec des cotons d'Algérie. L'emploi de ces cotons, le degré d'estime que les fabricants ont pour eux, ont été l'objet des questions de Son Altesse Impériale, et elle a recueilli avec un vif intérêt ce renseignement, que les arrivages prochains au Havre étaient impatiemment attendus par les filateurs. Le Prince a vu aussi avec beaucoup d'intérêt et de satisfaction les mousselines pour ameublement, très-variées et de bon goût, les beaux piqués, les jupons, les devants de chemise plissés mécaniquement et les étoffes façonnées exposées par les fabricants de Saint-Quentin.

La visite de Son Altesse Impériale à l'industrie cotonnière ne pouvait plus heureusement se terminer que par l'Alsace, ou plutôt les départements de l'Est, car les Vosges figurent honorablement dans ce groupe industriel. Nulle part, en effet, en France, cette industrie n'est plus développée; nulle part des progrès plus réels, plus constants, ne se rencontrent et ne viennent témoigner de l'intelligence et de l'habileté supérieure de la fabrication : s'il faut reconnaître que, favorisés par des circonstances exceptionnelles, parfois nos rivaux étrangers présentent une échelle de prix plus bas, — nos fabricants, par la beauté et la perfection de leurs produits, sont actuellement sans vainqueurs, souvent même sans égaux.

Quatre branches principales se partagent cette exposition, presque égale en succès, — la filature, le tissage, le blanchiment et l'impression. Les exposants des trois premières se pressent dans les galeries un peu sombres du rez-de-chaussée, où la courtoisie envers les étrangers, qui a d'abord, et avant tout, présidé à la distribution du palais, a un peu resserré nos nationaux, quoique leur importance leur méritât un théâtre mieux choisi. Quant à l'impression, ses splendides merveilles ont eu un théâtre digne d'elles dans les galeries supérieures.

Des maisons du premier ordre exercent séparément, et dans une vaste proportion, l'une les industries relatives à la filature, et aux tissus fins à la mécanique, etc., etc.; — d'autres, en nombre aussi grand, joignent la filature au tissage mécanique; une autre ajoute encore à ces deux branches le blanchiment, avec tous ses perfectionnements récents.

D'autres maisons filent, tissent et impriment; à la tête de celles-ci, figurent des noms connus du monde entier. Enfin, il en est, véritables colosses de l'industrie alsacienne, qui réunissent les quatre fabrications, et avec une supériorité marquée pour chacune d'elles; chez elles, le coton entre en balles et ressort en une prodigieuse quantité d'articles de tissus divers, blanchis et apprêtés suivant les besoins de la consommation, ou imprimés suivant les fantaisies du goût du jour.

Son Altesse Impériale a continué sa visite par l'examen des galeries supérieures, où s'étalent avec une profusion si séduisante les merveilles de l'impression, soit sur coton pur, soit sur coton mélangé de soie et de laine, connues généralement sous le nom d'impressions pour robes, et contenant les percales, jaconas, organdis, mousselines, l'une des gloires les moins contestées de la France, ainsi que les riches perses pour ameublement, où nous n'avons à craindre pas même une tentative de concurrence. Quelques-unes de ces dernières étoffes sont, pour la délicatesse du dessin et la beauté des nuances, de véritables peintures.

Les articles de coton tissé couleur, pur ou mélangé d'autres substances, comme soie, laine ou fil, constituaient une partie non moins intéressante de l'Exposition.

En France, Rouen, Sainte-Marie-aux-Mines, Roubaix, Tourcoing, Lille, Roanne, Chollet, Bar-le-Duc, Bolbec, Yvetot et Condé-sur-Noireau, sont les centres de fabrication des tissus de coton teints, purs ou mélangés, qui figurent en si grand nombre à l'Exposition. Rouen, en première ligne, et cette priorité est incontestable, se distingue par ses guingamps, tissus de coton bleu et blanc à petits carreaux et rayures blancs pour chemises de matelots, à 30 centimes le mètre en 65 centimètres de large, à 35 centimes en 78 centimètres, et à 40 centimes en 90 cenmètres. Aucun pays, pas même l'Angleterre ou la Suisse, ne peut lui disputer le prix et la bonne qualité de cet article, d'une importante exportation. Rouen fabrique également des articles spéciaux pour la consommation du Sénégal et de l'Algérie, des piqués brochés riches, des valencias, des madras et des siamoises, tous dans d'excellentes conditions de fabrication, et aussi appréciés à l'étranger qu'à l'intérieur.

Sainte-Marie-aux-Mines expose une grande variété de tissus de coton fantaisie, mélangés de laine et de soie, pour robes, tels que valencias, tartanelles, popelines, grenadines, etc., etc., à la production desquels ce centre industriel se livre de prédilection depuis quelques années, au détriment de celle des jaconas et guingamps tissés de coton pur, qui furent autrefois sa spécialité. Depuis que l'Angleterre a levé toute prohibition à l'importation des tissus de coton étrangers, Sainte-Marie a dû, pour ainsi dire, renoncer à la fabrication des guingamps destinés à l'exportation, attendu qu'à dater de la grande réforme douanière accomplie dans le Royame-Uni, Glasgow est devenu le marché central de la Suisse pour cet important article, qui est maintenant acheté et commandé là par les Américains du Nord avant qu'il passe le détroit de la Manche.

Sainte-Marie fabrique toujours des guingamps, des jaconas, des madras et des pignas, mais plus particulièrement pour la France que pour le dehors; ses produits sont marqués au coin du bon goût et conservent leur ancienne supériorité.

Roubaix, Tourcoing et Lille offrent quelques articles de coton pur ou mélangé (le coton dominant) et des tissus à pantalons. Là aussi la fabrication des articles de coton pur a émigré pour être remplacée par celle des tissus de laine, laine et soie et laine mixte. Les provinces belges voisines ont hérité de cette industrie du département du Nord et nous sont supérieures sous le rapport du bon marché.

Ces trois centres industriels du Nord reviendront sous nos yeux avec plus d'importance lors de l'examen des produits classés dans les catégories vingtième et vingt-deuxième.

Bar-le-Duc, Chollet, Bolbec, Yvetot et Condé-sur-Noireau présentent un ensemble complet de tissus de coton teints, à l'usage des gens de la campagne, tels que siamoises, cotonnets, toiles unies et croisées à rayures et carreaux, pour literie et vêtements d'hommes et femmes; des mouchoirs de poche tout coton ou mélangés de fil, des tissus pour ameublements, etc. On remarque avec plaisir l'extrême solidité de ces marchandises, qui répondent à toutes les exigences de la consommation domestique la plus nombreuse.

L'Angleterre, ici encore, revient sous nos yeux. Nous avons parlé des articles unis de Manchester, si remarquables par la variété et par la modicité des prix. En articles teints ou articles de coton mélangé, l'attention de Son Altesse Impériale, toujours préoccupée des besoins de la classe la plus nécessiteuse, s'est portée d'abord vers les *futaines*, tissu de coton croisé tiré à poil ou revers, et imprimé à l'endroit à double et triple rouleau, façon casimir à carreaux tissés. Cette étoffe imite à s'y méprendre nos Bonjeans, et ne revient qu'à 85 centimes le mètre en 68 centimètres, ou à environ 2 fr. les deux mètres 20 centimètres, qui forment un pantalon. Il serait à désirer que Rouen s'adjoignît cette nouvelle branche d'industrie. Ensuite viennent les guingamps à rayures et carreaux simples en couleur, tissés à la mécanique en 69 centimètres, au bas prix de 37 centimes le mètre ; des croisés mi-fil pour pantalons et jaquettes d'été, en 92 centimètres à 52 centimes le mètre ; et ces étonnants velours de coton cannelés en couleur, pour pantalons, d'une épaisseur et d'une force sans pareilles.

Glasgow a montré pour la seconde fois des tissus croisés faits sur des métiers à trois et à quatre navettes, mus par la vapeur ; le mètre revient à 35 centimes en 62/66$^{es}$ de large ; des écossais tout coton et bon teint, en 85 centimètres, à 45 centimes le mètre. Il y a là un grand sujet de réflexion pour les économistes et les hommes de progrès.

Nous avons déjà mentionné dans l'exposition prussienne les produits de la fabrique de Gladbach, consistant en un assortiment d'étoffes de coton très-grosses et très-chaudes appelées satins topp, mueskins, lamas et kalmouks, pour vêtements d'hommes et de femmes en hiver. Les uns sont tissés croisés, forts, écrus, teints ou imprimés ; les autres sont tirés à poil des deux côtés, tout blancs, extrêmement épais et soyeux ; d'autres encore, à poils longs, teints ou imprimés en noir. Les prix varient de 40 à 70 centimes le mètre et paraissent si extraordinaires, que l'on se demande si la matière brute qui les compose n'a pas une valeur intrinsèque supérieure. Ces étoffes méritent à tous égards les appréciations des fabricants français, et il serait vivement à désirer, dans l'intérêt des classes nécessiteuses, que cette fabrication prît racine et se développât chez nous.

Deux provinces d'Autriche, la Moravie, la Bohême, et la Souabe d'autre part, fournissent de très-beaux spécimens en fil teint en rouge turc pour tissage; nous devons, pour cet article, une mention particulière à la fabrique si justement renommée de la Heidenschaft, près Trieste. Les villes de Sternberg (Moravie) et de Runnberg exposent des cotonnades légères en couleurs solides, très-variées, et qui étonnent autant par leur bas prix que par leur excellente fabrication. L'Autriche marche de front, pour ces genres de tissus, avec la Suisse et l'Angleterre.

La Suisse, outre ses blancs unis ou brodés, expose, dans deux vitrines placées l'une à côté de l'autre, les produits des cantons de Saint-Gall et d'Argovie, dont la fabrication des guingamps, d'articles à pantalons, et d'autres grosses cotonnades est le patrimoine presque exclusif. Outre une exportation de guingamps estimée à 40,000 pièces pour l'Angleterre, d'où la majeure partie est réexportée après avoir subi quelques manipulations, ces deux cantons expédient annuellement des quantités énormes de leurs produits en Amérique, en Turquie, aux Grandes Indes, vers les côtes de Guinée, en Malaisie et en Polynésie. Aussi voit-on dans ces vitrines une grande variété d'articles dont l'usage est inconnu à la plupart des fabricants d'articles similaires de France, qui n'ont pas encore porté leur attention sur les besoins de ces pays éloignés. Il est vrai de dire que les lois douanières qui régissent la Suisse, et la modicité des salaires qui distingue les ouvriers de ce pays de ceux de la France et de l'Angleterre, la mettent à même de lutter avec quelque avantage sur le terrain parfois inégal de la concurrence étrangère.

La Belgique exhibe une grande collection d'étoffes à pantalons d'un véritable bon marché ; ses étoffes à gilets, siamoises, mouchoirs de tête et de poche, et une foule d'autres tissus de coton teints, à l'usage de la classe laborieuse, prouvent que les efforts de ses fabriques ont surtout eu du succès au dehors depuis un petit nombre d'années.

Nous arrivons enfin, ou plutôt nous revenons à la catégorie des impressions et teintures.

De l'aveu de tout le monde, il n'y a, en matière de goût, de perfection de dessin, de beauté et de solidité des couleurs et de dispositions gracieuses, que la France qui soit représentée dans cette section. Au point de vue du bon marché, elle ne vient qu'après l'Angleterre, qui doit cet avantage d'abord à la supériorité de ses agents mécaniques, puis au prix de revient des matières tinctoriales, comme par exemple l'acide oxalique, le chromate de potasse et le carbonate de soude, qui coûtent près de 50 p. 100 meilleur marché à nos voisins qu'à nous. Nous pourrions multiplier ces exemples, mais le cadre dont nous disposons ne nous le permet pas.

Comme progrès incontestables réalisés depuis l'Exposition de Londres, le jury a pu constater déjà d'admirables perfectionnements dans le blanchiment et dans la gravure, au point de vue des effets à réaliser dans l'impresssion ; d'heureuses modifications dans l'emploi de l'enlevage et des réserves, dans l'application des couleurs, l'emploi de la garance de Marenne et de la fleur de garance, celui du chlore, de la lizarine, du carthame, des lapis, des couleurs-vapeurs; tout ce qui tient, en un mot, à cette série puissante de la chimie appliquée à l'industrie des tissus, prépare au savant M. Persoz, qui avait rédigé le beau rapport sur l'Exposition de Londres, un thème digne de ses observations et de son expérience, à qui cette industrie a dû tant d'améliorations.

Aux jaconas, organdis, indiennes et perses de l'Alsace que nous avons déjà mentionnés, il faut joindre d'abord les grosses indiennes de Rouen pour les classes villageoises, les perses de la même ville à double et triple rouleau, les cravates fond blanc et les foulards de coton, dont l'exportation, déjà énorme, s'accroît chaque jour davantage, au détriment du mouchoir et du madras tissés en fils de coton teints.

L'Angleterre, c'est-à-dire Manchester et Glasgow encore, présentent des jaconas et indiennes bien faits et à très-bon compte ; la diversité de leurs genres est remarquable; elle provient de ce que les fabriques anglaises étudient avec soin le goût de chaque pays où elles importent régulièrement, et y adaptent des genres spéciaux En France, les genres se règlent sur le goût parisien, et les dessins que Lyon donne à ses soieries servent de règle à peu près générale aux cotons imprimés pour robes.

La Suisse exhibe de très-beaux échantillons de rouge turc unis et imprimés, des filés rouge turc et des mouchoirs bleu lapis ; puis toute une vitrine de bonnets turcs imprimés dont elle fabrique des millions de douzaines par année. Les prix si bas de 7 à 11 fr. la douzaine, suivant la largeur de l'étoffe, n'admettent pas de concurrence étrangère.

L'Autriche ne reste pas en arrière pour les jaconas et les indiennes. Ce pays possède quelques fabriques largement organisées qui pourvoient aux besoins universels de l'intérieur. Son Altesse Impériale a remarqué des indiennes fond couleur enluminées dont les enlevages blancs sont réussis dans la perfection. Le grand-duché de Bade, la Prusse et l'Autriche fabriquent des velours de coton teints d'un très-beau brillant, et à bien meilleur compte qu'Amiens, dont, à vrai dire, les produits en cet article sont supérieurs en qualité.

# VINGTIEME VISITE

## CLASSE XX

### INDUSTRIE DES LAINES.

MÊME INDICATION TOPOGRAPHIQUE QUE POUR LA CLASSE PRÉCÉDENTE.
TOUTES LES CLASSES DE CE GROUPE, COTONS, LAINES, SOIES, LINS ET CHANVRES,
RÉPARTIES ENTRE LES DIVERSES NATIONS EXPOSANTES,
SONT PLACÉES DE MANIÈRE A ÉVITER TOUTE RECHERCHE, DANS TOUTE LA SUPERFICIE
DU PALAIS PRINCIPAL.

Matériel de l'industrie des laines (sauf renvoi aux classes VII et X). — Laines, poils et crins bruts (sauf renvoi aux classes II et III). — Laines, poils et crins préparés et teints. — Fils de laine ou de poil simples ou retors; écrus ou blanchis; teints en laines ou en échées, avec ou sans mélange de coton, de soie, de bourre de soie. — Tissus de laine cardée, foulés. — Tissus de laine cardée, non foulés ou légèrement foulés. — Tissus de laine peignée. — Tissus de laine peignée ou cardée, avec mélange de coton ou de fil. — Tissus de laine peignée ou cardée, avec mélange de soie, bourre de soie, coton, etc. — Tissus de laine peignée ou cardée, pure ou mélangée, imprimés. — Tissus de poil, pur ou mélangé. — Châles de laine. — Châles de cachemire. — Tissus de crin.

#### MEMBRES DU JURY :

MM.

**CUNIN-GRIDAINE**, *président*, fabricant de drap à Sédan. FRANCE.

**LAOUREUX**, *vice-président*, membre du Sénat, fabricant à Verviers. BELGIQUE.

**SEYDOUX**, député au Corps législatif, membre de la Commission impériale et du Conseil supérieur de l'agriculture, du commerce et des manufactures, ancien fabricant. FRANCE.

**RANDOING**, membre des jurys des Expositions de Paris (1849) et de Londres (1851), député au Corps législatif, fabricant de drap à Abbeville. FRANCE.

**GERMAIN THIBAUT**, membre du jury de l'Exposition de Paris (1849), député au Corps législatif, vice-président de la chambre de commerce de Paris, fabricant. FRANCE.

**GAUSSEN** (Maxime), *secrétaire*, membre des jurys des Expositions de Paris (1849) et de Londres (1851), de la chambre de commerce de Paris, fabricant de châles. FRANCE.
**BILLIET**, membre du jury de l'Exposition de Paris (1849), membre de la chambre de commerce de Paris, filateur de laine. FRANCE.
**HENRI DELATTRE**, fabricant à Roubaix. FRANCE.
**CHENNEVIÈRE** (Th.), fabricant de drap à Elbeuf. FRANCE.
**DE BRUNET**, négociant à Reims. FRANCE.
**S. ADDINGTON**, négociant, un des rapporteurs du jury en 1851. ANGLETERRE.
**BUTTERFIELD**, négociant à Bradford. ANGLETERRE.
**CARL**, conseiller intime de commerce, membre du jury à Londres (1851) et à Munich (1854), à Berlin. PRUSSE.
**DOCTEUR BODEMER** (Henri), membre du jury à Munich (1854), à Grossenhain. SAXE ROYALE.
**TH. DOERNER**, filateur et fabricant à Rietigheim. WURTEMBERG.
**DUBOIS DE LUCHET**, fabricant de draps à Aix-la-Chapelle, juge au tribunal et membre de la chambre de commerce, membre du jury des Expositions de Londres (1851) et de Munich (1854). PRUSSE.
**CHARLES OFFERMANN**, fabricant à Braünn (Moravie), membre du jury de l'Exposition de Munich (1854). AUTRICHE.
**REICHENHEIM** (L.), conseiller de commerce. PRUSSE.
**AUGUSTE KOCH**, négociant à Vienne. AUTRICHE.
**J. FICHTNER**, fabricant à Atzegersdorf, près Vienne. AUTRICHE.

---

La vingtième classe offre, comme la précédente et comme celle qui lui fait suite, la remarquable particularité d'un concours à peu près universel des nations représentées au Palais de l'Industrie. Sous le titre générique que lui a donné la classification officielle, cette industrie comprend non-seulement les matières premières telles que les préparent les diverses opérations du tondage, du lavage à froid et à chaud, du peignage à la main et à la mécanique, du cardage, du filage, du conditionnement, du foulage, de la teinture, de l'apprêt, représentées toutes par les échantillons les plus divers, depuis la laine en suint, le poil, le duvet et le crin à l'état brut, jusqu'aux fils de laine les plus purs et les plus coûteux, mais encore les divers tissus de laine cardée, foulés et non foulés (draps de toute espèce et de toute destination, lisses, croisés, forts, légers, castors, feutres et flôtres, napolitaines, flanelles, molletons, etc.), de laine peignée ou cardée (étamines, burats, baréges, mérinos, cachemires, lastings, stoffs, etc., etc.), soit pure, soit mélangée avec le fil, la soie et le coton (mousselines, tartans, alépines, barpoors, chalys, popelines, serges, damas, brocatelles, étoffes pour robes et ameublements, etc.); les tissus imprimés, ceux de poil pur ou mélangé, les tissus de crin, et enfin l'industrie tout entière des châles, dont l'énumération seule, au point de vue des procédés de fabrication, des modes ou des mélanges, prendrait dans nos colonnes une place que nous ne pourrions lui donner.

La visite de Son Altesse Impériale a commencé par les produits de la draperie étrangère.

Le pays qui, par sa position topographique, jouit du plus grand avantage sous le rapport de la matière première, est sans contredit l'Autriche, qui s'approvisionne de laines excellentes, soit aux foires de Pesth et de Breslaw, soit en contractant à l'avance avec les grands propriétaires de troupeaux des provinces de Silésie, de Hongrie et de Moravie. Les laines de ces diverses contrées sont les meilleures de l'Europe pour la fabrication des draps : elles réunissent à la finesse la douceur et le brillant, sans lesquels on ne peut faire de belles draperies.

L'Autriche, en achetant ses matières premières dans les lieux de production, y trouve des avantages réels sous le rapport des prix et de la qualité : aussi ses produits en qualités fines ne le cèdent-ils en rien aux plus belles draperies de France, de Belgique, d'Angleterre et de Prusse.

Sous le rapport du prix de revient, l'Autriche doit être placée en première ligne; la main-d'œuvre, dans ce pays, est environ de 50 p. 100 au-dessous de celle des fabriques de France; ainsi un ouvrier autrichien, travaillant à la journée, et pendant treize heures, gagne à peine 1 fr. par jour, tandis que l'ouvrier français le moins rétribué gagne 2 fr. par jour; il en est de même pour le travail des femmes, des enfants et des ouvriers qui travaillent à leurs pièces.

Les nouveautés courantes, c'est-à-dire les produits où le dessin joue un rôle secondaire, se trouvent dans le même cas. Le jury a remarqué des articles écossais et jaspés qui sont plus avantageux que tout ce qui a été exposé par les diverses nations.

Lorsqu'il s'agit de haute nouveauté, c'est-à-dire de produits de création nouvelle, la France tient le premier rang; elle n'a que peu ou point de concurrents. Presque toutes les puissances sont tributaires de notre pays pour les articles de goût. Il est regrettable pour nos fabriques, pour le pays tout entier, que nous ne puissions lutter à l'étranger pour les draps ordinaires, qui sont d'une consommation considérable, surtout dans les Amériques.

La Prusse et la Saxe, après l'Autriche, sont les pays qui produisent au plus bas prix; puis viennent la Belgique, la France et l'Angleterre.

Les produits de la Prusse sont très-nombreux et très-remarquables; ceux de la Belgique soutiennent la concurrence en Italie et en Amérique avec les produits anglais et français; mais la Prusse et la Saxe auraient la supériorité, pour le bas prix, sur ces trois fabriques.

Il faut dire aussi que les fabriques d'Autriche, de Prusse, de Saxe, de Belgique et d'Angleterre, produisent dans des proportions qui dépassent de beaucoup la consommation de leur pays, et qu'elles font des efforts considérables pour trouver à l'étranger l'écoulement de leur trop-plein. — C'est surtout au prix de grands sacrifices qu'elles y parviennent. — La France se ruinerait en suivant cette concurrence; sa production est plus limitée, ce qui tient autant au droit de 22 p. 100, que le drawback ne restitue pas, qu'à la cherté de la main-d'œuvre; elle fabrique en vue de la consommation intérieure, et n'exporte que ses nouveautés et ses beaux draps fins, qui sont réputés à l'étranger pour leur bonne fabrication et la solidité de leurs couleurs.

La France trouve encore dans l'exportation un grand avantage, — c'est qu'à la fin de chaque saison elle peut solder pour les Amériques ce qui lui reste d'invendu.

Quant à la draperie fine française, voici comment on peut la classer : Elbeuf produit pour 60 millions environ, Louviers pour 10 millions, Sedan pour 18 millions.

Elbeuf a le privilége de la haute nouveauté, de la création ; ses pantalons *fantaisie* sont reçus dans tous les pays du monde ; ses paletots *unis double-face* ondulés, ouattinés, frisés, etc., ont un très-grand succès ; enfin, ses articles pour manteaux de femme, d'un des plus grands fabricants de cette ville, M. Chennevières membre du jury, les bifaces, soie et fourrure, et les moquettes du même fabricant, ont placé cette ville dans une position exceptionnelle.

Louviers continue à faire des draps fins qui rivalisent, pour la bonne fabrication, avec ceux d'Autriche et de Prusse. Sa production de nouveautés est dans le genre de celle d'Elbeuf ; elle s'élève jusqu'aux plus belles qualités. Un fabricant de cette ville, M. D. Chennevière, offre au commerce des satins grande largeur à 4 fr. 25 c. le mètre, qu'aucune ville de France ne peut produire.

Sédan soutient sa vieille et belle réputation pour les draps noirs fins; elle est représentée dignement par ses sommités industrielles.

Après ces trois métropoles illustres de la fabrication des draps fins, il est juste de parler de quelques villes secondaires qui s'occupent avec succès de la production des draps de qualité secondaire.

Dans la partie nord de la France, on peut citer avec avantage : Vire, qui produit de beaux draps et de beaux cuirs-laine ;

Romorantin, qui possède deux grands établissements qui font honneur à la France; Bischwiller, où se fabriquent les draps zéphyrs et amazones avec une économie de main-d'œuvre considérable.

Puis vient enfin ce que l'on appelle la fabrique du Midi, c'est-à-dire Carcassonne, Limoux, Chalabre, Castres, Lavilllanet, Bédarieux, Saint-Pons, Lodève, Mazamet, etc. La plupart de ces villes s'occupent de la fabrication des draps pour l'armée de terre et de mer; les autres, telles que Carcassonne, Limoux, Castres, Mazamet, etc., produisent des draps de qualité ordinaire pour la consommation intérieure. Cette contrée, jadis si florissante à cause de ses exportations de draps dans le Levant, n'a pas progressé dans la même proportion que le nord de la France; éloignée des cantons qui fournissent les meilleures laines, ne s'approvisionnant, en général, que des laines du Midi, du Portugal et de l'Espagne, ses étoffes sont dures à la main et ne conviennent pas à la consommation des villes, où l'on recherche le moelleux et le chaud.

En résumé, les fabricants français, à la hauteur des fabricants étrangers pour la bonne fabrication et l'outillage, conservent leur supériorité pour la création et l'invention : notre infériorité, peu regrettable sur ce point, porte sur le prix de la main-d'œuvre, beaucoup plus élevé chez nous, et aussi sur le chiffre du capital engagé. — Il manque aussi à notre fabrication de grandes maisons ayant comme l'Angleterre et la Belgique des comptoirs ou succursales dans les principaux centres de l'Amérique.

Entrons dans quelques détails. Louviers, si renommée jadis pour ses beaux draps fins, s'est vue forcée de changer sa fabrication et de produire en même temps des qualités fines et moyennes; elle a dû aussi suivre les prescriptions de la mode et produire des nouveautés de diverses qualités. Le Prince a remarqué surtout avec beaucoup d'intérêt les articles bon marché d'un exposant, membre du jury, qui a vraiment réalisé le problème des bas prix en fournissant en grande quantité des satins drapés à 4 francs 25 centimes et 6 francs le mètre, et cela sans nuire à la bonne qualité de l'étoffe.

Elbeuf est représentée par trente-cinq fabricants. Cette ville produit à peu près tous les genres de draperies, draps pour habits, en très-belles qualités, draps pour paletots, nouveautés en tout genre, étalés avec profusion dans les vitrines de tous ses exposants.

Le Prince a trouvé dans la vitrine du fabricant d'Elbeuf dont nous avons cité le nom une variété de produits qui atteste le génie de la création en même temps que la bonne entente de la fabrication. Les étoffes à double face en laine et cachemire, celles dont l'endroit est en laine pure et l'envers en soie peluche ondulée, les draps fourrures, les oursons, les moquettes, etc., lui ont paru dans les meilleures conditions.

En sortant de la galerie d'Elbeuf et après avoir visité les productions de Vire, qui se font remarquer par leur bonne qualité, le Prince a visité la large et belle vitrine de Romorantin, et s'est arrêté devant les beaux produits d'Abbeville. M. Randoing a montré à Son Altesse Impériale les lettres patentes qui ont conféré à Van Robais les priviléges à l'aide desquels il fonda, au dix-septième siècle, la grande manufacture d'Abbeville, qui aujourd'hui se présente en première ligne, avec le seul privilége du talent et de la persévérance de son honorable propriétaire.

Les galeries où se trouvent les productions du Midi et les couvertures de laine ont été parcourues avec tout l'intérêt que méritent ces productions à l'usage des classes nécessiteuses. De là, le Prince s'est dirigé dans les galeries de Roubaix, de Tourcoing et de Reims, où il a pu comparer les tissus de laine autres que la draperie, exposés par nos principales fabriques, avec les produits analogues de l'étranger.

En sortant de la galerie de la draperie française pour continuer sa visite aux produits de la vingtième classe, S. A. I. le prince Napoléon a émis le regret que ces magnifiques spécimens d'une de nos plus belles industries, exposés dans les galeries latérales de la nef, n'eussent pas une place mieux éclairée et plus digne de leur importance. Heureusement les autres produits de cette catégorie n'ont pas été aussi mal partagés, et Reims, Tourcoing, Rethel et les autres centres de lainages non drapés ont eu leurs places au soleil.

C'est ici surtout que notre travail national accumule les chiffres d'affaires les plus considérables et les quantités de consommation les plus significatives.

Une seule maison, MM. Paturle, Sieber, Seydoux et C^ie^, celle qui a eu la gloire de donner un nom au mérinos perfectionné, atteint, ainsi qu'un de ses chefs le disait au Prince, à une vente annuelle de 12 millions, et les cinq huitièmes de ses produits s'exportent dans toutes les contrées de l'univers. C'est que l'industrie lainière en France, par la variété infinie qu'elle a apportée dans la création des tissus où la laine est mélangée à la soie ou au coton, a pu réaliser le problème du bas prix, sans lequel il n'est pas de grande consommation, uni au bon goût, sans lequel il n'est pas de vogue commerciale.

Cette production colossale de nouveautés en laine se divise en plusieurs branches ou spécialités qui ont chacune leur sol natal, pour ainsi dire, et leur supériorité locale dans les différents centres de Paris, qui donne l'impulsion générale, Roubaix, Saint-Quentin, Amiens et Reims.

En première ligne vient le mérinos, en chaîne simple pour robes et châles, en chaîne double pour vêtements d'homme, et plus connu alors sous la dénomination de drap d'été. Ce tissu, d'un si incomparable usage, se maintient dans la fabrication depuis plus de cinquante ans, malgré la concurrence redoutable de tant d'articles nouveaux, créés chaque année pour les exigences de la mode. Il est également recherché sur les marchés étrangers, où il ne craint aucune rivalité sérieuse. Les qualités superfines exposées par la première maison dans ce genre prouvent jusqu'à quel degré de perfection peut être portée la fabrication du mérinos, et les sortes si variées des fabriques de Reims, de Rethel, de Saint-Quentin et de la Picardie représentent l'importance de cette grande production.

Le cachemire d'Écosse, espèce de satin de laine plus léger que le mérinos et la mousseline de laine, deux tissus d'une grande consommation pour robes et châles imprimés, exposés par les maisons de Paris et les fabriques de Saint-Quentin et d'Amiens, ont également une perfection qui les place au premier rang.

Le mérinos écossais est présenté par Reims à des prix qui soutiennent toute concurrence étrangère. Paris, Saint-Quentin et l'Alsace fabriquent aussi le mérinos écossais, mais à des prix plus élevés et sur chaînes doubles.

Les départements de la Haute-Vienne, de l'Aveyron, de Lot-et-Garonne, de la Manche, ont exposé des droguets, étoffe forte, tramée en laine commune, couleur naturelle, sur chaîne de fil.

Ce tissu, qu'on pourrait appeler primitif, est encore d'une grande consommation dans les campagnes, et c'est à ce titre que nous devons le mentionner.

Tourcoing a envoyé des flanelles de couleurs, chaîne de coton, à carreaux et imprimés, à des prix qui se rapprochent de ceux des flanelles pure laine dont elles sont l'imitation.

Mazamet a exposé des flanelles de santé en qualités épaisses dont les prix sont relativement élevés.

Nous voici à Reims.

Le tissu mérinos, créé en 1801 dans cette ville, est resté l'une des branches les plus importantes de sa grande industrie. C'est à Reims que s'opère la vente en écru de tous les mérinos fabriqués dans ses environs, dans le département des Ardennes et dans une partie de celui de l'Aisne. Les ouviers de la Champagne ont une habileté particulière pour tisser sur des chaînes fines, simples, en registres très-serrés, ce qui donne aux mérinos de Reims une apparence très-appréciée des acheteurs.

L'exposition si complète de Reims présente la réunion de toutes les qualités et de toutes les largeurs qui se font dans ce tissu; elle justifie la réputation que cette fabrique conserve pour le mérinos. Deux fabricants ont exposé des mérinos chaîne simple et chaîne double, tissés mécaniquement, qui font espérer que leurs efforts triompheront des difficultés que présente encore le tissage mécanique appliqué à ce produit.

Il existe encore dans les environs de Reims des fileuses à la main qui produisent des fils remarquables avec lesquels on fait de beaux châles de barége, des voiles et burats pour religieuses, et des étamines qu'on ne produirait pas avec la même netteté et le même soutien en fils mécaniques. Deux fabricants ont exposé de beaux types de ces tissus et des fils de plusieurs numéros.

La fabrique de Reims produit encore avec succès une grande variété de tissus et de châles en laine cardée.

Les flanelles de santé dans toutes les qualités, en différentes combinaisons de tissus lisses et croisés, pour lesquelles elle a une supériorité incontestée dans les qualités fines; les napolitaines pour robes et châles, les châles casimir, les flanelles unies, mélangées et à carreaux pour robes et manteaux; les tartanelles en laine pure et en chaîne coton; les circassiennes, les draps légers dits *sultanes*, la draperie pour pantalons, les étoffes pour gilets, les châles tartans de toutes qualités, les châles écossais fins, en concurrence avec ceux d'Écosse, de Prusse, d'Autriche et de Belgique : tous ces produits justifient la haute réputation de Reims, et accusent cette entente toute particulière dans l'emploi de la matière et cette économie dans la fabrication qui permettent à ses chefs d'industrie d'établir leurs divers articles à des prix qui l'emportent sur tous les similaires étrangers.

Le tissage mécanique, qui présentait tant de difficultés dans son application aux tissus de laine pure sur chaînes simples, a obtenu à Reims un succès complet pour les tissus en laine cardée. On compte aujourd'hui à Reims six établissements de tissages mécaniques.

Le peignage mécanique, essayé à Reims en 1839, a fini par remplacer le peignage à la main, en apportant une économie sensible dans la main-d'œuvre et dans le rendement.

La filature des laines peignées, dont Reims est le berceau, n'a cessé de progresser; elle conserve sa réputation bien méritée, et le nombre des broches augmente chaque année. Enfin la filature cardée dans les numéros fins est poussée à Reims à un degré de perfection qui lui donne une supériorité incontestée; ses fils sont recherchés surtout en Belgique et en Angleterre.

Nous arrivons à la concurrence étrangère.

En Angleterre, Paisley expose des châles longs et carrés dits tartans écossais. Cette fabrique, qui en 1851 n'avait point de rivale, conserve encore dans ses qualités supérieures un ensemble remarquable de belles dispositions et un apprêt spécial qui donne un cachet particulier à ses châles longs.

Mais, sous le rapport des prix, Reims produit maintenant des châles qui font une concurrence sérieuse à ceux d'Écosse, surtout dans les qualités moyennes.

Glasgow a présenté, avec de jolies toiles de laine chaîne coton, en dispositions d'été très-variées et d'une belle exécution, des tartanelles chaîne coton, trame en laine cardée, remarquables par leur fabrication et la beauté des couleurs.

Les étoffes ordinaires pour pantalons d'été, les tartans et plaids exposés par les fabriques de Hawick (Roxburg) et de

Townbridge (Glocester) ne soutiennent pas la concurrence de la Belgique ni celle de la France; les prix en sont plus élevés.

Les flanelles de santé exposées par Rochedale et Manchester sont remarquables par leurs bas prix dans les qualités au-dessus de 2 francs le mètre; elles sont fabriquées avec des laines plus dures et des fils plus ronds que celles de la France, ce qui leur donne plus d'épaisseur.

La Belgique a exposé des flanelles de santé, chaîne coton et pure laine, de diverses qualités, mais d'une fabrication mal soignée, qui ne peut lutter avec les flanelles de Reims; des châles tartans de qualité moyenne, dans de bonnes conditions de prix et bien fabriqués; des châles tartans communs, dans toutes les largeurs, et des étoffes pour pantalons d'été, pure laine et chaîne coton, dont les prix n'ont rien de remarquable, en raison de l'infériorité des qualités.

L'Autriche fabrique beaucoup de châles tartans, de cachemires d'Écosse, de mousseline de laine dans des qualités inférieures, dont les types présentés à l'Exposition ne soutiennent pas la comparaison avec les similaires de France.

Les fabriques de Prusse, qui produisent de grandes quantités de châles tartans, ont exposé des collections variées de châles à bas prix.

Les produits similaires de Reims feraient une concurrence sérieuse à ceux de la Prusse, s'ils étaient présentés directement sur les mêmes marchés.

L'Espagne n'a présenté que quelques coupes de napolitaines imprimées et de petits draps légers bien faits, qui ne sont point en rapport, pour les prix, avec ce que produit la France.

Enfin, la Suisse a envoyé des étoffes communes en pure laine pour pantalons, et des circassiennes chaîne coton qui n'ont rien de remarquable.

Les châles ont été examinés ensuite, comme le bouquet de cette exhibition magnifique.

L'industrie des châles, ou plutôt des cachemires français, comme on l'appelle à si juste titre dans l'univers commercial, est si bien une conquête moderne, que la plupart des maisons illustres de la spécialité ont vu commencer les premiers essais de cet art merveilleux dont ils contemplent aujourd'hui les splendeurs. Il existe encore des spécimens de châles comme on les fabriquait il y a à peine cinquante ans : on ne croirait pas que ce soient des produits similaires à ceux, même les plus ordinaires, que l'industrie met en vente aujourd'hui. Le travail indien, combiné avec les immenses et merveilleux développements de nos machines à tissage, a créé cette production sans rivale et diminué le prix des châles de l'Indoustan, prix quelquefois un peu arbitraire, puisque leurs défauts même étaient souvent un titre aux yeux des femmes élégantes, éprises avant tout de la couleur locale. Il a fallu, pour les guérir de ce préjugé, que Lyon et Paris produisissent ces chefs-d'œuvre dont on n'aurait pas l'idée si on ne les voyait de ses yeux, et qui, lorsqu'on entre dans la partie technique de leur fabrication, effrayent presque l'imagination par l'innombrable détail des réductions, des combinaisons et des difficultés qu'il a fallu vaincre pour arriver à ces résultats.

Trois centres importants de fabrication, Paris, Lyon et Nîmes, tiennent la tête de l'industrie châlière de France. Paris fait tous les articles : le cachemire, le châle de laine et le châle kabyle. Les châles bon marché sont généralement tissés en Picardie.

Lyon excelle surtout dans le mélange de soie et de laine qui a donné naissance à ces châles aurifères dont le tissu ressemble à la broderie, ou plutôt à la peinture. Rien de plus gracieux que ces fantaisies somptueuses, dignes pendants des soieries de cette glorieuse ville.

Nîmes a la spécialité de la fabrication à bas prix et du châle ordinaire.

Le châle broché a été pour la France la plus grande école de dessin industriel, ceci est irrécusable, et il n'y a, pour s'en convaincre, qu'à parcourir la galerie de dessins ouverte dans la rotonde de jonction : le génie artistique de notre pays a là peut-être sa plus belle page commerciale. Le cachemire français est si bien une œuvre d'art, que l'impression, au rebours de ce qui arrive dans les autres industries, s'est inspirée du brochage, et que le châle pur a donné naissance à d'autres tissus analogues, comme les étoffes pour gilets ou pour robes, par exemple.

Né d'abord de l'imitation du châle de l'Inde, il n'a pas tardé à s'approprier les formes élégantes, les compositions originales et hardies, le coloris harmonieux et jusqu'aux sujets à oiseaux, à figures et à paysages de nos plus riches collections de dessins et de peintures. Deux écoles, également avancées, ont choisi ce thème fécond pour leurs efforts : l'école indienne, préoccupée du style oriental dans le dessin et la couleur, et l'école fantaisiste, où l'imagination prédomine, sans nuire pourtant à la simplicité des dispositions et au prestige des nuances. D'un côté comme de l'autre, la supériorité française se maintient incontestable. L'Autriche seule nous fait concurrence sur les marchés étrangers pour les châles à bas prix; mais ses fabricants vivent de nos créations, se modèlent sur nos genres et empruntent, d'une façon parfois servile, toutes les idées de nos dessinateurs. L'avantage même qu'ils ont sur nous, en matière de prix de revient, tient uniquement aux bas prix du salaire et des matières premières.

Son Altesse Impériale a adressé de vives félicitations à presque tous les exposants de cette catégorie si remarquable, La fabrication des châles à bon marché, dans la galerie d'économie domestique, a également obtenu son suffrage.

Le cachemire pour gilets, création toute parisienne, est splendidement représenté à l'Exposition : les maisons de Paris semblent effacer tous leurs concurrents de France et de l'étranger. Roubaix vient en deuxième ligne, et a pour imitatrices l'Autriche, qui produit à bon marché, et la Prusse, qui copie très-habilement nos dessins.

Les damas de laine et de laine et soie pour meubles, les vénitiennes, les reps, les algériennes, les sans-envers doubles faces, etc., de Paris, de Tours, de Mulhouse, de Roubaix, de Nîmes et de Sainte-Marie-aux-Mines ont excité au plus haut point l'admiration de Son Altesse Impériale, qui, après avoir constaté les progrès de plus en plus artistiques de cette partie de la vingtième classe, a terminé sa visite par une station au compartiment de Tunis, où des couvertures de laine (*farachia*) au tissu moelleux et aux couleurs bariolées, dont l'Arabe nomade s'enveloppe pour se garantir à la fois contre les rigueurs du froid et contre les ardeurs du soleil, — des burnous à l'étoffe imperméable, — des haïks aux rayures de soie, — des ceintures, — des thalets, voiles dont les Israélites se revêtent dans les cérémonies religieuses et dont l'île de Gerbi a la fabrication privilégiée, ont vivement captivé son attention.

Tous ces produits, provenant de l'emploi des laines indigènes, sont très-appréciés des populations arabes, à l'usage desquelles ils sont presque exclusivement affectés; et il s'en importe encore beaucoup en Algérie, malgré les forts droits qui les frappent à leur introduction dans notre colonie.

Le Prince a admiré les bonnets de laine teints en rouge, connus sous le nom de *fez*, *tarbouchs*, *checchias*. Tunis maintient, dans les diverses sortes qui figurent dans son exposition, la réputation depuis plusieurs siècles acquise à ses bonnets, qui ont eu l'honneur des contrefaçons en France, en Italie et en Allemagne.

# VINGT ET UNIÈME VISITE

## CLASSE XXI

### INDUSTRIE DES SOIES.

TOUT LE POURTOUR DES GALERIES SUPÉRIEURES DU PALAIS PRINCIPAL.
TROPHÉES DE LA NEF.

Matériel de l'industrie de la soie (sauf renvoi aux classes VII et X). — Soies brutes et ouvrées. — Tissus de soie pure, unis. — Tissus de soie pure, façonnés, brochés et à dispositions. — Velours et peluches. Tissus pour meubles, tentures et ornements d'église. — Tissus de soie mélangée d'or, d'argent, de coton, de laine, de lin, de fantaisie, où la soie domine. — Tissus de soie pure ou mélangée, imprimés ou chinés. — Tissus de bourre de soie, pure ou mélangée. — Rubans de soie.

**MEMBRES DU JURY :**

MM.

**ARLÈS-DUFOUR**, *président*, membre de la commission impériale, des jurys des Expositions de Paris (1849) et de Londres (1851), de la chambre de commerce de Lyon, négociant en soie et soieries. FRANCE.

**DIERGARDT** (Fréd.-G.), *vice-président*, conseiller intime de commerce, fabricant de velours, membre du jury à Londres (1851) et à Munich (1854). PRUSSE.

**FAURE** (Étienne), fabricant de rubans à Saint-Étienne. FRANCE.

**TAVERNIER** (Charles), membre du jury de l'Exposition de Paris (1849), ancien négociant en soieries. FRANCE.

**GIRODON**, membre de la chambre de commerce de Lyon, fabricant de soieries à Lyon. FRANCE.

**ROBERT** (Eugène), *secrétaire*, filateur et directeur de magnanerie. FRANCE.

**LANGEVIN**, filateur de bourre de soie. FRANCE.

**SAINT-JEAN**, peintre de fleurs à Lyon. FRANCE.

**J.-F. GIBSON**, commissaire royal en 1851. ANGLETERRE.

**EUGÈNE BATTIER**, commissionnaire. SUISSE.

**THÉODORE HORNBOSTEL**, ancien président de la chambre de commerce et président de la Société pour l'encouragement de l'industrie nationale à Vienne. AUTRICHE.

**ANTOINE RADICE**, vice-président de la chambre de commerce de Vérone, membre du jury à l'Exposition de Londres (1851). AUTRICHE.

**T. WINKWORTH**, un des rapporteurs du jury en 1851. ANGLETERRE.

**DOCTEUR CHARLES GIGLIERI**, fabricant à Milan. AUTRICHE.

L'industrie de la soie est une industrie éminemment complexe, multiple ; elle peut se décomposer en un grand nombre d'autres industries. C'est en quelque sorte un mécanisme formé d'une multitude de rouages. Pour fabriquer ces tissus tantôt fermes et serrés, ou légers et comme vaporeux, tantôt unis, tantôt semés de dessins ou nuancés de mille couleurs, il faut nécessairement le concours d'un grand nombre d'arts divers. Ce n'est qu'en passant par une série d'opérations bien différentes, et toutes plus ou moins compliquées, que le cocon filé par le ver à soie peut se transformer en précieux tissu. La supériorité de la fabrication doit dépendre du degré de perfection qu'ont atteint toutes les branches de cette industrie. Si, en France, on produit des étoffes plus belles qu'ailleurs, c'est que les instruments qu'on y emploie, les arts divers qui concourent à leur production, doivent être plus parfaits qu'ailleurs.

L'industrie des soies compte 966 exposants, savoir :

France, 521 ; Suisse, 94 ; Autriche, 86 ; Prusse, 49 ; États sardes, 37 ; Angleterre, 35 ; Espagne, 30; Toscane, 30; États pontificaux, 12 ; Portugal, 9 ; Algérie, 8 ; Grèce, 8.

Les autres États, le Mexique, les Indes anglaises, la Suède, la Belgique, la Bavière, les États-Unis, les Pays-Bas, le Cap de Bonne-Espérance, l'Égypte, Tripoli, Tunis, le Wurtemberg, l'Anhalt-Dessau, figurent aussi dans cette exposition.

On peut évaluer la production des soies en Europe, c'est-à-dire en Lombardie, en France, en Piémont, en Espagne, à Naples, à près d'un demi-milliard.

Les chiffres de la production de la Chine, du Bengale, de la Perse, de la Turquie, de la Syrie et de la Grèce, ne sont pas connus, mais ceux de leur importation sont considérables.

Si la production de la soie est partout en progrès, il en est de même de la fabrication des soieries, qui se développe et se multiplie presque plus vite que la production de la matière première.

Ce n'est pas exagérer que de porter la fabrication générale des soieries et rubans, en Europe, à près d'un milliard.

La part de la France serait d'environ 400 millions.

L'Angleterre vient en second rang, et puis la Suisse, la Prusse, l'Autriche, l'Espagne, la Sardaigne.

Lyon seul compte 127 exposants, Saint-Étienne 63.

Le Prince a visité tous les pays exposants pour les soies, soieries et rubans.

Nous avons esquissé l'histoire de l'industrie de la soie en France dans la visite de Son Altesse Impériale à la septième classe (*Mécaniques spéciales et manufactures des tissus*). Nous croyons devoir ajouter quelques lignes, d'après M. Arlès-Dufour, sur l'histoire générale de cette industrie.

L'antiquité n'a guère connu le luxe de la soie. C'est dans les mystérieuses régions de la Chine que la soie a pris naissance et qu'elle a été silencieusement employée pendant bien des siècles. Ni la Grèce ni l'Égypte ancienne ne s'en servirent. Tout au plus Alexandre, en prenant possession de l'Asie, en occupant les capitales des rois de la Perse et en mettant le pied sur les rivages de l'Indus, rencontra-t-il en ces pays féconds, au sein de cette première patrie des arts, quelques échantillons des soies de la Chine. Rome, maîtresse du monde, salua les soieries de l'Orient lointain comme la plus riche parure de ses patriciens; mais elle ignora le secret de leur fabrication. On croit que c'est à Justinien qu'est due l'introduction de la soie en Europe. Deux moines voyageurs, longtemps avant Marco Polo, auraient traversé l'Asie pour obéir à ses ordres, et auraient rapporté des œufs de vers à soie cachés dans des bambous creux et nourris en secret tout le long de leur périlleux voyage. Cette tradition ressemble à une légende inventée à plaisir; mais n'y a-t-il pas de la grâce dans un récit qui donne une si chétive origine aux travaux aujourd'hui si glorieux de l'industrie des soieries européennes?

De Constantinople, la découverte se serait répandue en Grèce et dans les pays de l'Anatolie et de la Syrie, où les guerriers des croisades l'auraient saisie à leur tour, afin d'en enrichir l'Occident. Quoi qu'il en soit de ces diverses traditions ou de ces premières fables, l'industrie des soieries paraît avoir été importée en Sicile, en Italie et en Espagne, au treizième siècle, et de là s'être répandue en Suisse, en Angleterre et dans les Pays-Bas. En France, elle eut pour parrain Louis XI, qui fit venir à Tours, vers 1470, des ouvriers de Gênes, de Florence, de Venise, et même de Constantinople. Les fabriques qu'ils établirent, favorisées par le goût naturel de la nation française, acquirent un tel développement, que, sous le ministère de Richelieu, on comptait à Tours plus de 6,000 métiers pour les étoffes, et, pour les rubans, plus de 3,000 métiers, dont le travail faisait vivre environ 30,000 ouvriers. La culture des mûriers, introduite sous Henri IV par Olivier de Serres, dotait dès lors la France d'une richesse assurée.

L'industrie de la filature et du moulinage des soies a fait, depuis le commencement du siècle, des progrès qui ont été bien plus rapides en France que partout ailleurs. En effet, vers la fin du siècle dernier on n'employait généralement que des soies du Piémont et de la Lombardie pour la fabrication des tissus de luxe à Lyon, tandis que les soies françaises, réputées inférieures, n'étaient employées que pour la fabrication des tissus ordinaires et communs. Aujourd'hui, les choses ont bien changé : les arts séricicoles se sont tellement perfectionnés en France, que non-seulement nos soies sont seules employées à la fabrication des belles étoffes, mais encore que l'étranger vient nous acheter nos soies de première marque pour la fabrication de ses étoffes de luxe.

Cela ne veut pas dire que le Piémont et la Lombardie aient déchu. Les soies piémontaises et lombardes sont certainement beaucoup plus parfaites aujourd'hui qu'elles ne l'étaient au commencement de ce siècle; seulement elles ont marché beaucoup moins vite que les nôtres.

En somme, la science séricicole a fait de très-grands progrès, sous le triple rapport de l'éducation des vers à soie, de la filature des cocons, et du moulinage des soies.

L'éducation des vers à soie, soumise à des méthodes plus rationnelles, tend chaque jour à donner des produits plus considérables et de meilleure qualité. Les maladies des vers à soie ont été étudiées avec soin, et l'hygiène des magnaneries tend à se formuler par quelques principes plus en harmonie avec les grandes lois de la nature. Des recherches approfondies ont été faites sur les diverses races de vers à soie, afin de pouvoir mieux reconnaître leurs qualités respectives.

La filature domestique, à l'aide de laquelle chaque magnanerie filait jadis sa récolte de cocons, ce qui donnait aux produits en soie une irrégularité indescriptible, disparaît peu à peu devant la filature centralisée dans de véritables établissements industriels.

Le moulinage des soies, en possession des matières premières bien plus parfaites que lui fournit ainsi la filature industrielle, a perfectionné aussi ses moyens. Il a pu faire subir à la soie une *purge* complète, perfectionner et varier les apprêts de toutes sortes de manières, enfin arriver à produire des *ouvraisons* d'une admirable régularité.

Avec ces admirables soies *gréges*, soies *trames*, soies *organsins*, *grenadines*, *poils*, etc., on fait aujourd'hui les tissus les plus variés, depuis les plus riches jusqu'aux plus vulgaires, qui, les premiers surtout, donnent à la fabrication française une place hors ligne, incontestable et incontestée.

Voilà les généralités.

Quelques mots sur l'exposition des soies.

Le grand nombre d'exposants en cocons montre l'importance

que l'on attache de plus en plus au perfectionnement des races de vers à soie.

Deux expositions en ce genre sont particulièrement remarquables, ce sont :

Celle de la magnanerie expérimentale de Sainte-Tulle, dirigée par MM. Guérin-Méneville et Eugène Robert. Depuis vingt ans, une école gratuite de sériciculture théorique et pratique existe dans cet établissement. De plus, des études et des recherches intéressantes y sont faites chaque année, tant sous le point de vue expérimental que sous le point de vue industriel, sur les diverses maladies des vers à soie et sur les races des vers à soie traitées par les mêmes principes qui ont produit de si grands résultats en Angleterre, surtout dans l'élève du bétail.

La magnanerie expérimentale de Sainte-Tulle expose les éléments de la classification industrielle des vers à soie, à laquelle Son Altesse Impériale a bien voulu accorder une attention particulière.

Un fabricant de Lyon a exposé tous les éléments de la filature du cocon. Les spécimens que renferme son intéressante vitrine peuvent être considérés comme les véritables matériaux de l'histoire de la filature de la soie.

Parmi les magnifiques soies filées et moulinées qui sont exposées, celles de France tiennent la première et la plus grande place; celles de l'Ardèche, de la Drôme, de l'Isère, de Vaucluse, des Cévennes, étonnent par leur variété.

Le Piémont présente une très-belle exposition de soies propres à bien des emplois, mais surtout à la fabrication des velours.

Le Piémont n'emploie qu'une très-minime partie des soies qu'il produit; elles s'exportent en France, en Angleterre, en Allemagne.

L'Autriche (Lombardie et Vénétie) ne le cède en rien au Piémont pour la qualité des produits. Elle l'emporte de beaucoup comme importance de sa production, qui est supérieure à celle de la France même.

Les autres nations, telles que la Toscane, la Grèce, les États pontificaux, l'Espagne, le Portugal, sont également représentées par quelques produits dans l'exposition des soies gréges.

La Compagnie des Indes a envoyé des échantillons qui annoncent des progrès notables faits récemment dans l'industrie séricicole par ce pays éloigné, qui pourrait produire des masses énormes de soie.

De nouvelles espèces de vers à soie rustiques, complétement sauvages même, sont présentées également par la Compagnie des Indes. Ces échantillons deviennent intéressants en présence des efforts que l'on fait en ce moment pour acclimater en Europe ces nouvelles espèces, qui pourraient produire de la soie à très-bon marché pour des tissus communs dont le principal mérite, comme on l'a dit avec raison, serait d'être *inusables*.

Enfin, l'exposition des soies présente encore des fils remarquables, qu'on obtient maintenant avec les déchets des filatures de soie, qui n'avaient presque aucune valeur autrefois. On fabrique aujourd'hui des tissus avec ces fils; il est même des spécialités où ils peuvent remplacer la soie.

L'Angleterre, qui avait pris l'initiative de la transformation de ces matières brutes, est moins bien représentée à l'Exposition que la France et la Suisse, qui sont entrées bien plus tard dans cette carrière.

Notons, pour en finir, que le Prince a examiné avec intérêt les belles soies blanches du major Brousky.

Quant à la production des soies mises en œuvre, la galerie lyonnaise en renferme le spécimen le plus splendide, le plus complet qu'on puisse voir. Lyon, qui à Londres obtint un triomphe si éclatant avec 51 exposants seulement, en compte aujourd'hui 127.

Ce sont tous nos plus habiles fabricants, ceux que l'on est habitué à regarder comme les maîtres dans leur art, pour la plupart soldats aguerris par de nombreux combats, et chargés des lauriers qu'ils ont conquis dans nos expositions nationales ainsi que dans l'Exposition universelle de Londres. Les produits qu'ils exposent forment la série à peu près complète de tous les genres si variés d'étoffes et de tissus qui se fabriquent à Lyon. Ce sont les soieries unies, façonnées, à dispositions, les nouveautés, les étoffes pour meubles, pour tentures, les velours, les peluches, les crêpes, les tulles, les châles, etc., etc., en un mot, une éblouissante et merveilleuse collection, dans laquelle on ne sait ce qu'on doit admirer le plus, de la richesse, de la variété, de la perfection des tissus, ou de l'imagination qui en a créé les dessins, du goût qui en a disposé, assorti les couleurs, et qui ont fait d'une pièce d'étoffe une œuvre d'art autant que d'industrie. La chambre de commerce a réuni tous ces précieux produits dans une vitrine collective dont elle a fait tous les frais, et les a disposés ainsi en un faisceau splendide. Aussi, à la vue de cette magnifique exposition, a-t-on entendu se reproduire, plus éclatant, plus glorieux encore, ce cri de triomphe et d'admiration que répétait naguère, comme un patriotique écho, l'illustre professeur M. Dumas : Lyon! Lyon! et qui retentit à Londres, en 1851, quand tomba le rideau qui cachait tant de merveilles.

Ni les satins, ni les taffetas, ni les velours de soie des ateliers de Spithalfields, de Manchester, de Glasgow, etc., ni les étoffes de Zurich, ni les velours de Bâle, ni les nouveautés de Vienne, ni les riches tissus de l'Inde et de l'Orient, ne peuvent se comparer aux produits exposés par les villes de Lyon, de Saint-Étienne, de Paris, qu'on admire dans les vitrines du palais de l'Industrie.

C'est là le côté caractéristique du génie industriel de la France.

Depuis plus de cinquante ans que les nations de l'Europe nous empruntent nos procédés, nos métiers, nos dessins, et jusqu'à nos dessinateurs, elles n'ont pu nous emprunter l'invention et le goût qui constituent notre supériorité. *Tant il est vrai,* ainsi que l'a dit un écrivain, *que le génie national ne s'exporte pas!*

Nous avons déjà dit que Lyon, la patrie de Jacquart, de l'humble ouvrier dont la machine a fait le tour du monde et a révolutionné l'industrie du tissage de toutes les matières textiles; que Lyon s'est présenté à l'Exposition de 1855 avec un beau contingent de métiers bien construits, de métiers modèles; nous avons dit aussi qu'avec Jacquart ne s'est pas éteint à Lyon son esprit inventif; que Jacquart vit toujours dans son sein, que son œuvre se continue, s'agrandit, se perfectionne sans cesse par des découvertes, par des inventions nouvelles.

Parmi les arts divers qui composent la grande industrie de la soie, un des plus importants, et qui a appelé spécialement l'attention du Prince, est sans contredit la teinture. C'est cet art qui, empruntant tour à tour à l'insecte, au minéral, à la plante, la couleur qu'il produit, l'applique sur le fil de soie, pour composer de mille nuances la riche palette du fabricant, et lui fournit ainsi les moyens d'exécuter ces fleurs de toutes couleurs, ces capricieux dessins par lesquels se révèlent le sentiment artistique, les inspirations du goût, que maintient et développe à Lyon l'École des beaux-arts. Cet art difficile, qui a tant profité de la révolution chimique du siècle dernier, que les travaux des Lavoisier, Berthollet, Chaptal, Robiquet, Chevreuil ont transformé, constitue l'une des plus considérables industries de notre pays. Il a atteint chez nous un haut degré de perfection, au moins en ce qui concerne la soie. Bien plus, il marche constamment dans la voie des progrès et des découvertes. Peut-on s'en étonner, quand on songe que cet art tout chimique reçoit directement à Lyon les inspirations de la science ; que, grâce à cette pépinière de jeunes gens qui se forment dans la précieuse école de la Martinière, la chimie pénètre peu à peu et de plus en plus dans les ateliers de nos teinturiers et les illumine de son flambeau?

Sans offrir rien de particulièrement remarquable au point de vue de l'art (nous avons vu que le brochage est aujourd'hui presque aussi économique que l'impression), les soies imprimées ont pris, à l'étranger surtout, un développement numériquement fort considérable. L'Angleterre, à qui ses franchises douanières et ses relations commerciales permettent de se procurer plus facilement que nous le foulard de l'Inde écru, expose une énorme quantité de foulards imprimés, où la vivacité quelquefois exagérée des couleurs atteste à la fois la puissance des arts chimiques et le goût un peu excentrique de la consommation chez nos voisins et alliés.

L'Angleterre se fait remarquer surtout par les bas prix de ses principaux articles. A ce point de vue, elle a une supériorité marquée, quoiqu'elle doive se procurer au dehors toute la matière qui alimente ses immenses fabriques de Spithalfields, de Manchester et de Coventry.

L'origine officielle de la fabrique anglaise remonte au quatorzième siècle ; mais son véritable essor date de la révocation de l'édit de Nantes (1685), qui l'enrichit de nos meilleurs fabricants, contre-maîtres et ouvriers de Lyon, Saint-Chamond, Saint-Étienne, et du midi de la France. A cette époque, la plus brillante pour l'industrie anglaise, jusqu'en 1701, les soieries étrangères entraient librement en Angleterre ; mais, de 1697 à 1701, les réfugiés français obtinrent des règlements, des priviléges, des tarifs *protecteurs*, et enfin la prohibition, non-seulement des soieries de France, mais même celles de la Chine et des Indes.

En 1829, le nombre des métiers en Angleterre était déjà

de 50,000. Aujourd'hui, d'après le chiffre des soies importées et consommées, on peut l'évaluer à 100,000.

Sauf environ 30 millions de francs qui s'exportent, tous les produits de cette grande industrie s'écoulent à l'intérieur.

Aujourd'hui, après vingt-six ans d'un régime de droits assez modérés sur les soieries, et dix ans d'*entière* franchise de droits pour les matières premières, l'Angleterre importe officiellement plus de 70 millions de francs de soieries et rubans, et ses fabriques reçoivent et emploient *trois* millions de kilogrammes de soie de toute provenance, mais principalement de la Chine, du Bengale, de l'Italie et du Levant.

Après les fabriques de France et d'Angleterre, viennent, comme importance et comme perfection, celles de la Suisse, qui se groupent principalement autour de Zurich pour les étoffes et de Bâle pour les rubans.

Ces deux centres occupent dans leur canton et dans ceux qui les avoisinent, Zurich, près de 20,000 métiers ; Bâle, près de 10,000. Ces métiers tissent généralement des articles inférieurs quant à leur valeur, mais remarquables quant à leur fabrication. Les travaux agricoles qui occupent accessoirement les ouvriers tisseurs font que, relativement à nos ouvriers, les ouvriers suisses font moins de travail que les nôtres : ainsi on peut admettre que les 20,000 métiers qui travaillent pour Zurich et les 10,000 qui travaillent pour Bâle, produisent ensemble entre 50 et 60 millions de francs.

Quoique ce petit pays ne produise ni le fer, ni la soie, ni le coton, ni le charbon, ni même le blé pour se nourrir, ses fabriques n'ont cessé de progresser en perfection et en importance : c'est qu'elles ont toujours eu tout simplement la liberté d'acheter, partout où bon leur semble, le fer, la soie, le coton, le charbon, le blé et les ustensiles.

Les soieries de l'Autriche et de la Sardaigne sont aussi fort remarquables; ces pays sont, en effet, placés dans les conditions de climat les plus satisfaisantes, et qui se rapprochent beaucoup de celles de nos principales contrées séricicoles.

Les grandes fabriques de soieries et de rubans sont établies dans les environs de Vienne, et elles se distinguent par la bonne exécution, la variété, l'entente, le goût des articles, et particulièrement des étoffes pour meubles et pour ornements d'église.

Les exposants de Sardaigne ont soutenu l'antique renommée des fabriques de Gênes. Leurs velours unis et façonnés pour robes, gilets et tentures, ne craignent aucune comparaison.

Pendant plusieurs siècles, les fabriques de Gênes ont eu le privilége de la fabrication des beaux velours; mais, depuis trente ans environ, elles ont déchu ou sont restées stationnaires, tandis que celles de France et du Rhin ont décuplé leur fabrication dans cet important article.

La collection d'étoffes de soies fabriquées en Prusse, particulièrement dans les provinces du Rhin, où Crefeld tient, toute proportion gardée, la même place que Lyon en France, a fixé aussi l'attention du Prince.

On évalue les produits fabriqués dans la Prusse rhénane à près de 100 millions de francs; une partie en est exportée même en France.

Les étoffes de soie pour gilets sont remarquables, ainsi que le velours grande largeur (170 centimètres), qui ne se trouve, dans une largeur pareille, nulle autre part à l'Exposition.

La Grèce, ce pays si renommé autrefois pour les soieries, n'a plus aujourd'hui son importance exceptionnelle. Nous devons lui tenir compte cependant des efforts qu'elle a faits depuis trente ans pour développer son activité industrielle, et son exposition des soies est remarquable à plus d'un titre. Obligée de relever les débris qui couvraient son sol, et de répandre la vie au milieu de ces ruines où régnait le calme le plus absolu, elle a marché néanmoins, et l'exposition de ses produits au palais de l'Industrie en est une preuve éclatante. Il suffira, pour constater le développement qu'a pris, depuis quelques années, l'industrie de la soie en Grèce, de citer les chiffres suivants :

En 1821, la production de la soie était de 18,000 kilogrammes; elle est aujourd'hui de 90,000 kilogrammes environ.

Les États pontificaux ont aussi exposé quelques échantillons remarquables.

Enfin l'Espagne, le Portugal, Tunis et l'Égypte, figurent aussi convenablement à la vingt et unième classe.

L'ensemble de l'exposition espagnole a révélé un véritable réveil industriel. C'est surtout le vieux royaume de Valence, jadis si florissant par son agriculture, ses arts et son industrie, ainsi que les fabriques de la Catalogne, dont l'exposition est digne d'étude.

Les rubans de Saint-Étienne sont presque seuls, avec ceux de la Suisse, de l'Angleterre et de l'Autriche, pour représenter cette industrie spéciale.

Malgré la rude concurrence des fabriques de Bâle et les efforts non moins redoutables de celles d'Angleterre, la rubanerie française n'a cessé de prospérer et de grandir. La production, qui, en 1840, atteignait déjà le chiffre de 65 à 70 millions, dépasse aujourd'hui celui de 80, dont 50 au moins sont exportés.

L'origine de cette industrie remonte, comme celle de l'industrie des soieries, au quatorzième siècle, et, depuis lors, toutes deux ont suivi à peu près les mêmes phases, grandissant avec la paix, rétrogradant ou stagnant avec la guerre ou les persécutions religieuses.

Toutes deux ont acquis leur incontestable supériorité en dépit ou *à cause* de l'absence de protection sous forme de droits de prohibitions ou de primes d'exportation.

Saint-Chamond fut longtemps, avec Saint-Étienne, le centre de la rubanerie; mais, depuis vingt-cinq ans environ, Saint-

Chamond n'est plus, pour ainsi dire, qu'un atelier de Saint-Étienne, malgré les efforts intelligents de quelques fabricants remarquables.

On peut avancer que, pour l'Exposition de Londres et de Paris, les fabriques de soieries et de rubans de toute l'Europe ont rivalisé de *frais* et d'efforts pour donner au monde industriel l'idée la plus favorable de leur situation actuelle. Néanmoins, l'opinion publique a immédiatement et unanimement placé les fabriques de France au premier rang.

En résumé, dans cette industrie, comme dans presque toutes, le progrès, cette loi de notre siècle, se fait remarquer dans toutes les branches. La France pour ses beaux tissus et ses rubans, la Sardaigne pour ses velours, la Toscane pour ses tissus unis, l'Angleterre, l'Autriche et la Suisse pour le bas prix de leur fabrication, sont encore mieux représentées en 1855, à Paris, qu'elles ne l'étaient à Londres en 1851.

En présence des merveilles de cette partie de l'Exposition, on comprend l'importance que la Commission impériale et le jury ont attachée à connaître le nom des artistes, des contremaîtres et des ouvriers qui ont contribué à lui donner cet éclat.

---

# VINGT-DEUXIÈME VISITE

## CLASSE XXII

### INDUSTRIE DES LINS ET DES CHANVRES.

MÊME INDICATION QUE POUR LES CLASSES XIX ET XX.

Matériel de l'industrie des lins et des chanvres (sauf renvoi aux classes VII et X). — Lins, chanvres et autres filaments végétaux bruts (sauf renvoi aux classes II et III). — Lins, chanvres, etc., préparés. — Fils de lin, de chanvre et d'autres filaments. — Toiles à voiles et grosses toiles de lin et de chanvre. — Toiles fines et coutils. — Batistes. — Toiles ouvrées ou damassées. — Tissus de fil avec mélange de coton ou de soie. — Tissus de filaments végétaux autres que le lin et le chanvre.

### MEMBRES DU JURY :

MM.

**LEGENTIL**, *président*, membre de la commission impériale, des jurys des Expositions de Paris (1849) et de Londres (1851), président de la chambre de commerce de Paris. FRANCE.

**MEVISSEN** (Gustave), *vice-président*, président de la Société duchemin de fer du Rhin, à Cologne. PRUSSE.

**COHIN** aîné, filateur et fabricant. FRANCE.

**DÉSIRÉ SCRIVE**, *secrétaire*, filateur et fabricant. FRANCE.

**CHEVREUX** (Casimir), ancien négociant, ancien juge au tribunal de commerce de la Seine. FRANCE.

**GODARD** (Auguste), négociant en batistes, juge au tribunal de commerce de la Seine. FRANCE.

**ERSKINE BEVERIDGE**, manufacturier à Dumferlane. ANGLETERRE.

**SEEMANN**, fabricant de toile de lin à Stuttgard. WURTEMBERG.

**OBERLEITHNER** (Charles), fabricant à Schœnberg (Moravie), jury à Munich en 1854. AUTRICHE.

**MAC-ADAM** (J.), secrétaire de la Société linière d'Irlande. ANGLETERRE.

**KINDT** (J.), inspecteur pour les affaires industrielles au département de l'intérieur. BELGIQUE.

La vingt-deuxième classe de l'Exposition universelle comprend tous les produits textiles : lin, chanvre, jutes, fils et tissus divers, etc. C'est une des industries les plus importantes du pays, par le grand nombre de bras qu'elle occupe. Les progrès que la France a faits depuis quelques années dans la filature et le tissage sont considérables. En 1840, elle n'avait que 45,000 broches filant le lin; aujourd'hui nous en comptons 500,000. De 1840 à 1842, les importations en fil de lin, provenant d'Angleterre et de Belgique, se sont élevées à 28,000,000 de kilogrammes; dans les trois dernières années, elles se sont abaissées au chiffre de 2,500,000. Dans les mêmes années, nous avons importé 13,000,000 de kilogrammes de tissus de lin, et le chiffre en a été réduit à 3,000,000.

L'industrie des matières textiles empruntées au règne végétal est surtout remarquable en ce moment par les efforts tentés de tous côtés pour remplacer le lin et le chanvre, qui étaient jusqu'ici les seules matières employées en Europe à la fabrication des tissus.

Ces efforts se traduisent par deux tendances bien distinctes, l'utilisation de végétaux employés déjà dans les contrées de l'Orient : tels sont les produits connus sous le nom de *china grass* et de jute, et la fibre de coco; la recherche des procédés nouveaux pour la préparation de fibres non encore utilisées d'une manière suivie dans la pratique : le bananier, l'aloès, sont particulièrement dans ce cas.

Il n'est pas douteux que quelques-unes des machines nouvelles que présente l'Exposition ne soient destinées à rendre plus facile la solution d'un problème qui intéresse à la fois la fabrication des tissus et celle du papier.

Les tapis fabriqués en Angleterre, en fils de coco et de jute, ont vivement intéressé Son Altesse Impériale par leur bonne confection et leur bas prix extraordinaire.

La France produit du lin et du chanvre; aussi les produits

confectionnés avec ces deux filaments ne sont-ils pas placés, par rapport aux produits similaires étrangers, dans les mêmes conditions que les tissus de laine. Les tissus les plus grossiers sont à meilleur marché ailleurs que chez nous, mais l'équilibre se rétablit à mesure que la main-d'œuvre prend une place plus grande dans la valeur du produit fabriqué. Nos beaux damassés peuvent rivaliser avec ce que les pays étrangers produisent de plus remarquable. Enfin l'industrie des batistes est en quelque sorte devenue française, par la perfection avec laquelle nos fileuses savent obtenir les fils destinés à ce tissu particulier.

Si l'on excepte cette industrie spéciale, les fils sont en général obtenus mécaniquement, quoique les machines destinées à filer le lin remontent à peine à quarante ans : on sait qu'elles ont été pour la première fois proposées en France par notre compatriote Philippe de Girard, à la suite du prix d'un million offert par l'empereur Napoléon Ier à la meilleure machine linière. Toutefois, la Bretagne proteste encore contre cette innovation presque surannée, en nous envoyant les produits filés dans les campagnes, avec une généralité si grande dans quelques localités, qu'ils constituent une véritable industrie.

Les toiles à voiles sont souvent fabriquées avec ces fils, qui ne sont ni meilleurs ni mieux faits que ceux obtenus mécaniquement.

En général aussi, le tissage se fait à la main, soit au moyen d'un métier ordinaire, soit au moyen du métier à marches. Cependant des usines s'établissent, particulièrement à l'étranger, pour le tissage mécanique des fils de lin et de chanvre, et les produits exposés ne laissent aucun doute sur la généralisation de cette méthode plus économique.

L'Angleterre, la Belgique, l'Autriche, la Prusse, le Wurtemberg, et la plupart des autres États allemands, se livrent avec succès à la fabrication des toiles de lin et de chanvre; la Prusse a fait dans cette direction de véritables tours de force pour les toiles fines. Il est à regretter que la Hollande n'ait pas une exposition plus complète à cet égard.

Comme produits naturels, les États pontificaux ont exposé des chanvres magnifiques, dont les dimensions extraordinaires attestent, au moins dans la plante, une grande vigueur.

Les cordages de toutes dimensions appartiennent aussi à cette classe; mais c'est surtout en France que cette industrie se fait remarquer par une fabrication bien conduite. Depuis les cordages de marine jusqu'aux ficelles les plus fines et aux passementeries les plus soignées, on peut dire que nous n'avons à craindre aucune concurrence. Cette vérité, qui s'était déjà produite avec tant d'éclat à l'Exposition de 1851, sera cette fois plus facilement acceptée encore, tant la différence est considérable. Les câbles montés en chanvre et métal, ronds ou plats, sont aussi d'une fabrication très-soignée.

On sait, d'ailleurs, que la gutta-percha joue maintenant un grand rôle dans tous les câbles destinés aux télégraphes sous-marins.

Les espadrilles de l'Espagne, du Portugal et des différentes provenances américaines méritent aussi de fixer l'attention : la fibre de coco est la plupart du temps la matière première de ces cordes et de ces tapis.

Commençant par les produits de l'Angleterre, Son Altesse Impériale s'est particulièrement arrêtée devant les linges ouvrés et damassés fabriqués par la plus importante maison de Dumferlane; c'est avec grand intérêt qu'elle a appris que l'habile industriel avait appliqué le tissage mécanique à la fabrication de ses produits, et parvenait, par cet emploi, à les offrir à des prix auxquels personne avant lui n'avait pu descendre.

L'exposition des toiles fines, des batistes et des lins filés de Belfast appelait ensuite l'attention du Prince, qui, tout en admirant la finesse, la régularité et la beauté des tissus exposés, a regretté de ne pas voir la fabrication de cette ville représentée par un plus grand nombre d'exposants et de produits. Quelques échantillons de lins filés, jusqu'au n° 500, représentent seuls la filature de cette ville. Son Altesse Impériale s'est ensuite arrêtée devant l'exposition de Dundee, toiles à voiles, toiles de ménage, fils filés. Deux maisons de cette ville font seules un chiffre d'affaires qui ne s'élève pas à moins de 30,000,000 de francs.

L'attention a été appelée aussi sur l'excellence des toiles à voiles d'Arbroath, qui n'ont pas de rivales. Mais ce qui captive plus particulièrement dans l'exposition du Royaume-Uni, ce sont les tapis en chanvre et jute de l'Inde, qu'un habile fabricant a mis à la portée de toutes les fortunes par leurs bas prix remarquables. Pour 1 fr. 10 c. et 1 fr. 25 c. le commerce peut s'alimenter de ces tapis. La noix de coco a fourni aussi à plusieurs fabricants les éléments de tapis d'antichambre vraiment remarquables de fabrication et de bon marché.

Arrivant aux produits de la France, Son Altesse Impériale a admiré les beaux lins filés par la principale maison de Lille, qui, la première, s'est livrée, dès 1823, à la filature mécanique du lin, et qui, ne s'arrêtant jamais dans la voie du progrès, rivalise par la supériorité de ses produits avec les plus beaux lins sortis des filatures de Belgique et d'Angleterre.

Si une autre maison de la même ville ne s'est pas attachée comme la précédente à rechercher la finesse, elle a le grand mérite d'avoir étendu tous les jours sa fabrication et contribué à généraliser l'emploi du fil filé mécaniquement en donnant elle-même l'exemple par la fabrication de toiles et linges ouvrés et damassés dans lesquels ne sont entrés que des fils de sa propre filature. La bonne qualité de ses fils, reconnue depuis plusieurs années à Lisieux et à Vimoutiers, a triomphé de la répugnance que les fabricants de la Normandie éprouvaient pour l'emploi des fils filés à la mécanique. Il est beau de voir les excellentes toiles que les départements de la Sarthe, de l'Orne et du Calvados fabriquent chaque jour.

C'est grâce à leur habileté que la France a dû, depuis dix-huit mois, de voir l'armée dotée de toiles à tente, de toiles à sacs et de toute nature qui n'ont pas eu de rivales chez nos alliés. Son Altesse Impériale les avait vu expérimenter en Crimée; elle en a félicité les honorables représentants de cette industrie, qui, malgré des obstacles sans nombre, a pu monter et faire marcher 7,500 métiers et livrer en quelques mois à l'administration de la guerre pour 11 millions de ses produits.

Ce n'est pas sans un vif intérêt que l'on examine les toiles à voiles fabriquées à Landernau et à Dunkerque pour la marine militaire : ces toiles, d'une fabrication parfaite, sont soumises et résistent à des épreuves mécaniques que ne peuvent supporter aucunes des toiles de même nature exposées par les différents pays qui ont répondu à l'appel de la France

La France n'est pas restée en arrière de ses rivales dans la fabrication des tissus ouvrés ou damassés, soit pour linge de table, soit pour ameublement. Les magnifiques produits sortis des ateliers d'Essonne, de Lyon, de Lille, de Saint-Quentin, n'ont point à redouter la comparaison de ceux fabriqués en Saxe, en Prusse, en Irlande et en Autriche. « Pouvez-vous les livrer au même prix? a demandé le Prince. — Nous le pouvons dès à présent, a répondu l'un de nos honorables industriels ; et nous ne craindrons plus aucune concurrence lorsque les filateurs pourront nous livrer leurs fils aux prix auxquels les obtiennent nos concurrents. » Son Altesse Impériale avait déjà provoqué une même réponse des fabricants de linge ouvré de Lille et de Merville, qui produisent des tissus de ce genre si variés et à si bon marché.

La fabrique de Cholet pour les toiles légères, la fabrique de Tourcoing et de Roubaix pour les coutils, soit de pur fil, soit mélangé de laine ou de coton, se sont attiré les éloges de Son

Altesse Impériale, tant par la modicité de leurs prix que par la variété et le bon goût de leurs articles de fantaisie. Mais c'est surtout sur les étoffes mélangées de laine ou de coton fabriquées à Laval, et sur leur extrême bas prix, que le Prince a fixé son attention. Grande a été sa satisfaction d'apprendre que c'était grâce à ce bon marché que la classe ouvrière pouvait trouver des vêtements confectionnés en rapport avec la modicité de ses dépenses, et que nous pourrions en exporter dans tous les pays du monde sans avoir à craindre de concurrence.

En Autriche, la Moravie fabrique des toiles, et surtout du linge de table ouvré et damassé, remarquables par leur fabrication, la variété de leurs dessins et la modicité de leurs prix. Il faut signaler aussi en Autriche les beaux tissus de fil variés, fabriqués dans les domaines et sous la philanthropique impulsion du comte de Harrach.

La Belgique a maintenu sa haute réputation dans l'industrie des lins, soit pour la filature, soit pour le tissage. Les magnifiques fils filés par la société de la Lys, par celle de Saint-Léonard ou de Saint-Gilles, les excellentes et superbes toiles de Courtrai, sont une des gloires industrielles de la Belgique, qui, cultivant et récoltant les plus beaux lins du monde, sait aussi en tirer un admirable parti, quoique le nombre des filatures de lin soit encore très-petit chez elle.

Dans les États du Zollverein, les filatures fondées à Dulkeen, à Freybourg, se sont de suite placées au premier plan par la belle qualité de leurs produits. Mais il faut déclarer que cette supériorité était indispensable pour vaincre la résistance que l'emploi du fil filé mécaniquement a toujours rencontrée de la part des fabricants de tissus de ces pays. Les toiles qu'ils exposent sont presque toutes fabriquées encore avec des fils filés à la main; aussi leurs prix sont-ils restés ce qu'ils étaient il y a nombre d'années. Hâtons-nous de reconnaître que quelques-uns sont cependant entrés dans la voie du progrès, et qu'à leur tête se sont fait remarquer les fabricants de Bielfeld, qui exposent du linge de table ouvré et damassé aussi remarquable par la variété et le bon goût des dessins que par le bas prix et la bonne exécution de l'étoffe.

Le linge de Saxe, dont la renommée est proverbiale, n'est représenté que par un très-petit nombre d'exposants. Si leurs produits ne sont pas inférieurs à ce qu'ils étaient dans le commencement de ce siècle, ils ne sont plus sans rivaux, l'emploi des métiers Jacquart, qu'ils n'ont pas encore adoptés, ayant fourni à la France, à l'Angleterre et à l'Autriche les armes d'une lutte qui n'a pas tourné à l'avantage de la Saxe.

Les toiles fortes et légères fabriquées dans le Wurtemberg témoignent de l'habileté et du soin que les fabricants de ce pays apportent à leur industrie. Qualités des fils employés, régularité du tissage, propreté du blanc, apprêts irréprochables et variés suivant les pays auxquels sont destinés ces tissus, modicité des prix, tout concourt à leur assurer une notoriété des plus louables. Le Wurtemberg expose aussi des étoffes à pantalons mélangées de fil et coton, de fil et laine, qui peuvent se présenter avec avantage à côté des produits de même nature fabriqués en France par Tourcoing, Roubaix et Laval.

Le Hanovre, la Hollande, la Suisse, l'Espagne, le Portugal, la Toscane, la Sardaigne et les États romains ont exposé des tissus de lin et de chanvre qui dénotent une fabrication destinée à la consommation locale et ne paraissent pas susceptibles d'exportation. Les chanvres de l'Italie, exposés par les États pontificaux, à l'état d'échantillons fort distingués, donnent seuls lieu à des échanges internationaux.

Son Altesse Impériale a procédé ensuite à l'examen des batistes françaises, toujours sans rivales par leur extrême finesse et par la beauté de leurs fils, qui rivalisent de brillant avec les étoffes de soie; tantôt claires comme des gazes, elles sont destinées à recevoir les broderies les plus riches, à être transformées en mille objets de toilette plus élégants les uns que les autres ; tantôt, plus épaisses, elles sont consacrées à confectionner des cravates, des chemises et des draps de luxe. Le service du culte ne saurait s'en passer pour les aubes, les surplis, les rochets, les nappes d'autel, etc. L'emploi du fil mécanique est venu, depuis quelques années, fournir aux industriels qui s'occupent de cette fabrication les moyens de produire, à côté des magnifiques batistes de fils filés à la main, des batistes à la portée des petites fortunes. Si les plus beaux mouchoirs de batiste fil de main valent jusqu'à 10 fr. le mouchoir, les mouchoirs de batiste fil mécanique peuvent se vendre 5 fr. la douzaine ; si certaines batistes fil de main ne peuvent pas s'établir à moins de 25 à 30 fr. le mètre, on parvient à présenter des batistes de fil mécanique à 75 c. le mètre.

Le linge de table ouvré et damassé formait la dernière partie de cette intéressante visite.

Cette fabrication, comprenant le linge à dessins, à liteaux, à carreaux, losanges, croix de Malte, etc., est extrêmement ancienne et répandue à peu près dans toute l'Europe. Elle a pris naissance dans la Saxe et la Silésie, et a été ensuite introduite en Irlande, où son principal siége est Lisburn, près Belfast. Enfin, aujourd'hui elle s'exerce en France dans les environs de Paris, à Lille, à Lyon, dans le Béarn, et sur plusieurs autres points isolés. Un des industriels auxquels elle doit le plus est le fondateur des établissements d'Essonne. Après un voyage à Lyon, il y a trente-sept ans, il appliqua le premier les métiers à la Jacquart à la fabrication des dessins riches pour le linge de table en coton, et trois ans après il faisait tisser des nappes de trois mètres de large par un seul ouvrier à la navette volante. Quelques années plus tard, il s'occupa de quelques essais en linge de fil, mais alors il fallait se procurer très-difficilement du fil filé à la main, puisque la filature mécanique du lin n'était pas encore répandue. Ce fut vers le même temps qu'un fabricant de Saint-Quentin ouvrit un petit atelier de quelques métiers. La fabrique du Béarn, d'une origine plus ancienne, appliqua aussi les mécaniques de Jacquart à la fabrication des dessins damassés.

Depuis la grande facilité qu'ont donnée à cette industrie l'établissement des filatures mécaniques, la possibilité d'avoir toujours à sa disposition des fils parfaitement réguliers et d'une finesse convenable aux dessins qu'il s'agit d'exécuter, l'industrie du tissage de linge damassé a pris en France un grand développement, tant dans les anciens établissements que dans ceux qui se sont fondés depuis dans les mêmes ou dans d'autres localités.

Aujourd'hui, le tissage français pour cet article est aussi avancé que le tissage d'Irlande ; c'est au public à décider lequel l'emporte sous le rapport du bon goût des dessins. Le linge d'Irlande est à meilleur marché à cause de la différence du prix des fils, et parce que les salaires du tissage sont extrêmement restreints dans ce pays ; il y a même une troisième raison, qui est la modicité du prix des apprêts et du blanchiment.

Les moyens mécaniques dont disposent les fabricants français sont infiniment supérieurs à ceux qu'emploient les fabricants prussiens et saxons, dont beaucoup ont encore conservé les procédés de tissage en usage dans leur pays il y a cinquante ans. Mais aussi ces fabricants ont, comme en Irlande, la main-d'œuvre à un prix tout à fait inconnu en France.

Le mérite d'une serviette ou d'une nappe de linge damassé consiste dans plusieurs points, et tous ces points ont été si bien constatés dans la visite de Son Altesse Impériale aux produits de la France, que nos lecteurs nous sauront gré de les énumérer ici ; ce sont : la bonté du tissu ; sa finesse ; la grandeur du dessin, c'est-à-dire l'espace que le dessin couvre sur la serviette ou sur la nappe avant de se répéter ; la manière dont sont faits les rapports aux endroits des répétitions ; la rondeur des courbes et des contours en ligne continue et non point guillochée, qui est due aux changements des cartons de Jacquart après un ou deux coups de navette, au lieu qu'autrefois on tissait jusqu'à huit coups de trame sur le même carton ; le bon goût et l'élégance du dessin; enfin la perfection du blanchiment et de l'apprêt.

L'Exposition universelle de 1855 aura constaté qu'aucune de ces conditions n'a manqué à la fabrique française.

---

# VINGT-TROISIÈME VISITE

## CLASSE XXIII

### INDUSTRIES DE LA BONNETERIE, DES TAPIS, DE LA PASSEMENTERIE, DE LA BRODERIE ET DES DENTELLES.

PALAIS PRINCIPAL, TROPHÉES DE LA NEF, POURTOUR DES GALERIES SUPÉRIEURES ET DES GALERIES LATÉRALES DU REZ-DE-CHAUSSÉE. ESCALIERS NORD-EST, NORD-OUEST, SUD-EST ET SUD-OUEST. ROTONDE INTÉRIEURE ET PAROIS EXTÉRIEURES DU PANORAMA. — PAROIS DES GALERIES SUPÉRIEURES DE L'ANNEXE.

Tapis et tapisserie de haute et basse lisse. — Tapis de feutre, de drap et autres. — Bonneterie. — Passementerie de soie, bourre de soie, laine, poil de chèvre, crin, fil et coton. — Passementerie en fin et en faux. — Broderie. — Dentelles.

MEMBRES DU JURY :

MM.

**GRENIER-LEFEBVRE**, vice-président du Sénat, président de la chambre de commerce de Gand. BELGIQUE.

**SALLANDROUZE DE LAMORNAIX**, *vice-président*, membre de la Commission impériale, des jurys des Expositions de Paris (1849) et de Londres (1851), commissaire général à l'Exposition de Londres, député au Corps législatif, fabricant de tapis. FRANCE.

**BADIN**, directeur de la manufacture impériale de Beauvais. FRANCE.

**AUBRY** (Félix), *secrétaire*, membre des jurys des Expositions de Paris (1849) et de Londres (1851), juge au tribunal de commerce de la Seine, négociant en dentelles. FRANCE.

**LIÉVEN-DELHAYE**, fabricant de tulles. FRANCE.

**LAINEL**, ancien inspecteur des manufactures de la guerre, membre du jury de l'Exposition de Paris (1849), membre du conseil de la Société d'encouragement. FRANCE.

**HAUTEMANIÈRE**, membre du jury de l'Exposition de Paris (1849), fabricant de bonneterie. FRANCE.

**FLAISSIER**, fabricant de tapis à Nîmes. FRANCE.

**W. FELKIN**, un des présidents du jury en 1851. ANGLETERRE.
**PETER GRAHAM**, fabricant, un des vice-présidents du jury en 1851. ANGLETERRE.
**DE PAGE** (A.), ancien fabricant de dentelles à Bruxelles. BELGIQUE.
**KUNKLER** (Arnold), fabricant. SUISSE.
**LÉOPOLD SCHŒLLER**, fabricant de drap à Duren (Prusse rhénane). PRUSSE.
**FRANÇOIS DE PARTENAU**, fabricant à Vienne. AUTRICHE.
**MILON**, fabricant de bonneterie fine à Paris. FRANCE.
**PAYEN**, négociant. FRANCE.
**JOSÉ CASTELLANOS**, commissaire. ESPAGNE.
**CHARLES FAY**, de Francfort. PRUSSE.

---

La vingt-troisième classe n'offre pas une classification aussi tranchée que celles des autres classes du sixième groupe. Nous y rencontrons les produits de plus de 800 exposants, de six industries n'ayant entre elles aucune similitude de fabrication, et qu'il suffit d'énumérer pour qu'on en voie les dissemblances.

Dentelles aux fuseaux et à l'aiguille, dentelles et tulles à la mécanique, bonneterie et filets; passementerie civile, militaire, d'église, d'ameublement, de toilette, etc.; tapis et tapisseries; broderies en tous genres. Ces diverses industries, toutes très-importantes par le nombre de bras qu'elles occupent et par le mouvement commercial qu'elles développent, emploient le fil, le coton, la laine, la soie, l'or, l'argent, les pierres précieuses, etc., etc.; mais, en général, pour plusieurs d'entre elles, la matière première n'entre que pour une minime part dans la valeur des produits, qui tirent, en quelque sorte, tout leur prix de la main-d'œuvre.

L'attention du Prince Napoléon s'est portée d'abord et avec un vif intérêt sur les deux industries de la fabrication des broderies et des dentelles, industries qui n'avaient jamais été envisagées aussi sérieusement qu'elles méritaient de l'être et qu'elles l'ont été à l'Exposition de 1855. On les avait considérées jusqu'alors comme des travaux de patience et de ménage, n'offrant qu'un faible développement commercial. Aussi sont-elles peu connues, et c'est à peine si l'on se doute du nombre immense de bras qu'elles occupent et des bienfaits nombreux qu'elles répandent, surtout dans les campagnes. On ignore leur ancienneté, leur histoire, leurs transformations et leurs progrès, autant que leur importance industrielle et économique.

On estime que la fabrication des broderies et des dentelles occupe en Europe plus de 1,250,000 femmes et enfants.

Nous allons les examiner séparément, comme l'a fait S. A. I. le Prince Napoléon.

L'industrie dentellière prend tous les ans des développements considérables, et cela se comprend. Quand on considère que la fabrication de la dentelle est en quelque sorte la seule occupation lucrative de ces nombreuses ouvrières, répandues plus encore dans les campagnes que dans les villes; qu'elle procure une grande somme de travail pour un minime déboursé; qu'elle emploie avec succès les mains les plus débiles, les enfants et jusqu'aux femmes très-âgées, infirmes ou souffrantes; qu'elle utilise les moments perdus, qu'elle s'allie aux soins du ménage et aux travaux des champs, on ne peut s'empêcher de reconnaître combien elle est intéressante, quand on considère, en outre, qu'elle est indispensable à plusieurs autres industries, telles que la broderie et la confection, et qu'enfin son mouvement commercial se traduit par un chiffre de plus de 150 millions.

C'est la dentelle qui favorise les modes nouvelles, en donnant à toutes les classes de la société le goût du beau et de l'élégance; c'est elle qui inspire les industries de luxe et développe ainsi l'exportation de nos articles de haute nouveauté dans une proportion considérable.

Autrefois, il ne se fabriquait guère que des objets de grand prix, portés seulement dans les classes riches; aujourd'hui que le luxe est répandu dans toutes les classes de la société, la dentelle est entrée dans la consommation générale, elle est d'un usage journalier, et nous pouvons ajouter presque indispensable à nos mœurs et à notre prospérité.

La dentelle se fabrique à l'aiguille ou aux fuseaux, sur la main ou sur un petit métier mobile appelé carreau ou coussin.

On emploie pour la fabrication des dentelles le fil de lin, le coton, la soie, la laine, et quelquefois des fils d'or ou d'argent mélangés à la soie.

Cette industrie est des plus anciennes : elle a pris naissance en Orient ; elle a été importée en Europe à l'époque des croisades. Elle s'est d'abord développée en Italie, en Espagne, en Belgique, puis en France, où, spécialement protégée et encouragée par Colbert, elle a pris un accroissement qui n'a cessé de progresser depuis 1665.

Deux pays tiennent la tête de la dentellerie européenne : la France et la Belgique; mais toutes deux, quoique fabriquant le même tissu avec la même méthode et la même matière première, produisent des dentelles qui n'ont entre elles aucune analogie.

La France ne craint aucune concurrence sérieuse pour ses beaux volants de dentelles de soie noires, ses brillantes blondes blanches et ses dentelles de fantaisie, — de même que la Belgique a le monopole exclusif des riches points de Bruxelles et des inimitables valenciennes d'Ypres.

L'exposition des deux pays est splendide; à aucune époque on n'avait réuni une collection aussi complète, aussi variée de produits d'une perfection sans égale et qui échappe à l'analyse. — Cette perfection est si grande, si exceptionnelle, que certains spécimens s'élèvent réellement au niveau de l'art le plus idéal, et qu'il serait en quelque sorte impossible de prévoir de nouveaux progrès, si la mode, cette reine capricieuse, ne provoquait journellement la production de genres nouveaux.

Le Prince Napoléon s'est principalement arrêté dans la galerie française, devant l'exposition véritablement merveilleuse qui rayonne dans un des trophées de la nef. Son Altesse Impériale a demandé des explications sur les divers points de Chantilly, d'Alençon, d'Angleterre, etc., etc. Elle a surtout admiré le châle fabriqué à Bayeux pour S. M. l'Impératrice. Elle a aussi examiné avec une attention soutenue les dentelles noires et blanches exposées par les principales maisons de France, exhibition splendide, variée, attrayante, objet constant de l'admiration du public et de l'ardente curiosité des femmes.

Parmi les dentelles étrangères, le Prince a visité dans la galerie belge plusieurs objets en point gazé d'une finesse extrême, fabriqués avec du fil de lin à 8,000 fr. le kilogramme, ainsi qu'un très-beau volant en guipure point à l'aiguille; mais il a surtout admiré la belle collection de la maison principale de Bruxelles, qui fabrique avec une égale supériorité deux genres bien différents : la valenciennes et la dentelle d'application de Bruxelles, dite d'*Angleterre*. Son Altesse Impériale a voulu savoir pourquoi l'on donnait les noms de Valenciennes et d'Angleterre à deux produits faits en Belgique : il lui a été répondu que les premières valenciennes avaient été exécutées, au quinzième siècle, dans la ville qui leur a donné son nom. Quant aux dentelles de Bruxelles, connues généralement sous la désignation de points d'Angleterre, il ne s'en est jamais fabriqué dans ce dernier pays; l'erreur a été propagée comme se propagent un grand nombre d'erreurs, sans qu'on sache pourquoi, et entretenue par les marchands anglais qui importaient en contrebande, et vendaient comme produit de leur fabrication, sous le nom de point d'Angleterre (*British point lace*), cette dentelle, à qui le nom est resté.

Ce que nous venons de dire pour la dentelle s'applique également à la broderie. Ces deux industries n'ont entre elles aucune similitude, mais elles se complètent et se développent l'une par l'autre.

Cette fabrication est peut-être, depuis vingt ans, celle qui, en

Angleterre, en Allemagne, en Suisse et en France, a pris les développements les plus rapides.

Au commencement de ce siècle, il n'y avait en Lorraine, le seul pays alors où l'on fît des broderies blanches, que 4 à 5,000 brodeuses; aujourd'hui, il y en a près de 100,000.

D'après des calculs, approximatifs il est vrai, on estime que le travail des différentes sortes de broderies occupe, en Europe, près de 700,000 femmes et enfants, et développe un commerce de plus de 200 millions. Toutes ces nombreuses ouvrières travaillent chez elles, sous les yeux et la direction de leurs mères, qui sont en quelque sorte leurs contre-maîtresses; elles se trouvent ainsi préservées de l'agglomération des grandes manufactures et éloignées de tout contact pernicieux; elles vivent de la vie de la famille, en prennent le goût et les habitudes. Aussi, sous le double point de vue moral et industriel, cette fabrication, comme celle des dentelles, est-elle aussi importante qu'intéressante; elle mérite les encouragements que plusieurs pays lui accordent d'une manière spéciale et tout exceptionnelle. En Irlande, en Écosse et dans toute l'Allemagne, on a fait de grands sacrifices pécuniaires pour la développer.

Le travail de la broderie n'est devenu réellement une grande industrie que depuis 1832; chaque année, le nombre des ouvrières augmente dans une forte proportion.

Le centre principal de la fabrication de la broderie sur tissus blancs, en France, existe dans les quatre départements de l'ancienne province de Lorraine (Meurthe, Meuse, Moselle et Vosges); mais c'est dans le département des Vosges que cette industrie a rencontré le plus d'aptitudes spéciales; elle s'y est développée en peu d'années de la façon la plus rapide et la plus extraordinaire: on estime qu'il y plus de 35,000 brodeuses dans ce seul département.

Cette industrie est arrivée à une grande perfection; jamais on n'avait exposé de si beaux produits; le concours de 1855 témoigne d'immenses progrès faits depuis la dernière exposition; aussi Son Altesse Impériale s'est-elle plu à examiner avec beaucoup d'attention les splendides broderies exposées en France, en Suisse, en Allemagne et en Angleterre.

Dans la galerie française, Son Altesse Impériale a remarqué spécialement les robes brodées exposées par le syndicat de Nancy, et les chefs-d'œuvre innombrables de nos premières maisons de détail, si connues des femmes élégantes. On comprend que ces merveilles échappent à toute analyse.

Les rideaux et les stores exposés par la Suisse ont attiré l'attention toute particulière de Son Altesse Impériale, ainsi que les broderies de l'Allemagne et surtout celles de l'Écosse, qui ont un style original. Les broderies écossaises sont l'objet d'un commerce considérable; on fabrique dans ce pays les produits les plus somptueux, accessibles seulement aux plus grandes fortunes, ainsi que des articles d'un extrême bas prix, dont il se fait partout, et principalement en Amérique, une immense consommation.

L'industrie des tulles et dentelles à la mécanique appelait ensuite l'attention de Son Altesse Impériale.

En Angleterre on fait remonter à 1768 le premier essai, fait sur un métier à aiguilles, de la fabrication de la dentelle par procédés mécaniques. Depuis cette époque, ce genre de métier a été considérablement perfectionné.

Aussitôt après l'application du métier à aiguilles à la fabrication de la dentelle, application très-restreinte, comme on le présume, des recherches incessantes furent faites pour arriver à produire ce qu'on appelle la maille hexagone. Des centaines d'inventeurs dépensèrent des sommes considérables pour arriver à ce résultat. Ce ne fut qu'en 1799 que M. John Lindley, de Nottingham, inventa la bobine plate, sans laquelle tous les efforts eussent été impuissants à exécuter la véritable maille de la dentelle. C'est donc par M. John Lindley que le tulle bobin a pris naissance; c'est sa bobine seule qui a permis de faire mécaniquement ce que les ouvrières dentellières font lentement et laborieusement à la main avec leurs fuseaux. Il n'y a peut-être pas d'exemple qu'un aussi petit outil ait jamais produit un résultat aussi immense que celui qui a été réalisé par la bobine de M. John Lindley, puisque sa découverte a été le point de départ de la grande industrie dont nous nous occupons aujourd'hui.

Une fois la bobine trouvée, les imaginations s'exercèrent de nouveau; des métiers de plusieurs systèmes furent inventés; sans entrer dans le détail de toutes les transformations que le métier à bobines a subies, nous dirons sommairement ce qu'est aujourd'hui l'industrie des tulles et des dentelles à la mécanique, dans les différents pays qui ont exposé.

En Angleterre, il y a à Nottingham, et dans son rayon, 3,500 métiers à tulle bobin, de divers systèmes, et plusieurs centaines de métiers à aiguilles qui, avec les immeubles, les machines à vapeur, et tous les établissements dépendant de l'industrie tullière, représentent un matériel de 100 millions de francs, occupant 14,000 ouvriers et ouvrières, et donnant en outre du travail à 120,000 personnes.

Le chiffre annuel des affaires de Nottingham dans les tulles et les dentelles à la mécanique est d'environ 100 millions de francs.

En France, où cette industrie a pris naissance il y a trente à trente-deux ans seulement, on compte à Saint-Pierre-lès-Calais, à Calais et dans son ressort, environ 610 métiers de différents systèmes; avec les immeubles, les machines à vapeur et les établissements qui, dans le pays, tirent leur travail de l'industrie tullière, ils représentent un matériel de 14 à 15 millions de francs. Dans le même ressort, il y a en ce moment en construction 40 nouveaux métiers, dont la valeur augmentera incessamment ce chiffre de 500,000 francs.

Dans sa dernière notice officielle, la Chambre de commerce de Calais constate que l'industrie tullière calaisienne occupe 5,000 ouvriers et ouvrières, et qu'elle donne du travail à 50,000 personnes.

Sa production annuelle est de 14 à 15 millions de francs; en y ajoutant celle de plusieurs centaines de métiers d'une valeur de 4 à 5 millions, disséminés à Lyon, à Cambrai, à Paris, à Saint-Quentin, à Lille, à Inchy, à Caudry, qu'on peut largement évaluer à 4 ou 5 millions, on aura pour l'industrie tullière en France, avec un matériel d'environ 20 millions, une fabrication annuelle de 20 millions, qui, en se répandant dans les modes, dans la lingerie, dans la confection, dans la broderie, deviennent la base indispensable de plusieurs grandes industries, dont le mouvement d'affaires, pour la consommation française et pour l'exportation, atteint un chiffre considérable.

En Autriche, il y a à Vienne quelques métiers fabriquant le tulle uni, et à peu près 30 métiers à la chaîne, produisant des dentelles noires de qualité commune.

En Belgique on compte quelques beaux métiers bobins, mais ils sont exclusivement affectés à la fabrication des tulles clairs, pour l'application des fleurs et pour la broderie.

En Espagne, il y a à Barcelone un atelier où l'on fabrique quelques dentelles sur métier à la chaîne.

Nottingham est loin d'avoir à Paris une exposition aussi considérable que celle qu'il avait à Londres en 1851; cependant nous devons particulièrement mentionner ses jolies dentelles valenciennes, ses belles blondes en soie, noires et blanches, des châles, écharpes et voilettes en dentelles, dites Chantilly; des tulles *tattings*, dont les prix sont fabuleusement bas; de magnifiques rideaux, cotés à des prix presque incroyables; enfin, des tulles unis en mailles réseaux et bruxelles d'une netteté qui touche à la perfection.

Si l'exposition des tulles anglais n'est pas considérable, elle n'en donne pas moins, pour les hommes compétents, une haute idée de l'importance réelle de l'industrie de Nottingham.

La France, avec son exposition de tulles et de dentelles à la mécanique, tient noblement sa place à côté de l'exhibition anglaise. Calais et Saint-Pierre, principaux centres de l'industrie tullière, et les quelques villes que nous avons mentionnées plus haut, ont envoyé de fort beaux assortiments dans tous les genres qui leur sont spéciaux. M. Liéven-Delhaye, membre du jury de la vingt-troisième classe, a mis sous les yeux de Son Altesse Impériale de magnifiques dentelles valenciennes, d'une rare perfection et d'une modicité de prix incroyable; de jolies fantaisies brodées par le métier; de magnifiques dentelles brodées à l'aiguille sur des fonds malines et neuvilles; des collections admirables de blondes, blanches et noires, en soie; des dentelles Chantilly, telles que volants, écharpes, châles et voilettes, en dessins d'un goût exquis, d'une netteté et d'une perfection extraordinaires; enfin, de fort beaux articles d'ameublements en rideaux, dessus de lits, couvre-pieds, etc., etc.

Il y a peu de chose à dire des autres pays étrangers qui ont envoyé des tulles à l'Exposition. Quelques produits de l'Autriche, de la Belgique et de l'Espagne figurent aussi dans le palais de l'Industrie, mais ces pays ne représentent pas de marchés sérieux; ils n'ont que quelques métiers disséminés. Les seuls et véritables grands marchés rivaux pour le tulle et la dentelle à la mécanique sont incontestablement Nottingham et Calais.

Nous rendons toute justice à la fabrique de Nottingham. Par ses cotons filés, qu'elle obtient en abondance et à bas prix, elle est placée dans de belles conditions : elle produit considérablement, elle se distingue par le bon marché excessif de ses articles. La fabrique de Calais, moins importante, il est vrai, mais aussi intelligente et aussi habile, se distingue par la perfection, par le bon goût, la délicatesse, et surtout par l'immense variété de ses dessins. A force de luttes, de persévérance et de sacrifices, par son intelligente et laborieuse activité, par l'heureuse application du procédé Jacquart à ses magnifiques machines, l'industrie calaisienne est parvenue à se poser aujourd'hui, par la distinction de ses produits, comme la rivale heureuse de la fabrique anglaise; elle se rencontre maintenant sur tous les marchés étrangers où l'Angleterre avait le privilége d'arriver seule autrefois. Bien plus, on exporte des tulles français, même en Angleterre.

Par l'exposé qui précède, pour l'Angleterre et pour la France surtout, on voit que c'est sur une grande et utile fabrication que le Prince a porté son attention. En effet, la production de l'industrie tullière consiste exclusivement en articles dont les prix sont d'une médiocrité extrême et accessibles ainsi à toutes les classes de la société.

Son Altesse Impériale a pu constater que le goût le plus parfait préside à ses créations; que ses perfectionnements sont si grands, que, pour certains de ses genres, on peut à peine, à une très-faible distance, les distinguer des mêmes genres de dentelles faites à la main.

Et ce qu'il y a de particulier et d'heureux, c'est que, loin de nuire à la dentelle à la main, le développement, les progrès et les perfectionnements de la dentelle à la mécanique semblent avoir provoqué chez la première, qui est essentiellement de luxe, un redoublement d'activité tel, qu'à aucune époque la dentelle à la main n'a été aussi recherchée par les classes riches, et que le chiffre général de ses affaires n'a jamais été aussi considérable qu'il l'est aujourd'hui.

L'industrie tullière, dont les efforts sont incessants, dont les sacrifices sont immenses, puisque son matériel, dont la valeur est considérable, se perfectionne sans cesse, et, par conséquent, se renouvelle constamment, l'industrie tullière, disons-nous, est donc particulièrement bienfaisante, puisqu'elle s'est puissamment développée sans nuire à l'antique fabrication de la dentelle à la main, et que, par ses bas prix, ses brillantes créations et ses intelligents perfectionnements, elle a mis le luxe de la dentelle à la portée de toutes les classes de la société.

On ne saurait trop apprendre au public que ce sont exactement les mêmes matières qui servent à la fabrication des dentelles à la mécanique et des dentelles à la main ; qu'elles présentent toutes deux la même solidité, et que toute la différence qui existe entre elles consiste à exécuter mécaniquement chez l'une ce que l'autre fait lentement et laborieusement à la main. On a donc le plus grand tort d'appeler *imitations* de dentelles les dentelles à la mécanique. Elles sont de véritables dentelles ; elles ont l'élégance et l'éclat des autres ; elles s'emploient dans le même ordre de toilette, et ne diffèrent en définitive que par leurs moyens économiques de fabrication et les bas prix qui en résultent.

Aussi une industrie dont le matériel engagé s'élève en Angleterre et en France à 120 millions ; dont la production intelligente, si utile à d'autres grands commerces, s'élève annuellement à 120 millions, a-t-elle été l'objet de tout l'intérêt de Son Altesse Impériale, puisqu'on trouve chez elle au plus haut degré, et notamment dans les deux importants foyers de fabrication que nous venons de citer :

1° La perfection exceptionnelle des produits ;

2° Le très-grand bon marché qui rend le luxe de la dentelle accessible à toutes les classes de la société ;

3° Une production qui est l'expression d'une fabrication régulière et habituelle.

Après l'inspection des dentelles et broderies, Son Altesse Impériale s'est dirigée vers le compartiment spécial de la passementerie. Sous le nom de passementerie on comprend un faisceau de diverses industries bien distinctes, qui, toutes, offrent un grand intérêt et ont une grande importance. Ces industries sont : la passementerie militaire, la passementerie nouveauté, la passementerie pour ameublement, la passementerie pour habillement d'hommes et de femmes, la passementerie pour voitures et livrées, et enfin les ornements d'église et les vêtements sacerdotaux.

Ces six branches, qui se subdivisent elles-mêmes de mille manières, forment un groupe considérable par le nombre de bras et de capitaux qu'il représente. On s'en rendra facilement compte, si on veut bien considérer que la passementerie s'applique et se mêle à tout, qu'elle spécialise tous les costumes religieux, militaires et civils; qu'elle est, dans toutes les habitations, depuis les plus modestes jusqu'aux plus fastueuses, un complément indispensable aux tentures de laine, de coton et de soie, et qu'employée seulement comme accessoire, elle ajoute un prix énorme à tous les tissus, qu'elle sertit et dont elle rehausse les formes, l'éclat et la richesse.

Il est difficile d'apprécier en ce moment, tant il est réparti sur un grand nombre de points, le total des bras que la passementerie emploie, et qu'elle rémunère par un salaire très-convenable, outre les moyens mécaniques qu'elle appelle à son aide; on peut seulement constater qu'elle est une des industries qui emploient le plus grand nombre de femmes et d'enfants.

La France, on peut le dire, et sa merveilleuse exposition le prouve, prime dans cette industrie, soit qu'elle l'adapte aux objets de première nécessité, soit qu'elle touche aux articles de haute nouveauté et de luxe.

Paris en est le foyer le plus actif et le plus intelligent. Saint-Étienne, Nîmes, Rouen, ont d'excellentes fabriques de cordons, de ganses, de lacets, de franges, de tissus pour bretelles avec et sans caoutchouc.

La passementerie militaire est des plus brillantes; sans exclure la légèreté et la solidité, qualités si essentielles au *porter* de ses objets, on y remarque des broderies qui sont des chefs-d'œuvre d'art, de goût et de patience.

La passementerie d'ameublement est des plus riches et des plus gracieuses, et témoigne des grands efforts des exposants pour produire continuellement des nouveautés qu'ils livrent aux tapissiers de Paris, de France et de l'étranger.

La passementerie dite de *nouveauté* comprend tous les articles qui servent à garnir les robes, les mantelets, les manteaux de cour; les franges en soie mélangée d'or, d'argent, de chenilles, de perles, et tous ces mille petits riens qui cependant produisent cette grande chose que l'on appelle la *mode*.

La passementerie pour habillement d'homme et de femme comprend les galons, les cordons, les lacets, les boutons, dans lesquels le point de Milan est souvent si ingénieusement employé.

Le passementerie pour voitures et livrées est des plus remarquables; elle expose des galons épinglés, veloutés et brochés d'une finesse d'exécution vraiment extraordinaire; les dessins en sont parfaits, les mises en carte des mieux travaillées; il y a des galons pour livrée qui sont des velours-miniature.

Un galon cintré en velours coupé, obtenu par la mécanique Jacquart, est une grande et bonne nouveauté.

Les ornements d'église et les vêtements sacerdotaux sont magnifiquement représentés. Jamais les fabricants de cette spécialité n'avaient compris avec autant d'intelligence et de goût les époques et les divers styles de l'art, ainsi que le respect des convenances religieuses. Nous constaterons que les expositions étrangères, sans être aussi complètes et aussi brillantes que celle de la France, se sont cependant montrées dignes de ce grand concours, et que plusieurs de leurs vitrines contiennent des produits qui méritent d'être appréciés, entre autres et surtout la Belgique, dont une vitrine d'honneur expose des ornements d'église et des vêtements sacerdotaux d'une richesse et d'une valeur artistiques inouïes.

La Belgique a aussi dans les galeries supérieures de très-belles passementeries pour ameublements, pour équipement militaire et ornements d'église.

La Prusse a de bonnes fabriques de galons, de cordonnets, de ganses, de lacets. Barmen est le grand foyer de cette industrie, dont le mérite est surtout la modicité des prix.

Un fabricant de Berlin a fait de très-jolis articles pour voitures et pour sellerie.

L'Autriche a quelques fabriques de galons et de rubans dont les bas prix doivent fixer l'attention.

L'Angleterre a peu d'exposants dans cette industrie, mais ce qu'elle montre prouve qu'elle sait très-bien faire.

L'Espagne est représentée par trois fabriques qui offrent de bons produits.

Les États sardes exposent une très-jolie collection de galons épinglés pour voitures et livrées, et aussi de l'excellente passementerie pour ameublement;

Les Pays-Bas, de bons produits d'étirage d'or et d'argent, d'excellentes passementeries militaires et des ornements d'église très-bien brodés, très-curieux de dessin et de coloris.

La Suède a un très-bon exposant de passementerie pour ameublement.

Le grand-duché de Toscane offre aussi un très-beau spécimen de cet article.

La Saxe a de fort jolies tresses et crêtes en crin et paille.

La Grèce a quelques bonnes broderies d'or qui sont loin de valoir ce que font l'empire Ottoman et Tunis. Dans ces deux pays, la broderie or et argent est prodiguée à tout avec un luxe inouï, et cependant toujours avec goût; tout en est couvert, depuis les chaussures jusqu'aux coiffures des hommes et des femmes, les selles, les harnais, les fourreaux et les poignées des armes blanches. On y voit des franges d'or, mélangées de soies jaspées, qui sont d'un effet charmant et très-original et qui peuvent offrir de bons modèles à nos passementiers parisiens.

La Compagnie des Indes orientales expose aussi des articles de tous genres, brodés or et argent, d'une rare beauté. Aucun d'eux, il est vrai, n'est livré au commerce ; et, à quelques exceptions près, ce sont purement des objets de luxe.

L'Algérie offre une assez jolie collection d'articles brodés or et argent ; les indigènes cherchent à perpétuer l'ancien art de broderie arabe et l'adaptent à des emplois moins brillants et plus usuels.

Vient ensuite la bonneterie, qui se divise en trois catégories : bonneterie en soie, fil d'Écosse et cachemire ; bonneterie de coton fin et ordinaire ; bonneterie de laine.

Aux médailles obtenues par les premiers fabricants français, aux éloges donnés après l'Exposition universelle de Londres par l'honorable M. Felkin, membre du jury anglais, l'Exposition française de 1855 doit ajouter encore de nouveaux titres. Un simple coup d'œil jeté sur ses vitrines suffit pour s'en convaincre.

La bonneterie fine en soie, fil d'Écosse et cachemire, représentée par les premiers fabricants de Paris et de Ganges, est d'un fini admirable, d'un goût exquis dans les dessins et la richesse de ses belles broderies.

La bonneterie pour théâtres, variée à l'infini, prouve l'intelligence des ouvriers de Paris, la bonne exécution et la précision qui font leur supériorité universellement reconnue.

La bonneterie de luxe, dont le retour aux fêtes et aux traditions de la cour a pour ainsi dire ressuscité les progrès, et qu'alimentent les commissions de l'étranger, a été jugée par le Prince, qui, dans quelques paroles bien senties, a exprimé aux membres du jury toute la satisfaction qu'il éprouvait de voir un tel développement imprimé à une industrie qui fait vivre tant de travailleurs.

Les produits de Troyes constatent aussi des progrès sérieux. Le Prince a donné de justes éloges aux fabricants de la Champagne, qui emploient leur vie, leur fortune, à donner de l'extension à cette industrie, et rivalisent avec le bon marché des pays étrangers. Les fabriques de la Champagne donnent aux familles agricoles, pendant la cessation des travaux des champs, une occupation pour la saison d'hiver, et font pénétrer l'aisance chez la classe laborieuse de nos plus humbles villages.

La bonneterie confortable pour gilets de peau, caleçons, en cachemire et en mérinos, laine ordinaire et coton, fabriqués en Picardie, etc., etc., a aussi attiré l'attention du Prince. Cette industrie, qui trouve en France et à l'étranger des débouchés considérables dont le chiffre augmente chaque année, occupe, dans l'intérieur des familles, un nombre de bras de plus en plus considérable.

L'Algérie promet et donne déjà à la bonneterie des ressources immenses : ses terres vierges ont rapporté des cotons magnifiques, peignés et filés en Angleterre et en France. Plusieurs fabricants en ont employé ; le n° 360 a été essayé pour des bas à jours, dont la finesse et la régularité dépassent ce qu'il y a de plus beau à l'Exposition.

L'Angleterre, qui consacre à sa bonneterie des capitaux énormes, exhibe une masse de produits économiques qui ont été appréciés par Son Altesse Impériale. Après elle vient immédiatement la Saxe, où le Prince a constaté le bon marché des articles ordinaires de consommation.

La visite à l'industrie des tapis de haute et basse lisse a terminé cette longue et fructueuse exploration de Son Altesse Impériale.

En première ligne venaient les manufactures impériales des Gobelins et de Beauvais, créations de Colbert, qui continuent glorieusement les traditions de leur passé. L'empressement du public à visiter la rotonde du Panorama témoigne hautement de l'intérêt qu'il attache à ces types, les plus élevés de l'art décoratif. Parmi plusieurs reproductions des œuvres des maîtres sorties des ateliers de la manufacture des Gobelins, on remarque surtout la copie de la *Farnésine*, d'après Raphaël, qui fait honneur aux artistes dont le talent a si bien rendu la sévérité de la forme et du modèle; deux *Pastorales*, d'après Boucher, montrant la souplesse de talent qui se prête à traiter des genres et des sujets de manière aussi différente, et une étonnante reproduction du *Christ mort*, d'après Philippe de Champaigne.

Outre ces tapisseries, la manufacture des Gobelins expose des tapis veloutés, dits de la *Savonnerie*, dont les ateliers ont été réunis à ceux des Gobelins vers 1824.

Parmi plusieurs spécimens de fabrication, on remarque un canapé d'une exécution très-ferme et très-bien colorée.

Les reproductions de la manufacture de Beauvais sont spécialement consacrées à l'ameublement, et généralement caractérisées par une finesse de travail et une exécution précieuse que comporte leur destination. Comme types de cette fabrication, nous citerons deux panneaux, l'un d'après Desportes, l'autre d'après Mignon, qui nous semblent l'expression la plus parfaite de ce que peut faire l'industrie. Encastrés dans des boiseries élégantes, ils font bien comprendre l'effet de la tapisserie employée décorativement. Ces deux pièces ont particulièrement fixé l'attention du Prince, qui en a témoigné toute sa satisfaction.

Les bois sculptés sont d'une finesse remarquable et rappellent les beaux types de l'époque Louis XVI. L'écran nous a paru d'une charmante exécution. Cette fabrication, qui avait attiré déjà l'attention du public aux expositions de 1849 à Paris et de Londres en 1851, par le choix des modèles si bien appropriés à l'art de la tapisserie, a réveillé dans le monde élégant le goût de ces ameublements. L'industrie privée profite aujourd'hui de ce résultat.

Les tapisseries d'ameublement d'Aubusson nous semblent mériter les plus grands éloges. Plusieurs fabricants ont exposé des panneaux et des meubles d'une finesse et d'une exécution remarquables, entre autres la grande maison qui expose, à côté du salon de l'Impératrice, les meubles sortis de sa fabrique d'Aubusson, parmi lesquels un ameublement commandé par Sa Majesté; dans les diverses parties du palais, les splendides tapis qu'elle a exécutés, soit à Aubusson, soit à Tourcoing, pour le chœur de la Madeleine, pour le duc de Galliera, etc., et à qui aucun honneur n'aura manqué, pas même celui de la contrefaçon. Il y a, nous sommes heureux de le constater, un progrès sur la dernière exposition. Cette fabrication a pris un très-grand développement, et les nombreux fabricants de cette cité industrielle, vieux berceau de la tapisserie, ont exposé des genres très-divers réservés à la grande consommation. — En constatant ce progrès de l'Exposition française, il faut aussi constater des améliorations très-réelles dans la fabrication et une augmentation de plus du double dans la production depuis 1851.

La supériorité de la France nous semble tenir au goût qui préside à ses modèles dans le style et l'harmonie, et enfin dans l'exécution de ses produits.

Deux exposants bien connus, en faisant partie du jury, se sont ainsi volontairement retirés du concours. Ils ont, dans nos expositions comme à Londres, obtenu les premières récompenses. En revanche, des noms nouveaux surgissent dans nos départements, et Bordeaux ainsi que Marseille voit se former et grandir une école digne de ses modèles de Paris et d'Aubusson.

Un grand progrès se révèle, en outre, dans la fabrique du tapis proprement dit, par diverses nations étrangères ; nous citerons principalement l'Angleterre, l'Autriche et la Prusse.

L'Angleterre a déjà fait quelques concessions : ses tons sont peut-être moins *criards;* on voit que notre contact l'inspire, et que des emprunts de modèles et parfois d'artistes nous sont faits. La fabrication est d'une grande variété et généralement d'une bonne qualité. L'exhibition anglaise se compose de tapis ras, de tapis veloutés chenille et moquette, de tapis imprimés sur chaîne, sur tissus et sur feutres, et de tapis à double face ; ces quatre dernières sortes sont surtout d'un très-bas prix.

Dans l'exposition de l'Inde anglaise, quelques tapis sont remarquables par une harmonie de tons dont les Orientaux seuls possèdent le secret.

Accessoirement et à la suite de la grande fabrication des tapisseries et des tapis, nous devons parler aussi d'une industrie plus modeste, mais bien digne d'intérêt, d'une industrie qui a aussi son mérite au point de vue du goût et qui s'exécute le plus souvent au foyer de la famille.—Presque exclusivement réservée aux femmes, la tapisserie à l'aiguille, qui tend à se développer chaque jour, devient aussi une ressource pour des familles qui souvent n'étaient pas nées dans l'indigence.

La Suède se distingue particulièrement par ce genre de tapisseries qui paraît occuper un nombre assez considérable d'ouvrières. On aurait bien des éloges à donner si l'on entreprenait d'énumérer ces jolis riens, ces fantaisies d'un goût si charmant que nous fournissent les ouvrages à l'aiguille de l'exposition française; mais le terrain nous manquerait absolument pour cette tâche déjà trop longue, où nous avons essayé de résumer deux visites consécutives de Son Altesse Impériale.

---

# VINGT-QUATRIÈME VISITE

## CLASSE XXIV

### INDUSTRIES CONCERNANT L'AMEUBLEMENT ET LA DÉCORATION.

TROPHÉES DE LA NEF. — POURTOUR LATÉRAL DE LA ROTONDE. GALERIES ÉTRANGÈRES DU PALAIS PRINCIPAL. — PAROIS DE LA ROTONDE. — ANNEXE, SECTIONS DU CANADA ET DES COLONIES ANGLAISES. — GALERIES SUPÉRIEURES. SECTION DE L'ALGÉRIE.

Objets de décoration, d'ornement ou d'ameublement, en pierres ou matières pierreuses. — Objets de décoration, d'ornement ou d'ameublement, en métal (sauf renvoi aux classes XVI et XVII). — Meubles et ouvrages d'ébénisterie d'usage courant. — Meubles de luxe et objets de décoration caractérisés par l'emploi des bois précieux, de l'ivoire, de l'écaille, le travail de sculpture ou d'incrustation, et l'addition d'ornements de prix. — Objets de décoration ou d'ameublement en bois, en matières moulées, etc., dorés, laqués, etc. — Objets d'ameublement en roseaux, pailles, etc.; accessoires d'ameublement, ustensiles de ménage. — Ouvrages de tapisserie. — Papiers peints, tissus et cuirs préparés pour tentures, stores, cartonnages, reliures, etc. — Peintures en décors, matériel des théâtres, des fêtes et des cérémonies. — Meubles, ornements et décors pour les services religieux.

#### MEMBRES DU JURY :

MM.

**HITTORFF**, *président*, membre de l'Académie des beaux-arts, architecte. FRANCE.

**DUC DE HAMILTON ET BRANDON**, *vice président*. FRANCE.

**BARON A. SEILLIÈRE**, membre de la Commission impériale. FRANCE.

**DIÉTERLE**, artiste en chef à la manufacture impériale de Sèvres. FRANCE.

**VARCOLLIER**, ancien chef du secrétariat à la préfecture de la Seine. FRANCE.

**DUSOMMERARD**, *secrétaire*, conservateur administrateur du musée des Thermes et de l'hôtel de Cluny. FRANCE.

**DELESSERT** (Benjamin), membre de la Société d'encouragement. FRANCE.

**DIGBY WYATT**, architecte et secrétaire du Comité exécutif en 1851. ANGLETERRE.

**DOCTEUR BEEG,** recteur de l'École des métiers et du commerce à Furth, près Nuremberg. BAVIÈRE.
**BARON JAMES DE ROTSHCHILD,** consul général d'Autriche à Paris. AUTRICHE.
**PIGLHEIM,** fabricant à Hambourg. VILLES HANSÉATIQUES.
**G. O'BRIEN,** consul général. MEXIQUE.

---

La vingt-quatrième classe de l'Exposition universelle (*industries concernant l'ameublement et la décoration*) comprend, outre les meubles proprement dits d'usage courant et de luxe, les objets de décoration en bois, en métal, en pierre, carton-pierre, plâtre, etc., les cadres, les stores, les papiers peints, les ustensiles de ménage, les travaux de tapisserie et de tenture, les ornements et décors pour services religieux, pour fêtes publiques ou pour théâtres, et enfin une innombrable quantité d'objets divers où la sculpture joue un rôle considérable, où toutes les exigences du luxe intérieur des appartements, toutes les fantaisies de la mode, toutes les prévoyances de l'économie domestique, apparaissent et sont satisfaites, où le génie à la fois industriel et artistique de la France se révèle d'une façon plus significative encore que partout ailleurs et trahit, par ses écarts mêmes, l'inépuisable fécondité de nos ressources. On a dit que l'ameublement portait, à toutes les époques de la civilisation, l'empreinte des mœurs et du caractère des nations, et qu'une histoire de l'ébénisterie bien faite manquait à l'histoire de nos usages : jamais cette vérité n'aura reçu une consécration plus éclatante qu'à l'Exposition universelle. Le Prince président de la Commission impériale, ainsi que les savants et les artistes qui l'accompagnaient dans cette visite aux produits de la vingt-quatrième classe, auront pu s'en convaincre en parcourant cette collection de chefs-d'œuvre de toute sorte qui peuplent la rotonde du Panorama, le transept du palais principal, les galeries latérales, et jusqu'à l'annexe des machines, où les meubles jouent aussi un rôle intéressant et utile à constater.

La production des meubles, à Paris, occupe de 25,000 à 30,000 ouvriers, et représente un effectif de plus de 80 millions d'affaires, où les fabricants de fauteuils et de chaises figurent pour cinq millions, les marqueteurs et découpeurs pour deux millions, les sculpteurs sur bois pour quatre, les ébénistes proprement dits pour dix, et ainsi du reste.

Quelque chose cependant, — et nous avons hâte de l'avouer en commençant cette rapide analyse, — manque à l'exhibition de tant de merveilles. Nos ébénistes ont trop sacrifié à l'art pur et trop oublié que tout le monde ne peut acheter des dressoirs de 25,000 fr., des lits de 10,000, des consoles et des buffets enrichis de sculptures ou d'incrustations, des tables de marqueterie belles comme la plus belle peinture, des armoires où l'écaille, l'ivoire, les métaux et la mosaïque, tiennent plus de place que l'utile et confortable bois de placage. On cherche en vain, dans la galerie circulaire, où l'ébénisterie parisienne a ouvert un véritable musée, un meuble à bon marché, une commode ou un lit abordables à quelque fortune ordinaire : il n'y en a pas. Les maisons vouées à cette fabrication sérieuse et modeste, qui alimente des myriades d'ouvriers et qui est l'âme de ce laborieux faubourg Saint-Antoine, dont la vingt-quatrième classe est le domaine; ces maisons ont eu le tort peut-être de vouloir imiter quelques confrères illustres dont l'Exposition de Londres avait assuré la gloire, se sont jetées dans une voie splendide, ont risqué des capitaux considérables à construire des meubles que leur prix rend aussi inaccessibles aux fortunes moyennes, que leurs vastes proportions les rendent impossibles. Au moment même où les logements tendent à s'amoindrir, ils ont, pour la plupart, construit, c'est le mot, des meubles qui ne pourraient trouver place que dans un palais ou dans une cathédrale; on a hérissé de sculptures, fort belles en détail, mais perdues comme tout ce qui n'a pas de raison d'être, des meubles qu'on a désignés sous les noms de dressoirs, de bibliothèques-bureaux, d'armoires et de buffets, de véritables arsenaux, des garde-mangers gigantesques, des bancs-d'œuvre dans le style du quinzième siècle.

Cette coïncidence n'a pas échappé à Son Altesse Impériale et au jury, qui, tout en admirant l'habileté infinie de nos ouvriers, n'ont pu s'empêcher de regretter qu'on ait trop négligé l'industrie réelle du meuble domestique. Aussi devons-nous commencer par poser cette réserve, après laquelle il n'y a plus qu'à donner des éloges à la masse de nos fabricants, les écarts que nous signalons sans nous y appesantir davantage n'étant qu'une exception heureusement assez restreinte.

Ce qui distingue par-dessus tout notre ébénisterie nationale, — la seule, à parler sérieusement, qui fasse loi et fixe le goût en Europe, — c'est cette entente admirable de l'ajustage, cette précision mathématique dans le raccordement des pièces, et surtout cette beauté inouïe des ornements et des accessoires, où se personnifie, dans les moindres détails, le goût exquis de nos ornemanistes et de nos dessinateurs. On se rappelle quel succès eurent à Londres, en 1851, les meubles de trois de nos principaux exposants.

Ainsi conçue et traitée, nous concevons qu'on fasse de l'ébénisterie d'art, et il est heureux même que des talents de cette nature, à qui cette spécialité incombe pour ainsi dire obligatoirement, aient eu la pensée de n'en pas sortir : croirait-on pourtant que les chefs-d'œuvre apportés par ces grandes notabilités de l'industrie sont, relativement, d'un prix de beaucoup inférieur à celui des pièces de mauvais goût dont nous parlions tout à l'heure? Ainsi, par exemple, une bibliothèque de poirier noirci, à nervures d'acier et à soubassements garnis d'émaux de Sèvres, un véritable chef-d'œuvre la grande cheminée monumentale garnie de marbres et de bronzes, le buffet renaissance, le meuble en bois de thuya et les tables sculptées qu'expose le même fabricant ne sont pas, toute proportion gardée, d'un prix plus excessif. Ajoutons que la galerie d'économie domestique exhibe aussi des ameublements complets exposés par le même fabricant, et accessibles aux plus humbles fortunes.

Un artiste bien connu, qui est le dessinateur-né de presque toutes nos industries, n'a pas exposé en son nom; mais il est l'auteur de cette magnifique armoire à fusils, en chêne clair, achetée par S. M. l'Empereur, et digne en tout point de sa haute destination.

Nous en dirons autant d'un dressoir à panneaux sur fond d'or, acheté également par S. M. l'Empereur; de la belle bibliothèque en palissandre de l'Association des ébénistes, choisie par S. M. l'Impératrice; du dressoir Renaissance enrichi de bronzes d'après Michel-Ange et Lucca della Robbia, que l'un de nos fabricants les plus connus a mis en face de sa grande bibliothèque rapportée de Londres; de la volière et de l'armoire d'acajou, — ce dernier meuble encore à l'Empereur, — exposés dans la grande nef; d'une cheminée Louis XIV en chêne sculpté, des beaux meubles (dont S. A. R. le prince Albert a acheté le plus coquet) d'une des plus importantes maisons de Paris; des fines sculptures d'un autre exposant, et enfin des meubles courants, solides, consciencieux, élégants et économiques qu'un ouvrier de Bordeaux, devenu par son seul mérite chef d'une des plus importantes maisons d'Europe, a apportés comme spécimens d'une fabrication qui exporte jusque dans les colonies et dont les produits résistent aussi bien aux chaleurs tropicales qu'aux influences des traversées.

Son Altesse Impériale a remarqué avec beaucoup d'intérêt les travaux magnifiques d'incrustation et de marqueterie en bois précieux, en cuivre, en nacre, en ivoire et en porcelaine accumulés dans toutes les parties du Palais, sous forme de meubles et de fantaisies charmantes, toilettes, tables à ouvrage, consoles, bureaux de dame, guéridons, chiffonnières, jardinières, coffrets de toute espèce, étagères, etc., etc.; des meubles en érable, en bois des îles, en laque, en papier mâché; des meubles à combinaisons, à secrets, à cachettes, où la serrurerie mécanique tient une place un peu trop grande, mais qui n'exclut pas la bonne confection du travail de l'ébénisterie; des lits doubles, ou garnis de tous les accessoires de la toilette; des mécanismes ingénieux qui permettent d'affecter un même objet à plusieurs destinations; de bonnes et économiques inventions pour le développement et le jeu des tables de salle à manger; des billards d'une surprenante beauté; des meubles en fer plein ou creux, industrie digne des plus grands encouragements; des siéges d'un bon marché trop douteux pour être pris en considération sérieuse, etc., etc. Tous ces produits, marqués au cachet d'un bon goût incomparable, offrent dans leurs détails et dans leur ensemble l'attestation des progrès d'un art qui inspire toutes les écoles du monde industriel et donnent la plus haute idée de la sûreté d'intelligence et de la netteté d'exécution de nos ouvriers sculpteurs et ébénistes.

Une des richesses de l'Exposition française, qui a vivement captivé l'attention de Son Altesse Impériale et de toute la Commission, c'est l'application de nos bois d'Algérie, traités, et d'une façon magnifique, par presque tous nos bons fabricants de grands et de petits meubles; le thuya, notamment, dont nous avons parlé en rendant compte de la deuxième classe, brille, dans la vingt-quatrième, d'un éclat et d'une puissance tout à fait artistiques.

L'Angleterre a exposé dans le transsept une toilette garnie de glaces, d'émaux et de figures en bronze doré, qui fait le plus grand honneur à l'ouvrier français qui l'a dessinée et exécutée. A côté de ce chef-d'œuvre, les meubles gothiques ou octogones, les grandes pièces si curieusement sculptées de l'ébénisterie anglaise, les lits gigantesques, les meubles de noyer, de tulipier, de sycomore et de bois de rose du Royaume-Uni, feraient un singulier contraste, si l'on ne savait que les habitudes confortablement grandioses et les aménagements tout spéciaux de nos voisins exigent ces formes qui nous paraissent massives et ces dimensions qui iraient mal à l'exiguïté de nos appartements.

Les nations étrangères, qui, presque toutes, s'approvisionnent de meubles à Paris, n'ont, du reste, envoyé que peu de spécimens à l'Exposition. La Toscane et la Sardaigne se font remarquer par des mosaïques de bois appliquées sur des meubles lourds et sans grâce; les sculptures sur chêne de la Toscane sont aussi fort estimables. L'Autriche, qui fit une si riche exhibition à Londres, n'envoie aujourd'hui que des meubles en bois ployé et sarmenté, d'un usage et d'une économie appropriés à toutes les fortunes.

Rome a ses magnifiques tables en mosaïque, ses vases en jaune de Sienne et ses tableaux en incrustation qu'on ne saurait comparer qu'à la plus exacte peinture. La Suède, la Norwége et le Danemark n'offrent rien de bien particulièrement remarquable.

Dans les colonies néerlandaises, il faut signaler les imitations de laques et les laques originales du Japon. Une exposition plus curieuse encore est celle des colonies anglaises : l'Inde avec ses sculptures massives si profondément fouillées, ses meubles et ses échiquiers incrustés d'ivoire, d'or, d'ébène, de sandal et de bois de fer, ses tentures de cachemire et d'or, ses fantaisies à la fois magnifiques et naïves; Van-Diemen avec ses tables de bois de musc et de rose; le Canada, avec ses fauteuils brodés en poil d'orignal, et Sydney et toute la Polynésie, avec leurs bois indigènes, grossièrement équarris en meubles d'une valeur inouïe, malgré leur imperfection.

Les objets de décoration en matières diverses tiennent une grande place à l'Exposition. Le carton-pierre a les honneurs du transsept pour une cheminée monumentale qui est loin de valoir les panneaux gracieux et la console avec glace Louis XV exposés par le même industriel. En général, cette industrie ne brille ni par le goût, ni par le bon marché; et, au lieu de s'en tenir à la décoration intérieure, elle aborde les sujets vastes et les proportions puissantes, qui lui ôtent tout de suite son caractère principal, l'économie du prix de revient. Un seul exposant, sculpteur de premier ordre, a élevé cette industrie à la hauteur d'un art véritable; rien de plus complétement beau que la porte et les panneaux exposés par lui dans la galerie de Lyon, et où il traite à la fois le bois, le plâtre et le carton-pierre.

L'Autriche a, dans cette section, les superbes sculptures en pierre de Wagram que tous les visiteurs ont saluées et admirées dans le transsept; — c'est encore elle qui expose cette toilette d'albâtre et ces travaux en pierres *bigaglie* et en *scagliola*, que Venise et Murano lui envoient du fond de leurs lagunes. — A côté et pour une admiration au moins égale, les Pays-Bas et la Hollande ont exposé des chaises et un dais en chêne sculpté avec statue de la Vierge, d'une beauté hors ligne et d'un bon marché fabuleux, si on le compare aux prix affichés par nos exposants parisiens sur leurs produits analogues.

L'art du tapissier, si intimement lié à celui de l'ébéniste, n'est représenté au palais de l'Industrie que par les auteurs de ce salon et de ce boudoir de S. M. l'Impératrice, qui, après les diamants de la couronne, sont le grand spectacle attractif de la foule. Dans le salon une tapisserie à l'aiguille, brodée par les demoiselles de Saint-Cyr, sous la direction de madame de Maintenon, œuvre de haute valeur comme art et comme souvenir, couvre les murs et les meubles, et lutte de vivacité et de coloris avec un plafond peint par Despléchin; le boudoir, tendu, meubles, plafond et panneaux, de moire antique de Lyon, rose et grise, garni de meubles Louis XV d'une valeur inappréciable, offre dans ses moindres détails une recherche d'élégance, un goût accompli, une légèreté d'accessoires qui justifient bien l'approbation que d'augustes suffrages, ceux de LL. MM. l'Impératrice et la reine d'Angleterre, ont donnée aux deux industriels auteurs de cette œuvre charmante.

L'industrie des papiers peints, cette branche si exclusivement française de la vingt-quatrième classe, restera, dans les souvenirs de tous ceux qui ont vu l'Exposition, comme la réalisation la plus frappante de la supériorité intellectuelle de notre fabrication parisienne ; nous disons parisienne, car une seule maison, parmi toutes celles qui ont exposé, a ses ateliers ailleurs qu'à Paris. On pourrait prendre pour une annexe du palais des Beaux-Arts l'immense paroi semi-circulaire de la rotonde des Panoramas où sont appendus ces tableaux sur papier, ces fresques fragiles, exécutées par des planches et des cylindres aussi intelligents que le pinceau et la palette. Nous regrettons que l'espace nous manque pour en donner une description même sommaire : mais déjà les témoignages de l'opinion publique ont précédé la décision du jury et fait pressentir les récompenses glorieuses qui attendent les auteurs de ces produits remarquables ; car le bon marché popularisera ce que l'art a déjà rendu célèbre.

L'Angleterre, dont les papiers à la mécanique couvrent les murs du grand escalier de l'est, a eu la sagesse de ne demander à cette prodigieuse fabrication que ce qu'elle pouvait produire, c'est-à-dire des dessins de fantaisie tout simples et tout modestes. L'Autriche et la Prusse exposent aussi quelques rouleaux sans prétention. Le triomphe de la France est ici complet : on en a la preuve dans le chiffre fabuleux de nos exportations, mis en regard de celui de l'importation, qui est égal à zéro.

Nous devons, pour compléter le bilan de l'industrie étrangère dans la vingt-quatrième classe, citer encore :

En Angleterre, les cheminées en fer poli et en fer émaillé de Sheffield, les meubles en laque de Birmingham, les sculptures en carton-pierre de Londres ;

En Bavière et en Belgique, de beaux parquets mosaïques ;

Dans les États-Unis, un dressoir assez médiocre, ouvrage d'un ébéniste français, des cheminées en ardoise émaillée fort remarquables et de petits meubles en caoutchouc, plus ingénieux qu'utiles.

Revenant à la France, Son Altesse Impériale a examiné les beaux autels de marbre exposés dans le transsept, la grande fontaine monumentale, dessinée par M. Liénard, et les marbreries diverses exposées à titre d'ameublement. Puis les cuirs gaufrés, repoussés et dorés pour tentures et moulures ; — les stores, dont l'exhibition devient moins intéressante devant les progrès du bon goût, devenu difficile, et le bon marché des produits plus originaux et plus utiles que cette décoration ; — et, enfin, les cadres, baguettes, moulures, ustensiles de ménage, peintures décoratives, brosseries, etc., etc., dont l'énumération serait impossible et dont il suffit de dire que, s'ils n'offrent rien de supérieurement progressif, du moins ces produits tiennent toujours leur rang de bonne, sérieuse et économique fabrication, digne de leur usage et du nombre considérable d'ouvriers qu'ils font vivre.

---

# VINGT-CINQUIÈME VISITE

## CLASSE XXV

### CONFECTION DES ARTICLES DE VÊTEMENT; FABRICATION DES OBJETS DE MODE ET DE FANTAISIE.

TOUTE L'ÉTENDUE DU PALAIS PRINCIPAL,
REZ-DE-CHAUSSÉE ET ÉTAGE SUPÉRIEUR. — ROTONDE, GALERIES LATÉRALES.
ANNEXE, *passim*.

Matériel et éléments de la confection des vêtements; boutons, etc. — Objets de lingerie; corsets, bretelles et jarretières. — Habits et vêtements accessoires. — Chaussures, guêtres et gants. — Chapeaux et coiffures. — Ouvrages en cheveux; parures en plumes et en perles; fleurs artificielles. — Objets confectionnés ou brodés à l'aiguille, au crochet, etc. — Éventails, écrans, parasols, parapluies, cannes. — Tabatières et pipes, peignes et brosses fines, petits objets de tabletterie, en bois, en ivoire, en écaille, etc. — Petits meubles, coffrets, nécessaires, encriers; objets de fantaisie confectionnés ou décorés avec l'ivoire, l'écaille, les bois, les pierres, les métaux, etc. — Objets de gaînerie et de maroquinerie, de cartonnage, de vannerie et de sparterie fine. — Objets de bimbeloterie; poupées et jouets; figures de cire et figurines; jeux de toute espèce.

#### MEMBRES DU JURY :

MM.

**TRÈS-HONORABLE LORD ASHBURTON**, *président*, un des vice-présidents du jury en 1851. ANGLETERRE.

**NATALIS RONDOT**, *vice-président*, membre des jurys des Expositions de Paris (1849) et de Londres (1851). FRANCE.

**TRELON**, ancien fabricant de boutons, juge au tribunal de commerce de Paris. FRANCE.

**GERVAIS** (de Caen), directeur de l'École supérieure de commerce de Paris. FRANCE.

**LEGENTIL** fils, *secrétaire*, membre du Comité consultatif des arts et manufactures. FRANCE.

**RENARD** (Ed.), ancien délégué du commerce français en Chine. FRANCE.

**LÉON SAY**, membre et l'un des secrétaires de la Commission des valeurs près le ministère du commerce. FRANCE.
**ERNEST WERTHEIM**, négociant à Vienne, membre de la chambre de commerce de Vienne, membre du jury de l'Exposition de Munich (1854). AUTRICHE.
**ROBERT KRACH**, négociant à Prague. AUTRICHE.
**DURST** (Jean-Ulric). SUISSE.

---

Les produits de la vingt-cinquième classe forment une des catégories les plus complexes et en même temps les plus variées de l'Exposition universelle. Cette classe ne contient pas moins de douze sections, comprenant, outre les objets de vêtements proprement dits, pour homme et pour femme, les costumes, uniformes, habits; l'innombrable série des chaussures, guêtres, gants, chapeaux, coiffures, parures en plumes, en perles, fleurs artificielles, dont le catalogue seul couvrirait toute l'étendue de nos colonnes; à côté de tout ce qui est relatif aux vêtements, les objets qui sont en quelque sorte du domaine de la fantaisie et de la toilette élégante, et dont Paris a le monopole incontesté, les objets confectionnés ou brodés à l'aiguille, les éventails, écrans, cannes, ombrelles, parapluies, etc.; puis l'immense fabrication de la tabletterie en ivoire, en écaille, en bois de toute espèce, présentant une variété d'objets et de formes inouïe; enfin, les petits meubles, coffrets, encriers, nécessaires, etc.; les objets de maroquinerie et de gaînerie; les cartonnages et vanneries de fantaisie, la bimbeloterie tout entière, comprenant les poupées, jouets d'enfants, figurines, modèles en cire ou en bois, à l'usage des professions diverses, etc., etc.

Son Altesse Impériale a passé en revue tous ces produits spéciaux et intéressants de la fabrication parisienne, qui s'adressent à la fois aux premiers besoins de la vie usuelle et aux habitudes luxueuses de la vie élégante. Les premiers traits généraux qui fassent saillie, au point de vue industriel, sur cette masse d'objets de toute sorte, dont le classement est aussi difficile que l'étude, sont l'absence à peu près complète d'inventions (et ceci s'explique par la nature même de ces produits, exclusivement inspirés par la mode), mais, en revanche, des myriades de petits perfectionnements ingénieux, minutieux, indescriptibles, insaisissables, portant sur une foule de détails.

Paris, — car on ne fabrique guère les nouveautés charmantes qu'à Paris, — est le seul centre commercial où, pour un prix relativement économique, toutes les classes de la société puissent se procurer les choses les plus élégantes, les plus nouvelles et les mieux confectionnées, à l'inverse des autres nations, où la mode semble n'être le privilége que des classes les plus favorisées de la fortune. Chez nous, — et ceci donne une idée aussi haute de l'intelligence de nos industriels que du niveau moral où la population laborieuse tend à s'élever peu à peu, — le ménage le plus modeste, l'ouvrière la moins rétribuée, l'enfant de la plus pauvre famille, portent des vêtements, se servent d'ustensiles, s'amusent avec des jouets qui sont différents naturellement, par le prix, des vêtements, des ustensiles et des jouets fabriqués pour les besoins des familles riches, mais sont tout aussi remarquables par le goût.

Une réserve cependant doit être faite pour deux ou trois articles où la supériorité si incontestable de la France est contre-balancée, au point de vue du bon marché et de la fabrication, par quelques produits de l'étranger, tels que certains genres de chapellerie et de ganterie anglaises, les nécessaires de luxe et les parapluies à bas prix de quelques fabricants de Londres, les chapeaux de paille de la Toscane, et les tresses de paille de la Suisse. En dehors de ces quelques articles, aucune concurrence sérieuse n'est faite à notre industrie des objets de vêtement, de fantaisie et de mode, qui offre cette notable différence sur l'Exposition de 1851, que non-seulement l'on fait mieux, mais que l'on fait aussi à meilleur marché.

Son Altesse Impériale a visité d'abord les sections de la vingt-cinquième classe comprenant les objets de vêtement proprement dits, qui, chez les nations civilisées, personnifient à un si haut point les usages, les mœurs et jusqu'au caractère individuel d'une génération. L'industrie des vêtements confectionnés pour homme et pour femme, bien que représentant, en France et en Angleterre surtout, un chiffre considérable d'importation et d'exportation, n'offre, dans les vitrines des exposants de ces deux nations, en tant que choix d'objets usuels et contemporains, rien de bien particulièrement remarquable, si ce n'est le bon marché. Dans le vêtement d'homme, la France occupe le premier rang pour la coupe des objets et l'élégance de l'exécution.

Les vêtements de femme offrent à l'Exposition universelle, comme dans les premières maisons de Paris, le splendide et féerique assemblage de ces parures de bal, de cour et de ville, qui trouvent leur récompense immédiate dans l'admiration passionnée et quelquefois un peu bruyante dont ils sont l'objet de la part des élégantes visiteuses de l'Exposition. Rien ne saurait donner une idée de ces magnificences où la soie, le velours, la broderie et les dentelles les plus précieuses ne sont, en quelque sorte, que l'accessoire d'une exécution merveilleuse et de ce goût parisien qui semble emprunter aux mains des femmes qui le mettent en œuvre une délicatesse et un charme plus grands encore. On sait que le chiffre annuel des affaires en ce genre atteint, pour Paris seulement, à plus de 20 millions.

Au point de vue de l'utilité générale, la première section de la vingt-cinquième classe présente quelques produits sérieux, tels que, par exemple, les vêtements imperméables, les paletots en fourrure indigène exposés par un industriel de Nevers, et les tentatives de vêtements en feutre sans couture, réalisées par un industriel parisien. La couture à la mécanique, d'après le système que les machines de l'annexe mettent en pratique aux yeux du public, est l'innovation capitale de cette exposition; quelques fabricants français ont envoyé des spécimens de pantalons et de paletots cousus à la mécanique.

Le côté pittoresque de l'industrie de vêtement, c'est l'exhibition si complète des costumes nationaux, dont chaque département étranger fournit les échantillons les plus multiples. Ici, l'Inde anglaise étale ces tuniques, ces coiffures, ces pantalons, ces écharpes, ces pelisses, ruisselants d'or, de paillettes, de pierres précieuses, de soie et de cachemire ; là, les autres colonies anglaises, Van-Diémen avec ses coiffures de paille, ses plumes indigènes, ses peaux ornées de coquillages ; le Canada, dont les épais vêtements de pelleterie et les ceintures de guerre rappellent les héros de Cooper ; puis l'Égypte, Tunis, la Grèce, aux fez brodés, aux cafetans où l'or se mêle au velours pourpre, aux turbans soyeux, aux voiles de gaze, plus précieux encore que diaphanes, aux brocarts unis et rayés, aux pantalons et vestes de femme de soie brodée d'argent, aux burnous adoptés par nos élégantes, — forment un ensemble dont la description défie le langage et que l'imagination seule pourrait traduire dans le style familier à ces contrées.

L'industrie de la chaussure est largement représentée à l'Exposition ; elle s'adresse certainement à l'un des besoins les plus généraux de l'humanité ; de grandes questions d'hygiène s'y rattachent. Ainsi la fabrique de Paris est au premier rang pour la chaussure ; elle fournit des souliers aux élégantes de tout l'univers ; ce n'est que dans l'exposition parisienne que l'on trouve ces chaussures de fantaisie, élégantes sans être ridicules, richement brodées sans être écrasées par les ornements. Hâtons-nous de rendre aussi justice à une petite vitrine carrée qui se trouve au second étage dans l'exposition de l'Autriche.

Les habitants des forêts hongroises, l'association des ouvriers de Debreczin, ont envoyé aussi de curieux échantillons de leur industrie rustique : ce sont des chaussures un peu sauvages, mais qui paraissent bien faites pour les pieds rudes des robustes paysans de la Hongrie.

L'esprit d'invention tourmente les fabricants de souliers, chacun veut avoir sa manière de réunir la semelle à l'empeigne.

Une grande industrie s'est fondée : celle des souliers à vis. Il y a de grandes résistances; néanmoins, peu à peu, la clientèle se forme et la consommation augmente.

L'Autriche est représentée par un de ses plus grands industriels en chaussures, qui a dans l'Annexe une belle exposition.

Les sabotiers de la Creuse ont envoyé peu de produits, et ils ont été exposés par les sabotiers de Paris, qui ne fabriquent pas les sabots proprement dits; ils les achètent aux courtiers, qui les ramassent dans les campagnes; ils ne font que les garnir, les orner, et imiter le soulier de cuir, de manière à tromper le visiteur qui ne voit le sabot qu'à travers la vitrine.

En résumé, la collection des chaussures de l'Exposition est des plus complètes. On y voit les forts souliers anglais, les souliers élégants de Paris; les sabots de nos paysans, et jusqu'aux espadrilles des Basques, élégantes sandales rouges et blanches.

Il y a peu d'inventions nouvelles : les vis vissées, les vis forcées, les chevilles de bois. Quelques exposants essayent d'appliquer la mécanique à la piqûre des bottines. Les cordonniers américains, très-avancés dans l'application de la mécanique à la piqûre, n'ont rien exposé de ce genre.

Nous arrivons à la coiffure :

La 5e section de la vingt-cinquième classe comprend les produits de trois industries, savoir :

Les chapeaux de paille, *tresses*, *passementeries* et *tissus* de paille, de crin et de soie végétale, la chapellerie de feutre et de soie pour hommes, les modes et coiffures pour dames.

En ce qui concerne l'industrie de la paille, la Toscane doit être classée en première ligne. L'exposition des fabricants de ce pays est des plus remarquables : elle expose une collection complète de tresses de paille, depuis les plus ordinaires jusqu'aux plus fines. Sa collection de chapeaux est aussi fort belle, et l'on en remarque dans le nombre de supérieurs en finesse à tout ce qui s'est fait jusqu'à ce jour.

L'industrie de la paille occupe, en Toscane, de 30 à 35,000 ouvriers, et donne lieu à une exportation annuelle de 10 millions environ.

Il se fabrique également des chapeaux de paille, imitation de Florence, dans le royaume lombardo-vénitien et en France, dans le département de l'Isère. Ces produits sont bien inférieurs à ceux de la Toscane sous le rapport de la qualité et du travail. En France, surtout, il ne se fait que des chapeaux communs et à bon marché.

La passementerie de paille, de crin et de soie végétale, se fabrique en Suisse et spécialement dans le canton d'Argovie. Les matières qui entrent dans cette fabrication sont mélangées avec beaucoup de goût, et la variété de dessins qui en résulte constitue une industrie tout à fait hors ligne et sans concurrence possible; le canton d'Argovie, où elle a pris naissance vers 1818, et qui, en 1832 et 1833, n'avait exporté que pour 1,500,000 fr. de ses produits, en a exporté pour 12 millions en 1852, à la suite de l'Exposition de Londres. Cette fabrication occupe aujourd'hui 50,000 ouvriers au moins.

Le canton de Fribourg n'a exposé que des tresses de paille unies et en tous dessins : elles se distinguent par leur blancheur, leur bonne exécution et leur bas prix. Ce canton, qui a la spécialité de ce travail, exporte annuellement pour 1,500,000 fr. de produits.

La Belgique a exposé des tresses supérieures en qualités à celles du canton de Fribourg; mais elles sont d'un prix plus élevé, et la fabrication en est beaucoup moins considérable.

La Saxe a exposé des tresses bien faites, mais d'une paille légère et sans soutien.

L'industrie des chapeaux de paille cousue et de fantaisie est représentée concurremment par la France, l'Angleterre et la Prusse. L'exposition française est supérieure à celle des deux autres pays sous le rapport du goût et de la perfection du travail.

Quant à la chapellerie pour hommes, elle est représentée par tous les pays. C'est la France qui l'emporte par la tournure élégante et gracieuse qu'elle sait donner à ses produits. Les fabriques de Paris, d'Aix, de Bordeaux et de Lyon, tiennent le premier rang. Il y a progrès réel dans cette fabrication.

Les fabriques françaises soutiennent aussi leur ancienne réputation pour les chapeaux de castor. Quant aux chapeaux de soie, il y a à signaler une réduction notable dans les prix.

Il n'y a qu'un mot à dire des modes et coiffures pour dames : *Paris seul* a exposé, et seul aussi il pouvait le faire ; sa supériorité en ce genre est si universellement reconnue, qu'aucune nation n'a eu même l'idée d'entrer en concurrence avec nous.

L'industrie des nécessaires, de la maroquinerie, de la tabletterie et de la brosserie n'offre aucune constatation à faire sous le rapport purement industriel. Pour les nécessaires en bois, Londres et Paris viennent *ex æquo* en première ligne, comme correction de forme, distribution intérieure des objets et prévision de confort et de luxe; mais les nécessaires de Londres sont d'un prix très-supérieur aux nôtres.

Quant aux nécessaires de cuir, ils sont représentés à l'Exposition par de très-beaux spécimens de la fabrication de Paris, de Vienne et de Londres. Il est difficile d'arriver à un plus haut degré de perfection, et les prix des articles français sont relativement très-modérés. Un Français, établi à Vienne, a exposé des écrins pour diplômes et des coffrets remarquables par leur exécution et leur dessin.

La petite maroquinerie (porte-monnaies, porte-cigares, petits sacs à ouvrage, nécessaires de poche, etc.) est faite avec un égal succès en France et en Allemagne; Paris et Offenbach livrent la plupart de ces objets de consommation courante à un bon marché fabuleux; les perfectionnements introduits dans cette intéressante industrie sont dus, en grande partie, à un fabricant parisien.

Nos coffrets à bijoux, à cachemires, à gants, etc., continuent à n'avoir de rivaux chez aucune puissance étrangère.

En gaînerie, la supériorité appartient à la France, ou plutôt à Paris. Un exposant de Paris a envoyé une collection de pièces de gaînerie d'un excellent travail.

La tabletterie parisienne maintient toujours son incontestable prééminence sur les produits similaires étrangers, comme goût, légèreté de formes et pureté de dessin. Les Chinois seuls peuvent entrer en concurrence pour la modicité de leurs prix et la délicatesse du travail; mais leurs ornements ont ce caractère éternellement immuable qui en fait plutôt des objets de curiosité que des œuvres d'industrie.

Après Paris, nous trouvons Dieppe, qui excelle dans la sculpture en ivoire.

Saint-Claude vient ensuite avec sa tabletterie ordinaire : tabatières de toutes formes, depuis celles de simple bois de buis jusqu'à celles en corne de bœuf et de buffle ornées de nacres d'ivoire et d'écaille. Saint-Claude fabrique encore une foule d'objets faits au tour, tels que sifflets, jouets divers, etc., etc., dont la production alimente une quantité considérable d'ateliers dans les campagnes, où ces produits sont plus spécialement vendus.

La brosserie, pour laquelle les Anglais ont été si longtemps nos maîtres, est maintenant très-bien fabriquée à Paris; les prix sont inférieurs : aussi le commerce d'exportation est-il considérable.

Nous en dirons autant des peignes d'écaille et de buffle, d'ivoire et de caoutchouc durci, qui se font très-bien en France.

Dans cette même catégorie doivent rentrer les tabatières de luxe dites *de Paris*, par lesquelles un fabricant de cette ville occupe sans contestation le premier rang. Quant aux tabatières d'écorce, de bois blanc, de buis, de papier mâché, de buffle, de corne, d'os ou de caoutchouc, il y a lutte entre nos départements de la Franche-Comté et de la Lorraine d'un côté, et, de l'autre, la Bavière et quelques États secondaires de l'Allemagne.

Les pipes en bois, en écume et en ambre, etc., constituent une industrie qui fait beaucoup de progrès. A Paris, on fabrique plus particulièrement les pipes en ambre et en écume ; en Alsace et en Bretagne, les pipes en racine de fraisier, etc., etc.; mais rien n'approche des expositions de l'Autriche et de la Prusse pour la confection et la sculpture des pipes dites *d'écume de mer :* plusieurs de ces objets atteignent aux mêmes prix que s'ils étaient d'or ou de pierres précieuses.

Les cannes et les parapluies ne se font nulle part en plus grand nombre et dans de meilleures conditions qu'en France. Le parapluie soigné et l'ombrelle élégante sont, — cela va sans dire, — d'origine parisienne. Rien ne saurait se comparer aux ravissants modèles exposés par nos maisons à la mode : distinction, combinaisons ingénieuses, luxe d'étoffe et choix de montures, qui emploient parfois le concours de l'orfévrerie la plus raffinée, tout concourt à recommander cette partie de l'Exposition.

Quant aux parapluies courants et à bon marché, l'Angleterre et la France les produisent dans des conditions à peu près égales : nos fabricants exposent, à côté des genres qui sont demandés pour les colonies, l'Amérique et les Indes, et qui rivalisent, sur les marchés étrangers, avec les meilleurs produits de

Londres pour leurs bas prix extraordinaires, des modèles de luxe.

Les cannes, fouets de chasse, cravaches, *stiks*, etc., de Paris et de Londres, n'offrent de différence notable que sous le rapport des garnitures et des montures, mieux réussies en France comme goût et comme ciselure, tandis qu'en Angleterre il y a supériorité réelle pour le choix des matières premières et la durée.

Son Altesse Impériale a visité ensuite l'exposition si éminemment parisienne des fleurs artificielles et des éventails.

A aucune exposition il n'y a eu un aussi grand nombre de concurrents; les maisons les plus renommées, aussi bien que les fabricants les plus modestes, ont tenu à honneur de représenter d'une façon complète cette très-remarquable industrie.

Le Prince a arrêté son attention sur les nombreuses et curieuses spécialités qui constituent l'industrie des fleurs. Telle maison ne fait que le bouton des fleurs, que le pistil ou l'étamine; telle autre prépare les papiers, les tissus, les couleurs; celle-ci fabrique ce qu'on appelle les *apprêts*, c'est-à-dire les divers organes de la plante; d'autres sont exclusivement feuillagistes; enfin il y a des fleuristes qui ne font que des roses, des fleurs blanches, des bruyères, des fleurs bleues, des études d'après nature, etc., etc. La division du travail est infinie. Mais les maisons les plus remarquables sont celles qui, réunissant les fleurs et les feuillages, les montent pour en former des coiffures et des garnitures pour chapeaux et pour robes; l'adresse et le bon goût des fabricants parisiens dans cette matière sont universellement reconnus, et donnent la plus haute idée de l'organisation de cette industrie et de l'étonnante habileté des ouvrières.

Les éventaillistes parisiens s'élèvent plus haut encore, et, dans la voie nouvelle où ils sont entrés, ils ont porté leur industrie au niveau de l'art. Au lieu de se borner à imiter les dessins Louis XV et les bergerades de Boucher, ils demandent maintenant des feuilles à nos peintres de genre les plus renommés, des modèles de montures à nos ornemanistes les plus habiles, et arrivent à produire ces charmants éventails dont les peintures sont signées des noms de nos premiers artistes. A côté de ces merveilles exquises, d'autres maisons exposent des éventails d'un bon marché extraordinaire, à 5, à 10, à 25 centimes, etc. Les éventaillistes de Paris n'ont désormais de rivaux qu'en Chine. Mais la Chine n'a pas exposé. Quant à l'Inde, ses chasse-mouches, ses *punkah*, ses écrans et ses éventails, s'ils le disputent aux nôtres pour l'éclat des couleurs, leur sont bien inférieurs pour l'élégance des formes et les procédés d'exécution.

Ici, la classification officielle appelait l'examen du Prince sur la plupart des objets qu'on appelle *articles de Paris*, et dont la fabrication a donné naissance à un grand nombre d'industries tout à fait distinctes, dont chacune a son histoire, son organisation, son matériel, ses procédés, ses progrès et ses résultats, souvent fort curieux. Cette grande famille des petites industries est à peine connue du public, qui n'attache pas généralement à ces objets, que Paris exporte sur tous les points du monde, toute l'importance qu'ils méritent. Dans cette catégorie, Son Altesse Impériale a remarqué des papiers de fantaisie, les cartonnages pour confiseurs, les papiers dorés, argentés, gaufrés, chromolithographiques, papiers à dentelles, toiles gaufrées, estampées; les découpures, gravures, coloriages, bagatelles charmantes et innombrables qu'il est plus facile de deviner que de décrire, et dont quelques maisons de Paris, et surtout une maison de Londres, qui a eu la gloire d'inventer plusieurs machines à plier des enveloppes et à fabriquer les cartonnages et les reliures, livrent chaque année à la consommation des quantités considérables. La papeterie de fantaisie, qui appelle souvent à son aide, pour la confection des articles de bureau, la sculpture et même l'orfévrerie, déploie, dans les diverses salles qui renferment ses vitrines, de véritables modèles de dessin, de composition et d'ornementation hors ligne.

Un nouveau jeu, dit jeu de tournoi, combinaison du hasard et de l'intelligence, qui tient à la fois du jeu des échecs, des dames et du trictrac, a été remarqué pour son ingénieuse combinaison.

L'exposition des boutons a révélé ensuite à Son Altesse Impériale les notables progrès que cette industrie a réalisés en France depuis 1849. Il paraît presque impossible de faire mieux que ce qu'elle a fait cette année.

Cette industrie, pour laquelle les Anglais avaient une supériorité marquée il y a peu d'années, marche maintenant en première ligne et n'a pas de rivale pour le goût, la perfection et le bon marché des produits. De nombreux et importants perfectionnements ont été apportés dans la fabrication des boutons de métal et des boutons de soie montés par le système mécanique. Ils ont eu pour résultat d'améliorer les produits et d'amener des réductions de prix.

La fabrication du bouton de papier verni, connu dans le commerce sous le nom de papier mâché, a été importée en France, où elle a pris un très-grand développement. Cet article entre pour un chiffre assez important dans la consommation, et s'emploie surtout pour les chaussures.

Le bouton de corne, représenté par trois exposants, conserve une supériorité incontestable sur tous les produits similaires étrangers. Ce bouton est d'un bon usage et se vend à bas prix. On doit regretter que la mode l'ait exclu et qu'il soit presque sorti de la consommation.

Les boutons de nacre ne sont représentés que par deux fabricants; cette industrie occupe au moins 3,000 ouvriers, tant dans le département de l'Oise que dans celui du Rhône.

Les boutons d'os, qui sont aussi l'objet d'une consommation

importante, ne sont pas représentés. Ce fait est regrettable, cet article se fabriquant bien et à bas prix, et soutenant avantageusement la concurrence étrangère.

Les boutons de passementerie, dits *à l'aiguille*, se fabriquent à la campagne dans divers départements. Cette industrie occupe un très-grand nombre de femmes et produit de très-jolis articles de fantaisie en soie, pour robes de dames et modes, dont les prix varient depuis 70 c. jusqu'à 30 fr. la grosse, et qui se vendent en quantités très-considérables pour la France et pour l'exportation dans l'Europe et les deux Amériques.

La France conserve le monopole presque exclusif de la fabrication et de la vente des boutons de porcelaine, dont la perfection ne craint aucun examen et dont les prix sont d'un bon marché extrême.

L'exposition des boutons anglais reproduit les articles exposés en 1851, sans offrir rien de saillant comme nouveauté et comme perfectionnement.

L'Autriche expose des boutons de nacre de sept à huit fabricants, et ses produits sont d'un travail net et régulier.

La Prusse offre des boutons de métal bien exécutés et à des prix très-modérés.

Les expositions de boutons des autres pays sont tout à fait insignifiantes.

Après avoir examiné les ouvrages en cheveux, perruques, postiches et objets spécialement affectés au grand art

De réparer des ans l'irréparable outrage,

Son Altesse Impériale a terminé cette longue et intéressante visite par une station devant les produits de la bimbeloterie et des jouets d'enfants.

Cette exposition n'est pas nombreuse : il est fâcheux qu'une industrie qui occupe un si grand nombre de bras ne soit pas représentée par une plus grande affluence de fabricants. Les poupées surtout montrent de très-jolis articles, mais le bon marché et les articles courants manquent complétement. On remarque des poupées articulées qui n'ont pas de rivales, mais dont le prix est trop élevé pour entrer même dans la vente d'exportation. Les poupées françaises se distinguent toujours par le goût et la fraîcheur des ajustements. On tire la plupart des têtes de carton et de cire des fabriques étrangères; les efforts tentés par plusieurs industriels pour nous affranchir de ce tribut paraissent devoir être couronnés de succès.

L'Exposition française présente les plus beaux jouets mécaniques et à ressorts; rien de comparable à la perfection de ces pièces automates, qui ont le privilége d'attirer la foule, non pas seulement des mères et des enfants, mais même des visiteurs les plus graves.

Les pièces de physique amusante sont fabriquées avec une perfection et une précision extraordinaires.

Les jouets en cuivre et en fer battu, les cuisines, les boîtes de ménage, sont aussi très-bien exécutés.

Un exposant entreprend en France la fabrication des jouets en pâte, dont jusqu'ici l'Allemagne avait le monopole; ses essais paraissent heureux.

L'Autriche, la Bavière, le Wurtemberg, la Saxe, exposent en quantité des jouets de toute nature, en bois, en tôle vernie, en métaux de tout genre, etc., qui ne manquent pas d'invention, mais qui n'ont de remarquable que le bas prix auquel ils sont livrés au commerce.

L'Angleterre expose des poupées et des statuettes en cire d'une fabrication supérieure, mais très-coûteuse.

Un exposant prussien a envoyé une représentation de la bataille de l'Alma en étain, ainsi que des services de table et autres jouets d'une exécution très-remarquable.

L'Inde a exposé une variété très-considérable de statuettes, de groupes et de personnages représentant des scènes de la vie indienne, des cérémonies religieuses, les costumes, les usages, les types des diverses nationalités, le tout exécuté avec une perfection et un caractère de vérité vraiment extraordinaires et d'exécution parfaite.

Enfin l'Amérique a envoyé des jouets en caoutchouc, qui ont le double mérite de la nouveauté et de la durée.

---

# VINGT-SIXIÈME VISITE

## CLASSE XXVI

**DESSIN ET PLASTIQUE APPLIQUÉS A L'INDUSTRIE. IMPRIMERIE EN CARACTÈRES ET EN TAILLE-DOUCE, PHOTOGRAPHIE, ETC.**

REZ-DE-CHAUSSÉE DU PALAIS PRINCIPAL, CÔTÉ DES CHAMPS-ÉLYSÉES. — GALERIES SUPÉRIEURES, COMPARTIMENTS DE L'ANGLETERRE, DE LA PRUSSE ET DE LA BELGIQUE. — VITRINE DE L'IMPRIMERIE IMPÉRIALE DE VIENNE. — ROTONDE, GALERIE DES DESSINS INDUSTRIELS.

Écriture, Dessin et Peinture. — Lithographie, Autographie et Gravure sur pierre. — Gravure sur métal et sur bois. — Photographie. — Stéréotomie et Plastique. — Moulage et Estampage. — Imprimerie. — Reliure.

**MEMBRES DU JURY :**

MM.

**LOUIS FÖRSTER**, *président*, professeur de l'Académie des beaux-arts à Vienne. AUTRICHE.

**FIRMIN DIDOT** (Ambroise), *vice-président*, membre des Jurys des Expositions de Paris (1849) et de Londres (1851), imprimeur. FRANCE.

**LÉON FEUCHÈRE**, membre du Jury de l'Exposition de Paris (1849), architecte. FRANCE.

**A. LECHESNE**, sculpteur-ornemaniste. FRANCE.

**REMQUET**, imprimeur. FRANCE.

**MERLIN**, sous-bibliothécaire au ministère d'État. FRANCE.

**CHARLES KNIGHT**, éditeur, ANGLETERRE.

**RAVENÉ** cadet (Louis), marchand d'ouvrages en métal à Berlin. PRUSSE.

**TH. DE LA RUE**, membre du Jury en 1851. ANGLETERRE.

---

La visite de S. A. I. le prince Napoléon aux produits de la vingt-sixième classe embrassait les industries les plus artistiques de l'Exposition, c'est-à-dire l'imprimerie, la gravure, la lithographie, la photographie et la plastique.

Après avoir examiné avec tout l'intérêt qu'ils inspirent les produits des diverses nations de l'Orient qui occupent les galeries du pavillon Est du palais de l'Industrie, et où il a remarqué les 185 volumes arabes, turcs et persans pris dans l'imprimerie du gouvernement égyptien à Boulacq, ainsi que les collections nombreuses des manuscrits indiens et les livres orientaux imprimés, recueillis par la compagnie anglaise, le Prince a continué sa visite à la vingt-sixième classe par les photographies françaises exposées au rez-de-chaussée.

L'exposition de photographie constate d'immenses progrès récemment accomplis dans cet art d'une création toute nouvelle. Le mérite en revient autant aux savants comme M. Niepce de Saint-Victor qu'aux praticiens habiles qui ont mis à profit les indications de la théorie. A M. Niepce de Saint-Victor, neveu de Nicéphore Niepce, le collaborateur de Daguerre, appartiennent les deux inventions les plus curieuses en photographie que révèle l'Exposition, l'héliographie et l'héliochromie; la première, dont l'industrie s'est déjà emparée, est la gravure produite par l'action de l'eau-forte sur une plaque d'acier enduite d'une couche de bitume de Judée; le bitume de Judée, sensible à la lumière, reçoit, dans la chambre obscure, l'action des rayons émanant de l'objet qu'on veut reproduire; un dissolvant, composé d'un mélange de benzine et d'huile de naphte, enlève les parties de la couche de bitume que la lumière a décomposées; de sorte qu'à ces endroits le métal est mis à nu et ensuite attaqué par l'eau-forte répandue sur la plaque; c'est donc une véritable planche gravée qui résulte de cette opération; on encre et on imprime ces planches comme les gravures ordinaires. Les deux grands avantages de cette nouvelle méthode sont : d'une part, le bon marché des épreuves, les frais de production n'étant autres que le coût du papier et celui du tirage; — d'autre part, l'inaltérabilité des épreuves comparativement aux épreuves photographiques ordinaires, qui s'altèrent souvent et se décomposent par l'action du jour. L'*héliochromie* consiste dans la production des images avec leurs couleurs naturelles. Un membre du Jury a soumis à Son Altesse Impériale une épreuve obtenue dans la chambre noire et reproduisant toutes les diverses couleurs du modèle ; malheureusement cette belle découverte n'est pas encore arrivée à l'état pratique, parce que l'inventeur n'est pas parvenu jusqu'ici à fixer définitivement, c'est-à-dire à mettre à l'abri de l'action destructive de la lumière les images obtenues.

Les produits les plus remarquables et les plus nombreux de l'exposition de photographie appartiennent à la France et à l'Angleterre. Seule, la France expose des planches héliographiques; des reproductions de gravures de vases et d'ornements d'après Lepautre, le *fac-simile* d'une estampe d'Albert Durer, une vue du porche de Saint-Trophime à Arles, et plusieurs vues de Paris, les portraits de l'Empereur et de l'Impératrice, etc., des *fac-simile* de dessins de couleurs tirés à plusieurs planches.

L'exposition anglaise est principalement remarquable par ses paysages : un exposant qui a trouvé le moyen de conserver plusieurs jours les plaques de collodion toutes préparées en les enduisant d'une couche de miel ; la Société photographique de Londres apporte une collection charmante de paysages dont tous les clichés sont faits sur collodion. La finesse des détails, la transparence dans les plans, l'étendue, de la perspective sont les traits caractéristiques de l'école anglaise. Parmi les exposants des paysages français, plusieurs se font remarquer par la grandeur tout exceptionnelle de leurs épreuves, qui dépassent un mètre ; la vue de l'Oberland bernois, celle de Paris, prise du Pont-Neuf, la vue du pavillon de l'Horloge au Louvre, celle d'un lac, l'amphithéâtre d'Arles, sont de véritables tours de force d'exécution, où cependant la perfection des épreuves n'est pas sacrifiée. D'autres exposants, sans avoir des planches aussi grandioses, atteignent la finesse et la transparence des meilleures épreuves de l'école anglaise. A l'exception de l'un d'eux, dont les clichés sont sur papier, tous ces habiles praticiens exécutent leurs épreuves négatives par le collodion ou l'albumine. Cependant l'emploi du papier est loin d'être abandonné et ne le sera probablement jamais à cause de l'extrême commodité de ce procédé pour la préparation et le transport. Nous avons remarqué plus de 500 échantillons de l'art gothique dont il a été exposé plusieurs excellents spécimens, tels que le porche de la cathédrale de Chartres; les monuments de la grande Grèce, de la Sicile, d'Athènes et de Venise, des paysages très-pittoresques du Dauphiné; tous demeurent fidèles à l'emploi du papier, et leurs œuvres si remarquables prouvent que ce moyen ne le cède à aucun autre pour la perfection des produits.

La difficulté de préparer les glaces à l'albumine effraye beaucoup de praticiens, et on peut le regretter en voyant les admirables épreuves produites à l'aide de ce procédé; il est impossible de trouver plus de modelé et de détail dans les demi-teintes et les ombres, plus de finesse qu'en offrent ses belles reproductions d'après la *Vénus de Milo*.

Le daguerréotype sur plaque est bien abandonné aujourd'hui et n'a qu'un bien petit nombre de représentants à l'Exposition, en Angleterre, en France et aux États-Unis, qui ont néanmoins envoyé des plaques où l'on retrouve poussées à leur perfection toutes les qualités du genre. Ce sont principalement des portraits ou des épreuves stéréoscopiques. Ces habiles opérateurs ont de dangereux rivaux dans ceux dont les admirables portraits sur papier prouvent que, même pour la finesse et la modicité, la photographie n'est pas inférieure au daguerréotype. Tous ces exposants sont Français et ne sont égalés dans ce cercle que par un exposant bavarois, dans cette branche de la photographie, qui a pris un très-grand développement; car certaines maisons font des affaires pour plusieurs centaines de mille francs par an. Le collodion est presque uniquement employé pour les épreuves négatives. Tout en constatant les progrès accomplis dans ce genre, on doit regretter le développement que prend la fabrication du portrait retouché et colorié à l'eau ou à l'huile; sous le prétexte d'embellir le modèle, de rendre le portrait plus agréable, on lui ôte la ressemblance, et on crée un produit qui n'est ni de la photographie ni de la peinture, qui n'a ni le charme de la vérité absolue ni celui de l'art.

Si, à l'exception des Anglais, les exposants étrangers sont en petit nombre, du moins leurs œuvres sont-elles presque toutes fort intéressantes, car ce sont pour la plupart des vues de monuments et des sites qui font en quelque sorte voyager le spectateur dans le monde entier. C'est ainsi qu'à côté des vues de Sydney, de la Jamaïque, du Canada, on admire les scènes militaires prises en Valachie, pendant la campagne de 1854 entre les Turcs et les Russes ; les charmants palais de Venise et les vues de Milan, les monuments d'Athènes, les cathédrales italiennes du moyen âge, les vues de Campo Santo, prises à Pise et à Florence, les vues de Rome, les belles épreuves d'après la cathédrale de Cologne. Chaque pays a donc envoyé son contingent, car la Suisse a exposé des vues de la cathédrale de Lausanne et des portraits, et la Belgique d'assez bons portraits.

Les nouvelles applications de la photographie aux sciences, à l'industrie et aux beaux-arts, sont nombreuses, et démontrent toute l'utilité pratique de cette belle invention des temps modernes. Les fabricants de l'Alsace tirent déjà grand parti, pour leurs dessins industriels, de superbes reproductions de fleurs et ont triomphé complétement de la difficulté que présente à l'opérateur la réunion d'une grande variété de couleurs; c'est là un mérite qui leur est particulier. Dans les produits anglais nous avons remarqué des reproductions microscopiques de parties d'insectes, grossies de plusieurs centaines de fois; des planches photographiques d'un bel ouvrage d'histoire naturelle; des images grossies de la lune, fort intéressantes pour les astronomes; des épreuves instantanées d'animaux féroces avec leurs instincts sauvages saisis sur le fait; des épreuves instantanées encore de la physionomie des malades aliénés aux époques successives de leur traitement. Ces applications si diverses de la photographie montrent tout le parti que les sciences peuvent en tirer. Les beaux-arts revendiquent, outre les belles reproductions de monuments de tous les âges, si utiles aux architectes, les reproductions fac-simile de dessins de Raphaël, celles d'après les estampes de Rembrandt et d'Albert Durer, et d'après Marc-Antoine Raimondi. L'imprimerie impériale de Vienne a reproduit avec succès d'anciennes gravures; la Prusse une collection de tableaux et des planches de publications archéologiques fort intéressantes pour les artistes et les antiquaires.

Aujourd'hui on ne peut que souhaiter à la photographie de persévérer dans la voie où elle est entrée.

Par un voisinage tout naturel, près de la galerie des daguerréotypes, se trouve celle de la gravure et de la lithographie.

Les belles épreuves artistiques exposées par nos meilleurs graveurs et éditeurs, les *fac-simile* d'aquarelles, de sépia, de mine de plomb et de tableaux à l'huile produits par la gravure et par le tirage en couleur ont laissé dans l'esprit du Prince cette pensée que, sous le rapport des arts, la France était toujours la première, pensée que confirme pleinement la vue des lithographies si habilement tirées, des lithochromies ou plutôt des véritables tableaux sortis de nos ateliers, que les Anglais eux-mêmes proclament les plus vastes et le mieux organisés du monde; des épreuves en noir ou en couleur dues aux soins et à l'habileté d'artistes rivaux les uns des autres pour l'habileté et les soins consciencieux; des reports artistiques et géographiques pour la guerre et la marine, et enfin des travaux divers exécutés dans les départements par d'autres artistes que l'éloignement de la capitale n'a pas empêchés de se placer, par leur talent, au niveau des meilleurs lithographes de Paris, malgré le désavantage du milieu où ils se trouvent placés.

La gravure sur bois, la gravure en relief obtenue soit par le burin, soit par les ressources de la galvanoplastie ou de l'eau-forte, n'offrent pas moins d'intérêt et ont dû attirer l'attention du Prince d'autant plus sérieusement, qu'elles sont aujourd'hui une des nécessités de la typographie pour servir d'ornement aux plus belles productions de l'art de Gutenberg, et d'explication indispensable aux publications scientifiques. Un artiste, chargé de l'exécution des timbres-poste et des types des cartes à jouer, a exposé la reproduction galvanique d'une planche en taille-douce dont le Prince a admiré le fini et la fidélité.

Il faut citer encore, comme ayant une part aux honneurs de la visite, les gravures sur bois; les reliefs sur métal obtenus par l'eau-forte, le burin ou la pile galvanique, les beaux tirages typographiques exposés par nos plus célèbres imprimeurs. Son Altesse Impériale s'est arrêtée ensuite devant l'exposition de nos principaux éditeurs et en a publiquement fait l'éloge.

Dire que le Prince s'est arrêté longtemps devant les vitrines de l'Imprimerie impériale de Paris et de l'Imprimerie impériale de Vienne, c'est faire en même temps le juste éloge de ces établissements modèles, dignes de leur haute mission et de leur renommée européenne, et celui des connaissances de Son Altesse Impériale, qui s'est complu à constater par elle-même les collections, les progrès sérieux et les découvertes éminentes qui placent, toute proportion gardée, ces deux illustres imprimeries à la tête de la civilisation française et allemande; car c'est bien là leur rôle, et non point, comme on l'a cru, une stérile ambition d'entrer en lutte avec l'industrie privée, à qui elles apportent, au contraire, le produit de leurs immenses ressources et la communication de leurs richesses, comme le font ailleurs les établissements jumeaux de Sèvres et des Gobelins.

N'oublions pas qu'avant d'arriver à l'Imprimerie impériale Son Altesse Impériale était passée dans les compartiments de la reliure, où les expositions de nos meilleurs producteurs brillent de tant d'éclat. Ajoutons qu'en passant près des registres, dont plusieurs offrent des combinaisons nouvelles fort ingénieuses, Son Altesse n'a pu s'empêcher de sourire à la vue d'un grand livre relié pour un établissement typographique. Ce volume, véritable condor, qui n'a pas moins de trois mètres d'envergure quand il est déployé, est un véritable tour de force; il pèse 300 kil. et se compose de trois rames de grand aigle à plat; les feuillets montés sur onglets.

Une des parties les plus intéressantes de la visite de Son Altesse Impériale a été sans contredit la longue station qu'elle a faite dans la galerie des dessins industriels, où sont exposées, en germe, les plus rares merveilles de presque toutes nos industries d'art et de luxe : meubles, armes, tapis, papiers peints, châles, étoffes, bijouterie, orfévrerie, reliures, impressions diverses; chacun des dessins exposés dans cette collection inappréciable est, en quelque sorte, le couronnement et l'explication de quelqu'une des merveilles exposées dans les autres parties du Palais. On peut pressentir que c'est là surtout que la prévoyance auguste qui a voulu que le travail individuel fût récompensé et recherché trouvera ses applications les plus nombreuses et les plus logiques. Le dessin industriel, à quelque branche qu'il s'applique, est, par-dessus tout, chose d'intelligence, d'initiative et de mérite personnel, et, sans citer aucun nom, il suffit de dire que nos principaux artistes, les vétérans comme les nouveaux venus, les noms couronnés aux expositions précédentes comme les jeunes maîtres de la moderne industrie, sont représentés dans la rotonde par des chefs-d'œuvre de goût, de grâce, de fécondité et d'originalité surtout. Cette galerie est une annexe immédiate de l'exposition des beaux-arts.

La sculpture plastique a aussi ses représentants comme le dessin pur. Le premier nom qui se présente est celui de l'inventeur de la machine de précision à réduire la sculpture, à laquelle appliquant la vapeur, il peut mettre en circulation, au prix de 4 fr., par exemple, des objets que ses concurrents ne peuvent mettre en vente qu'au prix de 12 francs.

Les procédés antérieurs n'en conservent pas moins leurs mérites de devanciers et de créateurs; mais le nouvel inventeur a profité de la découverte et l'a perfectionnée.

C'est le sort de toutes les choses de la vie. On n'a qu'à se réjouir quand une telle marche s'opère au nom du progrès. Or mettre l'art à la portée des fortunes médiocres, c'est leur donner les joies du plus beau de tous les luxes, et en même temps la preuve de ce que peuvent faire l'intelligence et le travail de l'homme.

Un sourd et muet vient de produire une machine qu'il nomme ciseaux à sculpter au tour. Cette définition elle-même fait l'éloge et l'analyse de la conception et de la mission de cette machine, qui atteindra bien vite la plus parfaite réussite.

Un exposant, par ses mannequins d'artiste (mais vraiment d'artiste), vient de résoudre une des plus intéressantes questions des phases de la plastique. Rien de plus extraordinairement juste et compris de dessin que ces mannequins en caoutchouc; c'est une bonne fortune pour les peintres et les sculpteurs.

A l'Exposition, néanmoins, nous avons pu apprécier des progrès immenses, dus aux artistes, à leur influence, par tout ce qu'ils font, qu'on imite mal, mais enfin qu'on imite; et cette imitation finit toujours par faire naître quelque chose.

C'est de ce sentiment d'imitation que nous vient le grand nombre des travaux d'ivoireris, dont quelques-uns, il faut le reconnaître, ne sont point indignes de l'art.

Il y a aussi, à l'Exposition universelle, des collections d'imitations de fruits en cire qui sont extraordinairement réussies. Celle des sœurs de la Providence (qui font ces produits par pure bienfaisance), et les fruits d'un autre exposant, sont, sans contredit, les mieux perfectionnés du genre.

Le Prince s'est arrêté, en finissant, devant les produits de l'invention nouvelle du mastic à l'oxyde de zinc, qui permet de reproduire, à très-bon marché et en substance solide, toutes les œuvres de la sculpture, et a terminé sa visite en assistant au fonctionnement de la curieuse machine à composer typographiquement, exposée dans le compartiment du Danemark. Cette intelligente réalisation d'une idée déjà traitée en France (mais de manière à laisser beaucoup à désirer) semble être, jusqu'à présent, le plus grand degré de perfection obtenu, surtout au point de vue de la distribution du caractère typographique quand il a servi à composer. Un journal de Copenhague s'imprime au moyen de la machine exposée au palais de l'Industrie, et à laquelle Son Altesse Impériale a donné les plus sympathiques éloges.

# VINGT-SEPTIÈME VISITE

## CLASSE XXVII

### FABRICATION D'INSTRUMENTS DE MUSIQUE.

ROTONDE DU PANORAMA.
TROPHÉES DE LA NEF DU PALAIS PRINCIPAL ET COMPARTIMENTS PRUSSIEN ET AUTRICHIEN
— BUFFETS D'ORGUES DANS LE TRANSSEPT ET LES GALERIES SUPÉRIEURES.

Instruments à vent non métalliques, en bois, en corne, en ivoire, en os, en coquillages, en cuir. — Instruments à cordes sans clavier. — Instruments à cordes à clavier. — Instruments divers à percussion ou à frottement. — Instruments automatiques. — Fabrications élémentaires et accessoires.

MEMBRES DU JURY :

MM.

**Joseph HELMESBERGER**, *président*, directeur du Conservatoire impérial de musique à Vienne. AUTRICHE.

**HALÉVY**, *vice-président*, compositeur de musique, secrétaire perpétuel de l'Académie des Beaux-Arts. FRANCE.

**BERLIOZ (Hector)**, compositeur de musique, membre du Jury de l'exposition de Londres (1851). FRANCE.

**MARLOYE**, fabricant d'instruments d'acoustique, membre du Jury de l'Exposition de Paris (1849). FRANCE.

**ROLLER**, ancien fabricant de pianos. FRANCE.

**Très-honorable sir Georges CLERCK**, Bar. et F. R. S., président de l'Académie royale de musique. ANGLETERRE.

**FÉTIS**, *secrétaire*, membre de la classe des beaux-arts de l'Académie royale de Belgique, directeur du Conservatoire royal de musique de Bruxelles. BELGIQUE.

---

La visite de S. A. I. le Prince Napoléon la vingt-septième classe comprenait à l'examen des instruments de musique de tous pays.

Cette industrie est représentée à l'Exposition universelle par

472 exposants, dont 325 Français et 147 étrangers; Paris seul compte 273 noms, et les départements 52.

La première section, formée des *instruments à vent non métalliques*, moins bruyante que celle des instruments à clavier qui l'accompagne, offre de particulièrement saillant une belle flûte d'argent d'un facteur de Bavière, établie sur celle d'un amateur de Paris qui a élargi les trous de cet instrument, et les produits des maisons diverses qui, depuis cinquante ans, en France, tiennent la tête de cette industrie.

La section des *instruments à vent métalliques* offrait plus d'intérêt. On connaît la révolution opérée dans les orchestres militaires français et étrangers depuis peu de temps. Comme formes, comme dimensions, comme direction donnée aux vibrations et aux échappements d'air, cette collection curieuse justifie tous les éloges qu'ont faits d'elle les musiciens les plus compétents. La famille des instruments dits saxhorns ou saxotrombas occupe l'intervalle immense existant entre le *si bémol* représenté par le petit saxhorn aigu et la contre-basse d'harmonie à quatre cylindres, gigantesque expression du *si bémol* grave; justesse, timbre, étendue, facilité d'émission, toutes ces qualités, reconnues déjà par le rapport que M. Hector Berlioz faisait après l'Exposition de Londres, ont décidément détrôné les anciens instruments à clefs, dont on ne fait plus usage que dans les orchestres forains. Son Altesse Impériale a remarqué dans la même section les instruments de seize facteurs autrichiens, un peu inspirés de notre fabrication, et s'est dirigée, pour mener de front les deux sections des instruments à vent et à clavier (orgues et pianos), d'abord vers le trophée d'instruments que quelques facteurs de réputation ont élevé dans la partie nord-est de la nef. Elle a admiré successivement un beau piano à queue en bois de rose, un piano droit, style Louis XIV, et un autre piano droit orné de pierreries. Après quelques explications qui lui ont été données sur les trois maisons qui les exposent par MM. Halévy et Helmesberger, membres du jury, Son Altesse Impériale s'est dirigée vers le magnifique piano à queue orné de peintures, dont la veuve d'un facteur célèbre a fait présent aux veuves et orphelins de l'armée d'Orient.

Le cortége s'est ensuite dirigé vers l'exposition anglaise. Après avoir successivement examiné les pianos des divers fabricants, Son Altesse Impériale a entendu le seul orgue d'église qu'ait envoyé à l'Exposition la nation anglaise, et qui sort des ateliers du premier fabricant de Londres.

Avant d'entrer dans le Panorama, Son Altesse Impériale a également entendu les orgues d'église des maisons de Bruxelles et de Paris, qui, tous les jours, attirent une foule si compacte.

C'est après cette visite préliminaire que le Prince est entré dans la galerie spéciale des instruments à clavier, où sont réunis tant de chefs-d'œuvre et où tant d'intérêts sérieux se trouvent en présence.

En effet, on comprend l'importance qui s'attachait à une visite consacrée exclusivement à l'examen d'une industrie qui a pris en France, depuis quelques années, des développements si considérables et qui n'a pas de concurrents sérieux.

On peut apprécier combien d'efforts et combien de sacrifices ont dû coûter les pas immenses faits par l'industrie musicale depuis quelques années. Qui songerait à nier l'influence qu'elle exerce sur les mœurs du peuple? L'ouvrier qui fréquente quelque réunion chorale, où les charmes de l'harmonie lui font oublier l'aridité de ses travaux, est toujours un bon ouvrier. Or à quoi doit-on cette amélioration précieuse des mœurs populaires, si ce n'est à la perfection des instruments et au bon marché de leur fabrication?

En première ligne, citons le piano, l'orchestre du foyer, cet instrument multiple en ressources, que M. Halévy a si bien défini dernièrement dans un rapport qu'il a lu à l'Académie des Beaux-Arts, et où il disait : « Le piano, sur lequel tous les sons de l'échelle musicale, fixés à l'avance, n'attendent que la pression d'une main habile pour vibrer en gerbes d'accords harmonieux ou pour éclater en gammes rapides, serait le premier des instruments si l'orgue n'existait pas. Mais l'orgue habite les hauteurs, il se cache dans l'ombre du sanctuaire. Il faut, pour le contraindre à parler, pénétrer sous son enveloppe sévère, s'y cacher à tous les yeux, respirer l'air qui va le faire palpiter. Le piano, au contraire, hôte de la maison, couvert d'habits de fête, ouvre à tous son facile vêtement, et convient aux passe-temps les plus frivoles aussi bien qu'aux études les plus sérieuses. Comme il recèle en son sein tous les trésors de l'harmonie, il est de tous les instruments celui qui a le plus contribué à répandre le goût de la musique. Popularisé par de grands artistes, il habite toutes les demeures. Sous ses formes variées, il force toutes les portes; s'il est quelquefois voisin insupportable, il offre du moins à l'offensé une vengeance facile et des représailles toujours prêtes.

« Il est le confident, l'ami du compositeur, ami rare et discret, qui ne parle que quand on l'interroge et sait se taire à propos. »

Seulement, ce que n'a pas dit M. Halévy, ajoutons-le ici : C'est au piano droit particulièrement que l'on doit cette popularité de l'art musical, et la preuve en est dans le nombre vraiment colossal des pianos droits fabriqués chaque année. Plus de 25,000 instruments de ce modèle sont construits et vendus annuellement en France. Une maison de Paris à elle seule fabrique plus de 100 pianos droits par mois.

Et quelles conséquences au point de vue des professions qui s'y rattachent! les professeurs, les compositeurs, les graveurs, les éditeurs, les marchands de papier, etc., et, comme bienfait plus immédiat encore, ces 25,000 pianos ne nécessitent pas moins de 10 à 12,000 ouvriers qui gagnent de 5 à 6 francs par jour, ce qui produit un mouvement quotidien de près de

65,000 francs, soit près de 23 millions de francs par an, et cela presque exclusivement à Paris.

Le piano droit a remplacé le piano carré, presque complétement abandonné aujourd'hui.

Nous n'essayerons pas, comme effet, de le comparer au piano à queue, qui, par la grandeur de sa dimension, permet aux cordes une étendue une ou deux fois plus considérable. Les notes de basse surtout acquièrent ainsi une sonorité et une force qu'il serait inutile d'exiger du piano droit; mais c'est dans les causes mêmes de cet avantage qu'il faut chercher les raisons qui le rendent d'un usage plus rare, à Paris surtout.

Le piano carré n'est cependant pas tombé tout à fait à l'étranger, et deux maisons entre autres, l'une de Zurich et l'autre de Boston, en ont envoyé de fort remarquables par la qualité du son.

Son Altesse Impériale a prêté son attention aux essais qui ont été faits en sa présence, et qui ont répondu dignement à ce que l'on pouvait attendre de la vieille et immense réputation des maisons qui les exposent. Un piano à queue a une rondeur et une richesse de son dont les assistants ont pu apprécier les qualités. Un autre piano, plus brillant encore, a été essayé par le chef d'industrie qui l'a fabriqué. Puis l'on a entendu successivement les pianos de Marseille et ceux de divers fabricants de Paris.

Son Altesse Impériale a ensuite examiné avec attention un instrument dont on a beaucoup parlé depuis quelques années, et qui est désigné sous le nom de piano-Liszt. Cet instrument a trois claviers : le premier est celui du piano ordinaire, le second imite les instruments en bois, le troisième les instruments en cuivre. Les vibrations des cordes sur les différents claviers se prolongent sans qu'il soit nécessaire d'y tenir les mains.

L'attention de Son Altesse Impériale a été appelée sur un orgue mécanique à tuyaux exécutant toute espèce de musique au moyen de cylindres entraînés par un mouvement d'horlogerie et par conséquent sans le secours de manivelles. L'inventeur y a appliqué un système de jalousies fort ingénieux qui offre l'avantage de faire produire aux tuyaux des effets de *forte*, de *piano* et de *crescendo* qui enlèvent la monotonie dont ces sortes d'instruments sont généralement empreints.

Un magnifique orgue d'église a aussi un instant captivé l'attention du Prince. Cet instrument se distingue surtout par une grande puissance, qu'on acquiert en se servant d'une pédale d'harmonie, qui est d'un emploi très-simple. Le facteur a eu l'honneur de présenter à Son Altesse Impériale le chef des travaux de sa maison, qui est, comme on sait, l'inventeur du clavier pneumatique.

L'harmonicorde offert en faveur des veuves et orphelins de l'armée d'Orient a aussi été joué devant le Prince. L'auteur de cet instrument a fait entendre ensuite son invention du piano mécanique.

Un piano mécanique, d'une construction plus simple et d'un prix moins élevé, a aussi été favorablement entendu.

Après l'examen des pianos à queue, que l'on rencontre plus particulièrement dans les salles de concert et dans les palais, le cortége a dû se diriger vers les parties de la salle où se trouvent les pianos droits.

Après avoir passé en revue les nombreux instruments de ce modèle qui emplissent les différents massifs et qui ornent le pourtour de la salle sous la belle vitrine des instruments de musique en bois, à vent et en cuivre, le Prince s'est arrêté devant l'Exposition de la maison où est né le piano droit, et qui a acquis une si grande supériorité dans ce genre de fabrication.

Son Altesse Impériale s'est entretenue avec MM. les membres du Jury sur les ressources de cette industrie, et a parcouru, en examinant tous les instruments divers qui s'y trouvent placés, la galerie du pourtour. Un instrument en cuivre d'une grande dimension a aussi fixé l'attention de Son Altesse Impériale. Cet instrument, qui se nomme *Trombotonnor*, est un bugle gigantesque à pistons. Il n'a pas moins de trois mètres de hauteur sur un mètre de largeur pris au diamètre du pavillon. Il descend jusqu'à l'octave au-dessous du *si bémol grave*, c'est-à-dire un ton plus bas que l'octo-basse.

Son Altesse Impériale a bien voulu ensuite qu'on essayât devant elle les pianos étrangers, entre autres ceux de Copenhague, au nombre de trois, et ceux de Bruxelles.

Ont été entendus aussi différentes petites orgues, entre autres celles du royaume Lombard-Vénitien, très-remarquables par l'imitation des instruments que l'habile inventeur obtient par un nouveau mécanisme, et les sons réalisés par une pression différente des touches.

L'inspection de cette section de la vingt-septième classe s'est terminée par l'examen d'un ingénieux instrument qui, sous le nom de *symphonista*, est destiné à l'accompagnement du plain-chant dans les églises. Sous une enveloppe grossière, cet instrument est des plus remarquables, et une personne qui n'a aucune notion de la musique peut, avec son aide, accompagner en accords un chant quelconque.

La quatrième section comprend les *instruments à corde sans clavier*, tels que violons, basses, contre-basses, harpes, guitares, etc.; tous les instruments qui constituent l'art spécial du luhier, et qui offrent cette particularité remarquable que, tandis que, dans les autres sections, les fabricants se sont efforcés d'inventer de nouveaux effets et de perfectionner la qualité du son, ici au contraire le but unique et suprême des producteurs a été de se rapprocher des modèles anciens, et de rajeunir, d'une manière quelquefois servile, le vieil art des Amati, des Guarnerius, des Stradivarius et des Steiner. Il est vrai que ces grands noms n'ont pas été surpassés, mais peut-être a-t-on trop sacrifié aux exigences et aux préjugés de certains amateurs enthousiastes qui ont voulu voir reproduire jusqu'à la couleur, au vernis et aux taches mêmes des anciens violons de Crémone, et qui payent à un taux fabuleux des instruments décollés, hors d'usage, bons à conserver dans un musée, quand ils ne sacrifieraient pas cent francs à l'acquisition d'un excellent violon moderne.

Son Altesse Impériale s'est arrêtée devant les vitrines du fabricant qui marche à la tête de cette artistique et savante industrie, où, par ses prix abordables, la belle qualité et le soin consciencieux qu'il apporte à ses produits, il rend les plus grands services à l'art et justifie le rôle éclatant qu'il joua à l'Exposition de Londres.

L'abondante fabrication de Mirecourt, celles de Lille, de Rouen, de Lyon, de Bruxelles; les violons de Florence et de Lucques, les harpes de Paris, les archets, les cordes et chanterelles de Naples, et celles de Grenelle et de Caen, et les instruments nationaux des divers pays, tels que le *zithern* ou luth du Tyrol et de la Styrie, enfin les inventions plus ou moins mélodiques imaginées d'après l'accordéon, l'harmonica et le théorbe réunis au violon et à la vielle, ont tour à tour attiré l'attention de Son Altesse Impériale.

---

# APPENDICE

(Classe spéciale.)

## GALERIE D'ÉCONOMIE DOMESTIQUE.

HANGAR DE LA CHARBONNERIE, DANS LE JARDIN DE JONCTION.

**MEMBRES DU JURY :**

MM.

**COCHIN**, maire du dixième arrondissement.
**Charles MICHEL**, directeur du *Bulletin de l'Instruction primaire*.
**DE BEAUSSET**, propriétaire.
**DE SAINT-LÉGER**, membre du conseil général de la Nièvre.
**TWINING**, membre de la Société des arts de Londres.
**GAULTIER DE CLAUBRY**, membre de l'Académie impériale de musique.
**FLEURY**, chef de la division du commerce extérieur.
**JULIEN**, chef de la division du commerce intérieur.
**MÉLIER**, membre du jury international (XII$^e$ classe).
**FOUCHÉ-LEPELLETIER**, membre du jury international (XI$^e$ classe).
**Michel CHEVALIER**, vice-président de la XV$^e$ classe.
**GERVAIS** (de Caen), membre du jury (XXV$^e$ classe).
**BARRESWIL**, membre du jury (XV$^e$ classe).
**DIERGAERDT**, membre du jury (XXI$^e$ classe).
**NEIL-ARNOTT**, membre du jury (IX$^e$ classe).
**LUCY-SÉDILLOT**, membre du jury (XIX$^e$ classe).
**Maxime GAUSSEN**, membre du jury (XX$^e$ classe).

---

S. A. I. le Prince Napoléon a visité la galerie de l'Économie domestique récemment annexée à l'Exposition universelle.

A son entrée, M. le commissaire général lui a présenté plusieurs membres de la commission spéciale chargés d'organiser cette exposition, ainsi que MM. les membres du jury qui ont bien voulu lui prêter leur concours.

On sait que cette galerie est la réalisation d'une pensée émanée de la Société des arts de Londres, pensée que LL. MM. l'Empereur et l'Impératrice ont bien voulu encourager, dès le principe, de leur haute approbation, et dont S. A. I. le Prince Napoléon a prescrit l'application.

Cette galerie est particulièrement consacrée aux produits destinés à pourvoir aux besoins ordinaires de la vie, et qui, par leurs conditions de bon marché, de bonne confection et de commodité, sont propres à faire pénétrer le bien-être dans la partie la plus nombreuse des populations.

Ces produits forment dans la galerie de l'économie domestique quatre groupes distincts dans lesquels sont placés les objets que l'analogie de leur destination rapproche naturellement. Le premier contient les *denrées alimentaires* et les substances servant au *chauffage*, à *l'éclairage* et au *blanchissage*.

Le second renferme *les meubles et les ustensiles de ménage*.

Le troisième comprend *les tissus de toute nature, le linge, les vêtements confectionnés* et tous les accessoires de l'habillement.

Le quatrième présente, avec des spécimens de *logements*, des spécimens du mobilier nécessaire à chacune des pièces dont ils sont formés.

Ce premier essai d'une exposition d'économie domestique a longtemps fixé l'attention de Son Altesse Impériale. Elle a exprimé à plusieurs reprises sa satisfaction de cette heureuse initiative prise par la France, et dont l'exemple ne peut manquer d'être suivi dans les expositions à venir.

Pendant plus d'une heure, le Prince a parcouru la galerie, examinant en détail les produits les plus dignes d'intérêt. Il a demandé de nombreux renseignements sur la fabrication, la main-d'œuvre, le taux des salaires, le prix de vente, et témoigné combien il attachait d'importance aux moyens d'accroître le bien-être des masses et de mettre les premières nécessités de la vie à la portée de tous, par le bon marché des objets destinés à y pourvoir.

Mais, en encourageant le bon marché, le Prince a signalé le danger, pour l'industrie, de le rechercher dans un abaissement de salaire qui serait de nature à compromettre les conditions d'existence de l'ouvrier, et qui, pour guérir un mal, produirait un mal plus grand. Dans la pensée de Son Altesse Impériale, le bon marché vrai doit résulter, non-seulement du bas prix, mais surtout des améliorations qui, en rendant un objet usuel plus durable, plus commode, plus facile à entretenir, procurent à ceux qui s'en servent une économie de temps et de dépense qui se répète chaque jour.

Dans le groupe des denrées alimentaires, le Prince a fixé son attention sur les conserves de légumes, de fruits et de viandes qui ont déjà rendu ou qui sont appelées à rendre de si grands services à l'alimentation publique.

Le Prince a pu remarquer plus spécialement dans le deuxième groupe les poteries et les faïences de fabrique française, qui luttent avantageusement, pour le bon marché et l'élégance des formes, avec les produits analogues de l'Angleterre et de la Belgique,

Les ustensiles de ménage en fer étamé et en fonte émaillée, les appareils de chauffage servant en même temps à la cuisson des aliments, les appareils d'éclairage, qui se signalent par un extrême bon marché;

Les lits en fer et les sommiers élastiques, qui réunissent au bon marché l'avantage de se prêter facilement aux exigences de l'hygiène et de la propreté;

Les meubles en bois indigène, dont l'usage favoriserait à la fois notre production nationale et se prêterait à la modicité des ressources des ménages les plus nombreux.

Le groupe du linge et des vêtements a paru à Son Altesse Impériale un des plus complets de cette exposition.

POUR LES HOMMES. *Chaussures.* — Souliers et bottines de fabrique solides, à très-bas prix, — depuis 4 francs jusqu'à 12 francs, — souliers avec semelles en bois, à 2 fr. 50 c., — sabots à très-bas prix.

Etoffes en tricot, pour gilets, caleçons, pantalons à pieds et paletots, remarquables par la solidité, excellents contre le froid, et qui ont été fournis à l'armée de Crimée.

Caleçons à pieds pour les soldats, avec ceinture élastique, à 2 fr.

Alpagas beaux et à bon marché. — Velours anglais à 1 fr. 50 cent. le mètre. — Draps autrichiens. — Draps français, bonne qualité et bon marché. — Draps de Vire à 7 fr. le mètre, remarquables par leur bonne qualité.

POUR LES FEMMES. — Corsets à 1 fr. — Bonnets, jupons en tricot, depuis 70 cent. jusqu'à 2 fr. 50 cent. — Chaussures, souliers et bottines depuis 1 fr. 50 cent. jusqu'à 7 fr. 50 cent. — Châles tout laine, bas prix, bonne qualité.

Enfin, pour encourager cette œuvre philanthropique, qui, dans sa pensée, doit être le germe d'expositions permanentes plus complètes, et par conséquent plus utiles, Son Altesse Impériale a décidé qu'un jury spécial serait nommé pour examiner cette partie de l'Exposition, et que des récompenses spéciales seraient accordées aux exposants.

Du reste, l'exposition de la galerie des produits économiques commence à porter ses fruits : le public vient la visiter assidûment, et nous avons vu un grand nombre de personnes prendre des notes sur les objets qui paraissent réunir les meilleures conditions du bon marché et de la bonne qualité. Un sentiment de reconnaissance, nous devons le dire, s'élève déjà de toutes parts vers l'Empereur, qui a accueilli la première pensée de cette création ; vers S. A. I. le Prince Napoléon, qui en a ordonné l'exécution, et qui en poursuit avec tant d'ardeur les conséquences réalisables; vers la Commission, enfin, qui a été chargée de la haute direction.

La création de la galerie économique est une nouvelle consécration du discours prononcé par le Prince Napoléon le jour de l'inauguration de l'Exposition universelle, dans lequel il dit : « que l'Exposition doit être une vaste enquête pratique, un moyen de mettre les forces industrielles en contact, les matières premières à portée du producteur, les produits à côté du consommateur; c'est un nouveau pas vers le perfectionnement, cette loi qui vient du Créateur, ce premier besoin de l'humanité, et cette indispensable condition de l'organisation sociale. »

---

## EXPÉRIENCES SUR LES APPAREILS DE SAUVETAGE.

Des expériences intéressantes ont eu lieu le 28 septembre sur la Seine, en présence de S. A. I. le Prince Napoléon et de plusieurs membres du jury international, sur divers appareils de sauvetage, appareils à plongeur, bateaux de sauvetage, pompes à incendie, pompes d'épuisement, porte-amarres, etc., faisant partie de la douzième et de la treizième classe de l'Exposition universelle.

Le programme des expériences portait : cinq appareils à plongeur (scaphandres), trois bateaux de sauvetage, vingt-trois pompes à incendie et deux porte-amarres.

Les dispositions pour les expériences avaient été prises par M. Tresca, sous-directeur du Conservatoire des arts et métiers, et par M. Trélat, ingénieur, chargé de la mise en mouvement des machines à l'Exposition universelle.

Un des bateaux à vapeur qui font le service de Paris à Saint-Cloud, la *Calisto*, avait été mis à la disposition de la Commission.

Parmi les cinq appareils à plongeur qui ont fonctionné, deux appartiennent à la France; les trois autres sont exposés par des industriels anglais.

Des trois bateaux de sauvetage, un seul est d'origine française; l'Angleterre revendique les deux autres. Un margotin avait été amarré près du pont d'Iéna, à l'endroit le plus profond du lit de la Seine, pour les expériences des plongeurs.

Vingt-trois pompes à incendie, appartenant aux diverses nations qui figurent à l'Exposition, avaient été rangées le long de la berge. Enfin, deux porte-amarres avaient été établis à l'entrée du Champ de Mars.

Les expériences ont commencé par les appareils de sauvetage. Elles ont duré une heure et quart, et donné des résultats satisfaisants. Cinq appareils à plongeur étaient inscrits; quatre seulement ont fonctionné, deux appartenant à la France et deux à l'Angleterre.

Les appareils à plongeur ou scaphandres sont composés, comme on le sait, d'un vêtement imperméable terminé à la partie supérieure par une cuirasse métallique sur laquelle, lorsque l'opérateur en est revêtu, se visse un casque aussi en métal, portant le tuyau d'air respirable, qu'on entretient au moyen d'une pompe à air, et la soupape d'expiration par où s'échappe l'haleine du plongeur. Tous ces appareils sont, à peu de chose près, construits de la même manière. Une des améliorations principales qu'on a signalées dans ceux qui fonctionnaient ce jour-là, c'est que l'opérateur peut revenir de lui-même à la surface de l'eau en se dégageant à volonté d'une partie du poids qui le retient sous l'eau.

Les quatre plongeurs sont descendus dans l'eau en même temps; l'un d'eux y est resté quarante minutes consécutives;

d'autres ont ramassé des rondelles de fer de la grosseur d'une pièce de 5 fr., qu'un des membres du jury venait d'y jeter. Un plongeur a opéré avec un verre de son casque brisé, pour montrer que le dégagement d'air qui se faisait par cette ouverture, la soupape étant fermée, suffisait pour empêcher l'eau d'entrer dans l'appareil.

Les expériences sur les bateaux de sauvetage ont été aussi très-intéressantes. Le bateau insubmersible, la pirogue en toile métallique et le bateau en caoutchouc ont été successivement expérimentés : ce dernier a été gonflé en cinq minutes devant le Prince, mis à l'eau et monté par trois vigoureux rameurs. Vingt-trois pompes à incendie ont figuré à ces expériences, et ont toutes fonctionné à tour de rôle.

La pompe française a eu une supériorité marquée pour sa force de projection, la régularité et la portée de son jet. Celle du Canada est venue en première ligne après elle et a parfaitement fonctionné. Une dernière expérience fort curieuse a été faite : cinq pompes ont refoulé l'eau dans une même cloche d'air, d'où s'est élancé un jet formidable.

Il était trois heures quand ces différents essais ont été terminés; mais il restait encore une expérience à faire, et ce n'était pas la moins intéressante : celle des porte-amarres

Deux exposants avaient établi leurs appareils à l'entrée du Champ de Mars.

La première fusée lancée a porté l'amarre à près de 300 mètres, malgré un vent violent qui soufflait debout. Cet appareil projecteur est le même qui est employé pour les fusées à la Congrève.

Un autre appareil consistant en un projectile lancé par un obusier, a atteint à peu près la même distance, mais avec un un cordage beaucoup plus léger.

L'effet produit par ces expériences a été si saisissant, que Son Altesse Impériale a voulu que l'opérateur recommençât son épreuve. C'est, en effet, un spectacle intéressant et curieux que de voir s'élever dans l'air ce crampon de sauvetage, décrivant une parabole dont l'œil peut suivre l'effet, au moyen de la corde qui se déroule par la force de projection.

Cette fois encore, le résultat a été une portée de 300 mètres obtenue en 12 secondes.

FIN

# TABLE DES MATIÈRES

## PREMIÈRE PARTIE



## DEUXIÈME PARTIE

## APPENDICE

FIN DE LA TABLE

ON TROUVE A LA MÊME LIBRAIRIE

## ŒUVRES COMPLÈTES DE BÉRANGER

Nouvelle édition, revue par l'auteur, contenant les DIX CHANSONS NOUVELLES, le FAC-SIMILE d'une lettre de Béranger, illustrée de 52 gravures sur acier, d'après Charlet, Daubigny, Johannot, Grenier de Lemud, Pauquet, Pinguilly, Raffet, Sandoz, exécutées par les artistes les plus distingués, et d'un beau portrait d'après nature par Sandoz. 2 vol. papier cavalier. Broché. . 28 fr.

Demi-reliure, tranches dorées. . . . . . . . . . . . . . . . 38 fr.

Publiée en 56 livraisons. Chaque livraison. . . . . . . . . . . 50 c.

## MUSIQUE DES CHANSONS DE BÉRANGER

5e édition, revue et corrigée, contenant les airs anciens et modernes et ceux des chansons nouvelles, l'air de *Notre Coq*, disposé par M. Halévy, pour piano, à 2 ou 4 voix. 1 vol. in-8° cavalier de 300 pages. . . . . . . 6 fr.

Publiée en 12 livraisons de 24 pages, à. . . . . . . . . . . . . . . 50 c.

## ALBUM BÉRANGER

Par GRANDVILLE. 80 dessins gravés sur bois, imprimés sur très-beau papier et formant un volume grand in-8° cavalier. . . . . . . . . . . . 10 fr.

Ces bois ne font pas double emploi avec les autres.

## MÉMOIRES ET CORRESPONDANCE POLITIQUE ET MILITAIRE DU ROI JOSEPH

publiés, annotés et mis en ordre par A. DU CASSE, aide de camp de S. A. I. le prince Jérôme Napoléon. Les *Mémoires du roi Joseph* forment dix vol. in-8°. Prix de chaque volume. . . . . . . . . . . . . . . . . . . . . 6 fr.

## HISTOIRE DES DEUX RESTAURATIONS

Par M. DE VAULABELLE. Troisième édition. 8 forts vol. in 8°. Chaque vol. . 5 fr.

## HISTOIRE DE RUSSIE

Par A. DE LAMARTINE. 2 volumes in-8°. . . . . . . . . . . . . . . . 10 fr.

## HISTOIRE DE LA RÉVOLUTION DE 1848

Par A. DE LAMARTINE Nouvelle édition revue par l'auteur. 2 vol. in-8° papier cavalier vélin . . . . . . . . . . . . . . . . . . . . . . . 12 fr.

*Même édition*, illustrée de 12 gravures sur acier. . . . . . . . . . . 15 fr.

## RAPHAEL

Pages de la vingtième année, par A. DE LAMARTINE. 1 v. in-8° cavalier vél. 5 fr.

*Même édition*, illustrée de 6 gravures sur acier. . . . . . . . . 7 fr. 50 c.

Le même ouvrage, 1 vol. in-18. . . . . . . . . . . . . . . 3 fr. 50 c.

PARIS. — IMP. SIMON RAÇON ET COMP., RUE D'ERFURTH, 1

www.ingramcontent.com/pod-product-compliance
Lightning Source LLC
LaVergne TN
LVHW010130230826
846091LV00001BA/198